U0156923

作者简介

吉日木图，蒙古族，内蒙古农业大学食品科学与工程学院教授，博士研究生导师，兼任中蒙生物高分子应用联合实验室主任、中国畜牧业协会骆驼分会理事长、内蒙古骆驼研究院院长，主要从事骆驼基因组和骆驼产品开发方面的科研工作。先后主持国家重点研发计划项目、国家国际科技合作专项、国家自然科学基金项目、内蒙古自治区科技重大专项、内蒙古自治区科技计划项目等20余项。获得发明专利8项，参与骆驼产品标准制定10多项。在*Nature Communications*、*Communications Biology*、*Molecular Ecology Resources*、*LWT-Food Science and Technology*等学术期刊上发表文章100余篇，主编论著和教材10余部。被授予“内蒙古自治区草原英才”荣誉称号，获得“俄罗斯农业部自然科学奖”和“蒙古国骆驼科技贡献奖”等奖项。

作者简介

伊　丽，蒙古族，工学博士，内蒙古农业大学食品科学与工程学院讲师。教学方面，主要承担《食品添加剂》和《食品质量与安全管理学》两门课程的教学任务；科研方面，主要从事骆驼纳米抗体与骆驼产品开发利用方面的工作。先后参加国家自然科学基金项目、国家国际科技合作专项、内蒙古自治区科技重大专项等多项科研项目。目前主持内蒙古科技成果转化项目、内蒙古自然科学基金等6项科研项目，2项教改项目。在国内外期刊发表论文10余篇，参编图书4部，获得专利2项。

丛书主编：吉日木图
骆驼精品图书出版工程

骆驼乳品学

吉日木图　伊　丽◎主编
张和平◎主审

中国农业出版社
北　京

内容简介

本书主要介绍了驼乳的营养组成及其理化特性，不同加工处理对驼乳品质的影响。本书还对国内外学术期刊已发表的驼乳在各类疾病中的应用成果进行了归纳总结，并对当今国内外市场已有的驼乳产品进行了概述。全书介绍了骆驼乳的乳腺组织结构及乳的分泌特点，驼乳的化学组成及理化性质、驼乳加工处理与品质特性、驼乳的医学辅助治疗价值、驼乳产品分类、加工工艺及其市场，可为今后高效利用我国丰富的骆驼资源、提升驼乳制品附加值提供工艺参数及理论依据，为从事驼乳研究的科研工作者和从事驼乳产业的从业人员提供参考。

丛书编委会

骆 驼 精 品 图 书 出 版 工 程

编 写 人 员

主　编　吉日木图（内蒙古农业大学）
　　　　　伊　丽（内蒙古农业大学）
副主编　杨天一（内蒙古苏尼特驼业生物科技有限公司）
　　　　　斯仁达来（内蒙古农业大学）
　　　　　好斯毕力格（内蒙古戈壁红驼生物科技有限公司）
　　　　　李建美（内蒙古农业大学）
参　编　海　勒（内蒙古农业大学）
　　　　　郭富城（内蒙古农业大学）
　　　　　艾毅斯（内蒙古国际蒙医医院）
　　　　　王英丽（内蒙古农业大学）
　　　　　苏　娜（内蒙古农业大学）
　　　　　王瑞雪（内蒙古农业大学）
　　　　　宋　乐（内蒙古农业大学）
　　　　　李　磊（内蒙古农业大学）
　　　　　佟臻昊（内蒙古农业大学）

前　言 FOREWORD

骆驼是世界上少数几种能够在戈壁沙漠地区生存的大型家畜之一，主要分布在亚洲中部和东部的干旱地区。长期的自然选择使其具备了能够适应戈壁荒漠、半荒漠地区的生物学特性。对于当地居民而言，骆驼在日常生活中发挥着重要的作用，它不仅是维系农村和城市之间短途运输的重要工具，而且也是重要的乳肉来源。

驼乳被称为“沙漠白金”，具有丰富的营养与医药保健功效，深受广大消费者的喜爱。然而，驼乳产量低、收集有难度、加工困难，并且受养殖范围、养殖规范性等要求的限制。目前，我国具有驼乳加工能力的企业数量有限，加之驼乳产量较低，所以行业尚未形成大规模生产，且产品形式较为单一。随着相关科学研究的深入，消费者意识的转变，以及相关部门的重视和政策颁布与出台，我国骆驼存栏数量逐年上涨，驼乳产量也逐年提高，驼乳消费一直保持着缓慢而稳定的增长。据国家统计局数据显示，2000 年，我国骆驼数量为 32.62 万峰；2009 年，降至最低点 22.59 万峰；2010—2019 年，开始逐年增加；2019 年，达到 40.53 万峰，驼乳产量为 1.69 万 t。国家乳业振兴发展战略也给驼乳制品行业带来了发展机遇。驼乳行业作为乳制品行业的细分行业，其发展可以有效带动骆驼养殖、骆驼饲料种植、驼乳制品设备设计开发等行业发展，对吸收边疆地区剩余劳动力、增加农牧民收入、促进现代农业发展具有重要意义。

目前，我国驼乳企业面临的主要问题是缺乏系统性的理论基础，以及如何把国外先进技术与我国传统生产技术相结合，对生产工艺进行优化，以便让传统的驼乳制品现代化，使驼乳制品既能保留产品的口感、营养与风味，又能够高产、高效、安全、健康。因此，本书系统地介绍了骆驼的泌乳特性、营养成分与加工特性、国内外驼乳医药保健作用研究进展，以及相关产品开发利用现状，以期为驼乳产业上、中、下游发展提供参考资料。

因编写人员学识与水平有限，书中难免有不妥之处，敬请广大读者批评指正。

编　者

2021年5月

目　录 CONTENTS

第一章 驼乳腺组织结构与泌乳特点

CHAPTER 1

第一节　骆驼的乳腺组织结构及乳的分泌特点

一、乳腺组织

根据有关资料对比分析可知，骆驼乳房的生理结构与牛、羊的不太一样。骆驼乳房位于耻骨间，共有 4 个乳头，每个乳头基部都有 2 个乳池（图 1-1）。乳房借助提乳房肌、乳房侧韧带、悬韧带和皮肤来固定。乳房后 2 个乳头间距离比较窄，前 2 个乳头间距离比较宽。驼乳房的容量在驼乳的形成和蓄积过程中具有重要作用，它是全部乳蓄积系统的内部容量，包括乳腺泡和输乳管的腔在内（郝麟，2014）。

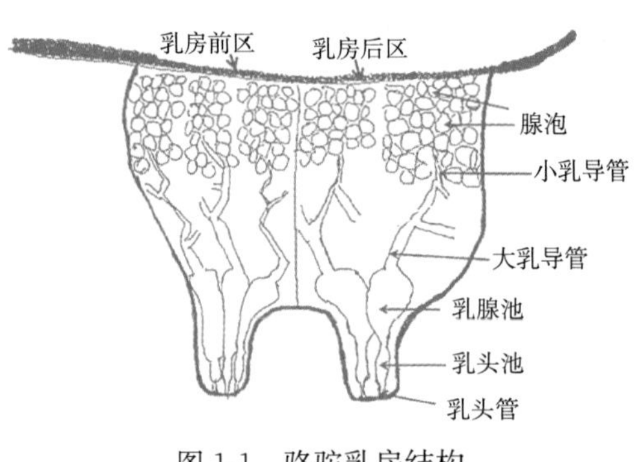

图 1-1　骆驼乳房结构

骆驼乳房分为前区和后区的左右两半，而每个 1/4 区均由 2 个乳腺组成。大型乳房不仅乳围大，而且乳丘深。乳房分为 2 种类型：联合型和小叶型，前者乳围 65～70cm，乳丘深度平均为 15cm，后者分别为 70～75cm 和 13.5cm（王新农和 ВПЧ，1985）。联合型乳房的前区和后区相连，表现为附着面积大，长度和宽度发育良好，前、后区匀称，乳头大且散开排列。这种类型的乳房产奶量比小叶型的高 50.9%。这说明各乳区的乳腺组织发育良好，也说明乳道和容量系统发育良好。小叶型乳房的后区显著低于前区，乳头靠得很近，当骆驼长到 13～15 岁时，其乳房随着年龄的增长而增大。骆驼的品种不同，其乳腺构造，特别是乳腺的分泌活动存在显著差异，这对于骆驼的排乳性能有影响（图 1-2）。

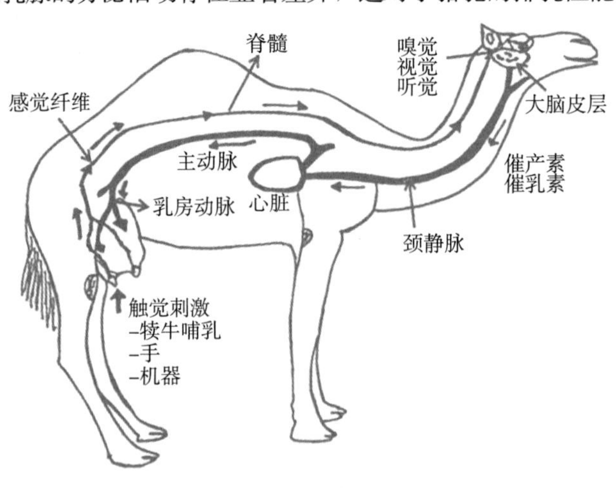

图 1-2　驼乳分泌过程

二、驼乳的泌乳特点及特性

挤乳前乳房容量系统的最下部没有乳，故所有乳都是反射性地分泌，排乳特点为细流性，即乳一次挤不完，而是2次或3次，每个乳头分泌2股或3股乳。牛乳在乳房里，驼乳在身体里，而且必须嗅到驼羔气味才会分泌乳汁，只持续几十秒。在牧场应让驼羔接近母驼，排乳量的潜伏期为26～86s，平均52s。此后乳头的容量增大，每个乳头开始分泌2股乳，而有的则分泌3股乳，即在25～90s分泌0.6～1.2kg乳，然后出现排入间隔（25s）。即使是同一骆驼，在不同时间这一间隔也是不同的。在间隔时间内继续挤乳，则长达约1min的第2次泌乳开始，排乳量0.8～1.5kg。在间隔不长时间后，发现一些骆驼第3次排乳，其时间为10～30s，排乳量0.3～0.8kg（吉日木图，2016）。

动物分娩后从开始泌乳至泌乳结束这一阶段称为一个泌乳期。单峰驼的泌乳能力高于双峰驼和杂种驼，哈萨克杂种驼的产乳量比吐库曼杂种驼高。泌乳期18个月的骆驼，大部分乳是在泌乳期的前7个月产的，这与饲料的获得有关。草好的季节产乳量多，天寒雪大产乳量少。第2个泌乳期的产乳量高于第1个泌乳期，以后每个泌乳期的产乳量均比前1个泌乳期高些。据估测，泌乳期第3～6个月的产乳量是879～1 572 kg，到泌乳后期只能得到少量的乳，有43.6%～56.4%的乳是在泌乳期的前几个月得到的（周万友，1987）。

第二节　骆驼泌乳量的影响因素

影响骆驼泌乳量的因素主要有品种及个体、胎次、泌乳期及泌乳频率、挤乳方式、母驼乳房的形态结构、饲料、季节、环境、健康状况、饮水量等，以下对品种及个体、胎次、泌乳期及泌乳频率进行详细阐述。

一、品种及个体

产乳量少的母驼，采食任何饲草都不会提高产乳量。养驼牧民必须从产乳量高的母驼后代里选出种公驼，经过选育的后代产乳量显著高于普通种公驼的后代。采用此种方法可以将产乳量低的母驼淘汰。

通常讲，身体较大的母驼瘤胃大，采食量多，产乳量相对比较高，即体格与产乳量呈正相关。但肥胖型的母驼，产乳量并不一定就多。因为母驼体重大，行动缓慢，能量消耗也大（照日格图等，2014）。

1. 阿拉善双峰驼　驼乳是牧民乳食品的重要来源之一。1985年，内蒙古畜牧科学院对阿拉善双峰驼产乳量及乳脂率进行了测定，表明骆驼除哺育驼羔外，在15个泌乳

月中，产乳量757.7kg，平均日产乳量1.68kg，乳脂率5.17%。直径2.5μm以下的小脂肪球驼乳占58.81%，而牛乳中仅占26.56%，易被婴儿及幼畜消化吸收。2007年4月，阿拉善盟骆驼研究所测定了10峰母驼产乳量，除哺育驼羔外，平均产乳量为（645.8±68.24）kg，泌乳天数500d。

2. 青海骆驼 牧草返青初期日挤乳1次，日产乳量0.5～0.7kg，青草盛期日产乳量1～2kg。

3. 新疆塔里木双峰驼 新疆塔里木双峰驼泌乳期为1年，牧民习惯于母驼产后3个月开始挤乳。在放牧条件下，通常每天挤乳1次，平均每天挤乳0.5～1kg。

4. 新疆准噶尔双峰驼 新疆准噶尔双峰驼在一般草原上自由采食的情况下，母驼每天平均产乳量2.4kg，补饲时达3.5～4kg。役用母驼一般在夏牧场挤乳2～3个月，每天平均产乳量1.5～2.2kg（不包括幼驼采食）。木垒长眉驼产乳量高，挤乳期50～60d，日产乳量4～5kg，总产乳量比普通驼高，一个产乳期（420d）日平均产乳量约2.5kg。

5. 嘎利宾戈壁红驼 驼产乳量340kg，乳中灰分14.56%，脂肪5.65%，乳糖3.17%，蛋白质3.81%。

6. 木垒双峰驼 木垒双峰驼产乳量高，比其他双峰驼高1倍。哺乳期约为420d，比其他双峰驼长50～60d，平均每天产乳量为2.5kg。挤乳期为50～60d，平均日产乳量为4～5kg。

7. 伊朗单峰驼 一般的产乳量为3.5～35kg，在泌乳高峰期，健康母驼的每天产乳量可高达9kg。

8. 图赫么通拉嘎双峰驼 图赫么通拉嘎双峰驼又称双鬃驼（Host zogdort Bactrian camel），主要分布在戈壁阿勒泰省Togrog苏木，主要的特点是双鬃，其体质结实、肌肉发达、头轻小、额宽、嘴尖、耳短而立、前肢直立、后肢多呈刀状，毛色以棕色为主，白色等亮色很少见。泌乳期长达17个月，产乳量达300L。

9. 卡尔梅克双峰驼 卡尔梅克双峰驼乳含有5.3%的脂肪，2.9%的酪蛋白，0.97%的白蛋白，0.69%的灰分，5.10%的糖，其密度为1.033kg/L。

10. 苏尼特双峰驼 苏尼特双峰驼体躯较长（最大体长184cm），体质粗壮结实，结构匀称而紧凑，骨骼坚实，肌肉发达，胸深而宽（最大胸围280cm），腹大而圆，背长腰短，绒层厚密，体型呈高长方形；苏尼特双峰驼泌乳期（15个月）内的产乳量约为740.6kg。

11. 哈那赫彻棕驼 哈那赫彻棕驼源自蒙古国南戈壁省满都拉敖包苏木，其性情温驯，体格小于其他一般家养双峰驼。其生理状态可塑性强，能够很好地适应戈壁气候。母驼妊娠期一般为387～415d。

二、胎次

骆驼的胎次对泌乳量有很大影响（Musaad等，2013）。Raziq等（2010）研究了科希单峰驼（Kohi dromedary camel）的 8 个胎次，结果表明，第 1 胎产乳量的泌乳量远低于随后的泌乳期产乳量，第 5 胎产乳量最高，为 3 168kg，其次是第 3 胎（3 051kg）和第 4 胎（3 010kg）。第 1 胎的产乳量只有 1 566kg。Bekele 等（2002）的研究表明，在埃塞俄比亚东部的骆驼中，第 3～5 胎的骆驼日产乳量最高，第 1 胎和第 7 胎骆驼的日产乳量最低。Mal 等（2007）的研究表明，印度的骆驼，日产乳量在第 3 胎最高，其次是第 1 胎和第 2 胎。Zeleke（2007）的研究表明，肯尼亚的骆驼在第 3 胎次时泌乳量更高。

骆驼生长时，其营养需求高，因此第 1 胎产乳量低是合乎逻辑的。后来，随着胎次的增加，日产乳量增加，当达到一个最高的日产乳量后，日产乳量随着胎次的增加而减少，可能是由于牙齿磨损，乳汁分泌细胞的数量和效力降低以及由于年老而导致的全身衰弱引起的。

青年母驼，由于自身还在生长，乳腺发育不充分。因此，头胎青年母驼产乳量较低，仅相当于成年母牛的 60%～70%；而 6～7 胎以后的母驼，随着年龄增大，产乳量也逐渐下降。第 1 次产驼羔的年龄对母驼终生产乳量起着非常重要的作用。第 1 次产犊年龄过早，除影响乳腺组织发育及产乳量外，还会损害母驼的身体健康。如果第 1 次产犊年龄过晚，就会减少母驼一生产乳时间、降低母驼一生产羔数量以及产乳量。母驼的泌乳期较其他家畜泌乳期长，一般为 14～17 个月。阿拉善双峰驼带羔的母驼，除了哺育驼羔外，平均日产乳量为 0.5～1.5kg，母驼泌乳期一般是 15～18 个月，产乳高峰期为第 8 个月到第 10 个月（照日格图等，2014）。

三、泌乳期及泌乳频率

双峰驼的泌乳期长达 14～17 个月，日平均产乳量为 5kg，其中一些双峰驼日平均产乳量能达到 15～20kg，整个泌乳期的产乳量可达 1 300kg 左右，但是大多数双峰驼每天仅能挤乳 2～2.5kg，剩下的部分都用来喂饲幼驼。我国的单峰驼平均日产乳量为 7.5kg，泌乳期为 16～17 个月，整个泌乳期的产乳量可达 3 300kg。在哈萨克斯坦的一些地区，母驼产仔后日产乳量可达 25kg，10 个月平均日产乳量 15kg，按 305d 计算，可达 4 575kg。

每天的泌乳次数也会影响日产乳量。一般是每天泌乳 2 次，当每天泌乳次数由 2 次变为 4 次时，每次泌乳量可以由 1.0kg 增加到 1.5～2.0kg。由此可见，一天多次泌乳有助于增加产乳量。早上挤乳并间隔 14h 和晚上挤乳并间隔 10h 的研究表明，B 组和 C 组的产乳量更高，与 A 组和 D 组相比，乳汁分泌率也较高（表 1-1）。与 14h 挤乳间隔“早上挤乳”相比，10h 挤乳间隔“晚上挤乳”的泌乳率较高。表明挤乳间隔时间增加，泌乳率下降，如表 1-1 中早上和晚上处理对产乳量和乳汁分泌率平均值的影响（Saiady 等，2012；Jemmali 等，2015）。

表 1-1　早晚处理对产乳量和乳汁分泌率平均值的影响

项目	A组	B组	C组	D组
早上产乳量（kg）	$3.95+0.12^{b}$	$5.16+0.11^{a}$	$4.93+0.14^{a}$	$3.99+0.12^{b}$
晚上产乳量（kg）	$3.09+0.11^{b}$	$3.85+0.10^{a}$	$3.98+0.12^{a}$	$3.08+0.11^{b}$
早上分泌率（g/h）	$284+0.01^{b}$	$385+0.01^{a}$	$353+0.01^{a}$	$285+0.01^{b}$
晚上分泌率（g/h）	$309+0.10^{b}$	$386+0.10^{a}$	$397+0.12^{a}$	$308+0.11^{b}$

注：同行上标相同小写字母表示差异不显著（$P>0.05$），不同小写字母表示差异显著（$P<0.05$）。

第二章 驼乳的化学组成及理化性质

CHAPTER 2

第一节　驼乳的组成及特性

联合国粮食及农业组织在一些国家已经开始了推广驼乳的活动，并取得了良好的效果。在索马里、肯尼亚等国家，骆驼产业已经成为当地一项最具经济前景的产业。英国成功研发生产了一种“骆驼波特”的干酪；哈萨克斯坦游牧民将新鲜驼乳加工为“Shubat”，是当地的美食；维也纳生产出了驼乳巧克力；蒙古国戈壁阿尔泰省于1980年建立了亚洲首家驼乳疗养院。

一、总组成

世界上关于驼乳营养成分的研究大多是针对单峰驼乳的，这主要是由于单峰驼产乳量高，乳用经济意义较大。近年来，关于双峰驼乳营养成分也进行了许多研究（表2-1）。但有关驼乳营养成分的数据相当匮乏，并多数属于一些研究者发表的综述性的不连续报道。

乳中常规营养成分包括脂肪、蛋白质、乳糖、总固体和灰分等。单峰驼乳常规营养成分含量分别为：脂肪，0.28%～6.40%；蛋白质，2.00%～4.80%；乳糖，2.40%～5.85%；总固体，8.64%～15.40%；灰分，0.48%～1.30%。单峰驼乳常规营养成分平均值分别为：脂肪，3.53%±0.67%；蛋白质，3.21%±0.41%；乳糖，4.37%±0.41%；总固体，12.23%±1.13%；灰分，0.76%±0.10%。摩洛哥（Morocco）单峰驼乳中，脂肪、蛋白质、乳糖、总固体和灰分的含量分别为2.72%、2.55%、4.37%、10.42%和0.87%（Ismaili等，2016）。阿联酋（UAE）单峰驼乳中，脂肪、蛋白质、乳糖和总固体的含量分别为2.58%、2.95%、4.19%和10.46%（Nagy等，2017）。阿尔及利亚（Algeria）单峰驼乳中，脂肪、蛋白质、乳糖、总固体和灰分的含量分别为3.72%、3.37%、4.13%、9.99%和0.96%（Hadef等，2018）。

双峰驼乳中常规营养成分含量变化范围分别为：脂肪，3.54%～6.67%；蛋白质，2.64%～4.45%；乳糖，2.77%～5.50%；总固体，12.22%～16.08%；灰分，0.66%～0.97%。中国双峰驼乳（产区包括阿拉善、锡林郭勒和新疆）中常规营养成分含量变化范围分别为：脂肪，4.83%～5.71%；蛋白质，3.55%～4.45%；乳糖，4.23%～4.92%；总固体，14.17%～15.4%；灰分，0.66%～0.94%。近年来，也有许多研究者对中国不同地区和品种双峰驼进行了深入研究。李莎莎（2015）测定了呼伦贝尔双峰驼乳总组成成分，其平均值分别为脂肪4.90%、蛋白质4.23%、乳糖4.30%、总固体14.30%和灰分0.87%；张梦华等（2016）测定的准噶尔双峰驼乳中脂肪、蛋白质、乳糖、总固体和灰分的含量分别为5.77%、3.75%、4.88%、15.31%和0.91%。据徐敏等（2014）的报道，阿拉善双峰驼乳中，脂肪、蛋白质、乳糖、总固体和灰分的含量分别为6.20%、4.24%、4.50%、15.86%和0.91%，苏尼特双峰驼乳中含量分别为 4.80%、3.89%、4.59%、14.16%和 0.87%。总体来看，双峰驼乳中总组成分平均值分别为：脂肪，5.19%±0.60%；蛋白质，3.77%±0.39%；乳糖，4.56%±0.59%；总固体，14.33%±0.82%；灰分，0.79%±0.10%。

表 2-1 世界各地驼乳总组成成分含量（%）

国家	脂肪	蛋白质	乳糖	总固体	灰分
双峰驼					
中国	5.39±0.47	3.99±0.30	4.60±0.39	14.82±0.71	0.87±0.08
苏联	4.95±0.63	3.65±0.21	5.10±0.14	14.35±1.05	0.70
哈萨克斯坦	5.92±1.06	3.89±0.79	3.80±1.45	14.29±1.72	0.68
蒙古国	4.50±1.35	3.54±1.27	4.76	13.88±2.35	0.90
平均值±SD	5.19±0.53	3.77±0.18	4.56±0.48	14.33±0.33	0.79±0.10
单峰驼					
沙特阿拉伯	3.29±1.03	3.03±0.47	4.29±0.62	11.53±1.41	0.79±0.05
阿联酋	2.70±0.48	3.15±0.42	4.08±0.50	10.61±0.46	0.48
苏联	4.47	3.50	5.00	13.67	0.70
埃及	3.84±0.78	3.51±0.40	4.75±0.79	12.91±1.37	0.79±0.07
埃塞俄比亚	4.71±0.56	4.37±0.25	4.07±0.50	13.95±0.44	0.76±0.12
印度	3.43±0.74	2.95±0.72	4.51±0.55	11.55±1.44	0.79±0.10
以色列	3.46±0.84	3.65±0.96	4.61±0.01	14.30	0.69±0.09
东非	3.86±0.82	3.33±0.53	4.62±0.95	12.49±1.11	0.73±0.07
毛里塔尼亚	2.92	2.50	4.91	—	1.30
利比亚	2.82±0.34	2.53±0.54	5.09±0.37	13.03	0.82
摩洛哥	2.70±0.04	3.05±0.36	4.20±0.13	10.79±0.29	0.85±0.02
突尼斯	2.94±0.91	3.01±0.42	4.76±0.49	10.98±0.92	0.90±0.11
肯尼亚	4.22±0.78	3.07±0.16	4.16±0.89	12.69±1.30	0.77±0.08
巴基斯坦	3.59±0.79	3.28±0.55	4.39±0.76	11.75±1.56	0.78±0.08
索马里	4.87±0.38	3.10±0.14	3.30	13.27±0.31	0.63±0.05
约旦	3.08±0.13	2.95±0.26	4.44±0.52	12.23±0.08	0.82
苏丹	3.43±0.55	3.14±0.52	4.28±0.65	11.42±1.36	0.81±0.07
阿尔及利亚	3.72	3.37	4.13	9.99	0.96
平均值±SD	3.53±0.67	3.21±0.41	4.37±0.41	12.23±1.13	0.76±0.10

资料来源：Zhao 等，1994，1998。

与其他哺乳动物乳常规成分含量相比（表 2-2），双峰驼乳中脂肪含量（5.39%）高于单峰驼乳、人乳、奶牛乳、驴乳和马乳中的含量；蛋白质含量（3.96%）高于单峰驼乳、人乳、奶牛乳、驴乳和马乳中的含量；双峰驼乳中乳糖含量（4.52%）与单峰驼乳中的含量（4.47%）相近，但低于其他哺乳动物乳。此外，双峰驼乳中总固体含量（14.65%）高于单峰驼乳、人乳、奶牛乳、驴乳和马乳中的含量，但明显低于牦牛乳（18.25%）和水牛乳中的含量（17.91%）；双峰驼乳中灰分含量与单峰驼的含量相近，仅次于牦牛乳和水牛乳中的含量，高于人乳、奶牛乳、山羊乳、驴乳和马乳中的含量。总而言之，双峰驼乳总体常规营养成分含量均高于单峰驼乳；驼乳与人乳、马乳和驴乳相比较，除了乳糖、总固体，其他常规成分含量均高于其他乳。另一项研究表明（Konuspayeva，2009），除了灰分含量以外，世界各地的骆驼中亚洲的驼乳常规营养成分显现出较高的含量，可能与骆驼品种有关，双峰驼在该地区占主导地位；哈萨克斯坦双峰驼乳的脂肪和蛋白质含量较高，但与其他中亚地区相比，乳糖含量较低。

研究表明，影响驼乳总体组成的最重要的因素是其含水量；当骆驼饮水量充足时乳中水分含量为84%～86%，当饮水受限制时乳中水分含量却升到91%，这是骆驼的特性之一，为了保证在水源缺乏时，母驼能为驼羔提供足够的水分；驼乳的这一特性受抗利尿激素的调控（Yagil，1982；Farah，1996）。在泌乳期内，驼乳成分变化最大的是水分和脂肪，脂肪含量随泌乳期的延长逐渐下降；变化幅度最小的是乳糖含量；灰分含量相对较为恒定；对于乳中的蛋白质而言，因骆驼的品种和胎次不同都有很大的差别（Mehaia，1995；Guliye，2000）。除此之外，驼乳基本化学组成与骆驼生存自然环境、饲草种类及饲养管理条件以及样品的采集和试验分析方法等多种因素相关。

表 2-2　驼乳与其他哺乳动物乳常规营养成分的比较（%）

乳类	脂肪	蛋白质	乳糖	总固体	灰分
双峰驼乳[a]	5.19	3.77	4.56	14.33	0.79
单峰驼乳[a]	3.53	3.21	4.37	12.23	0.76
人乳[b]	2.15	1.21	7.29	12.80	0.28
奶牛乳[b]	3.91	3.09	4.86	12.56	0.70
牦牛乳[b]	6.30	5.21	4.68	18.25	0.87
水牛乳[b]	7.10	4.64	5.13	17.91	0.84
山羊乳[b]	6.22	4.38	4.72	15.87	0.75
驴乳[b]	1.47	1.84	6.26	9.76	0.42
马乳[b]	1.08	2.07	6.70	11.00	0.34

注：[a] 引自表 2-1 的平均值；[b] 引自李亚茹等，2016。

伊日贵（2019）探究了中国不同地区双峰驼乳中的常规成分，结果显示，脂肪、蛋白质、乳糖、总固体和灰分含量变化范围分别为3.96%～7.11%、3.03%～3.76%、4.52%～5.64%、13.24%～16.71%和0.66%～0.84%，平均值分别为5.60%±1.14%、3.42%±0.21%、5.10%±0.32%、14.99%±0.99%和0.76%±0.05%（表2-3）。通过比较不同地区双峰驼乳之间各成分的含量，发现不同地区双峰驼乳在脂肪、蛋白质和乳糖含量方面存在差异，而灰分含量无显著差异。

表 2-3　中国不同地区双峰驼乳常规成分的比较（%）

地区	脂肪	蛋白质	乳糖	总固体	灰分
呼伦贝尔	5.47±2.32^{b}	3.49±0.34^{b}	5.21±0.50^{b}	14.96±2.50^{a}	0.79±0.07
锡林郭勒	7.11±2.03^{a}	3.53±0.26^{b}	5.28±0.39^{b}	16.71±2.02^{a}	0.78±0.05
乌兰察布	3.96±1.30^{b}	3.58±0.19^{b}	5.35±0.29^{b}	13.71±1.20^{b}	0.80±0.04
南疆	6.71±2.60^{a}	3.38±0.15^{b}	5.05±0.22^{b}	15.91±2.42^{a}	0.78±0.03
北疆	4.84±1.51^{b}	3.50±0.16^{b}	5.16±0.23^{b}	15.34±5.61^{a}	0.72±0.03
额济纳旗	5.41±1.36^{b}	3.43±0.20^{b}	5.13±0.30^{b}	14.74±1.52^{a}	0.76±0.04
阿拉善右旗	6.99±0.98^{a}	3.03±0.13^{c}	4.52±0.19^{c}	15.21±0.82^{a}	0.66±0.03
阿拉善左旗	4.91±1.26^{b}	3.76±0.28^{a}	5.64±0.43^{a}	15.15±1.10^{a}	0.84±0.07
巴彦淖尔	6.37±1.18^{a}	3.14±0.26^{c}	4.70±0.40^{c}	14.91±1.63^{a}	0.69±0.06
鄂尔多斯	4.23±1.18^{b}	3.33±0.16^{b}	4.98±0.24^{b}	13.24±1.38^{b}	0.74±0.04
平均值±SD	5.60±1.14	3.42±0.21	5.10±0.32	14.99±0.99	0.76±0.05

注：同行上标相同小写字母表示差异不显著（$P>0.05$），不同小写字母表示差异显著（$P<0.05$）。

中国不同品种双峰驼乳常规营养成分分析结果（表 2-4）显示，塔里木双峰驼乳中的脂肪含量最高（6.71%±2.60%），准噶尔双峰驼乳中的含量最低（4.84%±1.51%），塔里木双峰驼和戈壁红驼乳中的脂肪含量显著高于苏尼特双峰驼和准噶尔双峰驼乳中的含量（$P<0.05$）；苏尼特双峰驼乳中的蛋白质（3.52%±0.28%）和乳糖（5.27%±0.42%）含量最高，戈壁红驼乳中的含量最低（蛋白质 3.14%±0.26%，乳糖 4.70%±0.40%），戈壁红驼乳中蛋白质和乳糖含量显著低于其他品种（$P<0.05$），而其他品种之间无显著差异（$P>0.05$）；塔里木双峰驼乳中总固体含量为最高（15.91%±2.42%），阿拉善双峰驼乳中的含量为最低（14.13%±1.55%），阿拉善双峰驼乳中总固体含量和戈壁红驼乳中的含量无显著差异（$P>0.05$），但显著低于其他 3 个品种（$P<0.05$）；苏尼特双峰驼乳中灰分含量为最高（0.79%±0.06%），戈壁红驼乳中的含量为最低（0.69%±0.06%），不同品种之间灰分含量无显著差异（$P>0.05$），与不同地区分析结果一致。

表 2-4　中国不同品种双峰驼乳常规成分的差异分析（%）

成分	阿拉善双峰驼	苏尼特双峰驼	塔里木双峰驼	准噶尔双峰驼	戈壁红驼
脂肪	5.00±1.54^{b}	5.78±2.32^{ab}	6.71±2.60^{a}	4.84±1.51^{b}	6.37±1.18^{a}
蛋白质	3.36±0.29^{a}	3.52±0.28^{a}	3.38±0.15^{a}	3.50±0.16^{a}	3.14±0.26^{b}
乳糖	5.04±0.44^{a}	5.27±0.42^{a}	5.05±0.22^{a}	5.16±0.23^{a}	4.70±0.40^{b}
总固体	14.13±1.55^{b}	15.37±2.36^{a}	15.91±2.42^{a}	15.34±5.61^{a}	14.91±1.63^{ab}
灰分	0.74±0.07	0.79±0.06	0.78±0.03	0.72±0.03	0.69±0.06

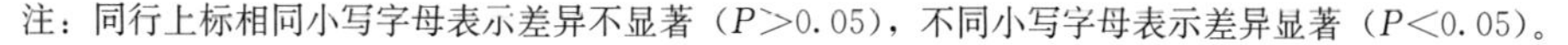

注：同行上标相同小写字母表示差异不显著（$P>0.05$），不同小写字母表示差异显著（$P<0.05$）。

二、水分

（一）乳中水分含量的影响

研究表明，乳中的水分是引起乳及其制品的化学性质和微生物性变质的重要因素之一，直接影响乳制品的风味、感官指标、卫生指标以及营养价值和贮藏特性（刘颖等，2014），而鲜乳是天然的培养基，极易腐败变质，其变质过程中除非出现强烈异味，否则难以觉察。因此，控制、分析乳中的水分含量对于保证食品具有良好的感官性、维护与食品中其他组分的平衡关系、抑制微生物的繁殖、防止腐败、使食品具有一定的保存期、便于成本核算、维持企业的经济效益等有重要意义（房少新等，2005）。

对于干热季节长达8个多月和降水很少的荒漠地区来说，驼乳的含水量较高，约为87%（Ramet，2001）。同时，骆驼具有较长的泌乳期，最长可达18个月。有研究表明，有些骆驼泌乳甚至能持续到下一次妊娠前的4～8周（Yagil，1982），这说明在干旱地区骆驼的产乳能力高于牛，是世界上干旱地区居民的主要乳源，这有助于当地牧民度过漫长而炎热的干旱季节而使种族延续。

不同哺乳动物乳中的成分，包括水分含量也会有所不同，有些成分的含量相差较多。这可能是由于动物的饮食习惯、生存环境以及生理构造等因素直接影响着乳中的成分含量（吉日木图等，2016）。由表2-5可以看出，驼乳与奶牛乳的营养成分及营养成分含量相似，水分含量均约为87%，高于羊乳。

表2-5 驼乳与不同品种乳的成分比较含量（%）

成分	驼乳	奶牛乳	水牛乳	绵羊乳	山羊乳	人乳
水分	87.53	87.78	83.81	82.95	87.30	88.66
总固体	12.47	12.25	16.19	17.05	12.12	11.34
脂肪	3.82	3.60	6.75	5.95	4.15	2.80
蛋白质	3.35	3.24	4.18	5.25	3.02	1.97
灰分	0.79	0.76	0.81	0.94	0.74	0.27

（二）驼乳水分含量的影响因素

1. 生理构造因素 骆驼是反刍动物，在皱胃的前面有3个室，其中最大的是瘤胃。在解剖上不同于其他普通反刍动物的瘤胃，骆驼的瘤胃里有许多肌肉带，而这些肌肉带可以把瘤胃分隔成几个部分，使它们起到“水囊”的作用。当取水方便时，骆驼将水储存在“水囊”中，以备口渴时使用，这就提高了骆驼在沙漠旱地里的生存能力。

经过试验发现，一峰骆驼在缺粮断水的情况下，在炎热的沙漠中走8d，体重会减少100kg。这大约相当于它们体重的22%。处于脱水状态的骆驼，肌肉会起褶皱、腿部消瘦、腹部瘪向脊骨。失水量达其体重的25%时，它依然能够生存。这是由于骆驼的微细血管壁可有效防止血液水分流失，避免血液过度浓缩而造成阻塞，影响血液循环；同时，骆驼血液中有蓄水能力很强的高浓缩蛋白质。此外，骆驼红细胞呈椭圆形，并非通常哺乳动物的圆形，这使得红细胞的抗渗透压能力更强，即使水分渗出，体积缩小，也不会影响红细胞膜的生物学特性，重新饮水后，红细胞体积可再次恢复到正常大小。骆驼可以通过消耗体内脂肪维持生命，一般可在驼峰和腹部沉积 80～160kg 脂肪，每 100kg 脂肪氧化可代谢产生 107.1L 水。骆驼脱水时尽管失去水分，血量却没有变化。也就是说，失去的水不是来自血液，而是来自其他体液和组织。

骆驼颇能忍饥耐渴，每饮足一次水，可数日不喝水，仍能在炎热、干旱的沙漠地区活动，这是因为骆驼特殊的鼻道结构能减少水分消耗。由于它们鼻内有很多极细而弯曲的管道，平时管道被液体湿润着，当体内缺水时，管道立即停止分泌液体，并在管道表面结一层硬皮，使骆驼吸收呼出的水分而不致散失体外。在吸气时，硬皮内的水分又可被送回体内。水分如此在体内循环利用，故骆驼能在干旱的环境下耐渴。

2. 生活环境因素 由于经过长期选择进化，骆驼能够生活在极端的沙漠环境中，忍受超过 40℃的高温，在失水量达到体重的 25%时依然能够维持生命体征，而其他非沙漠动物的失水量极限是达到体重的 15%。在干旱严重的地区，持续缺水会使牛、羊无法进行正常的生命活动，只有骆驼会依然顽强的生存并且还能够给幼驼提供驼乳（Zhao，2015）。

有研究人员研究沙漠动物在基因组水平上对其环境的进化和适应的情况，通过对骆驼基因组进行分析揭示了与沙漠适应性有关的复杂特征，包括脂肪和水的代谢，以及骆驼对炎热、干旱、强烈的紫外线辐射的应激反应。对双峰驼的转录组进行的分析进一步揭示了其独特的渗透调节作用、渗透保护作用以及由高血糖水平支持的补水机制。由于骆驼可以适应长期的水分限制，通过分析水通道蛋白家族基因的转录，研究了水储备的机制，这些基因是选择性的水通道，在水的重吸收和代谢中起着重要作用。在水分充足的条件下，*AQP1*、*AQP2* 和 *AQP3* 是肾皮质和髓质的前 3 种不同表达基因。在缺水的环境下，这些基因可以让骆驼更有效地吸收水分（Wu，2014）。

由于骆驼生活在炎热的干旱地区，干旱地区的典型特征是季节性炎热和缺乏饮用水，热量可使体液快速流动，可以直接导致驼乳产量下降。骆驼繁殖具有较强的季节性，一般在春季（3—5 月）产驼羔，夏季（6—8 月）进入泌乳高峰期，此时正值气温升高、牧草丰盛的季节，处于泌乳高峰期的骆驼可获得优质、充足的牧草，产乳量迅速上升。而冬季（12 月至翌年 2 月）为枯草期，此时骆驼泌乳也处于中后期，产乳量下降，干物质含量升高（张梦华等，2016）。也就是说，驼乳中的水分含量，因季节的水草品质不同而会存在明显差异。

3. 饮水、饮食因素 不同国家及地区的骆驼因放牧的草地不同吃的植物也会不同。沙漠和半干旱地区生长的任何植物（包括盐碱植物）几乎都是骆驼的食物，但主要以植被中最粗糙的部分为生，能吃其他动物不吃的多刺植物、灌木枝叶和干草。在我国，骆驼主要以梭梭、胡杨、沙拐枣、仙人掌等为食。目前，大多数人认为不同植被会对驼乳中的水分含量有一定影响。

根据长期试验发现，当骆驼饮水受到限制时，驼乳的水分含量较自由饮水时的水分含量高。驼乳的水分含量一般为84%～90%，在全年日粮保持不变的情况下，对缺乏饮水的骆驼进行驼乳测定后发现，当骆驼饮水量充足时乳中水分含量为84%～86%，当饮水受到限制时乳中水分含量反而上升到91%。这是骆驼适应自然条件的一个特性，这表明在干旱时期泌乳的骆驼可以把水分从体内转移到乳中，因为这样不仅可给幼驼提供营养物质，而且还可以保证在缺乏饮水的条件下母驼能为其幼驼提供足够的水分。

此外，驼乳水分含量的变化与驼乳脂肪含量的变化有关。据报道，驼乳脂肪含量介于2.6%～5.5%，随着缺水骆驼所产乳的水分含量的增加，脂肪含量便从4.3%下降到4.1%。还有些报道指出，饮水的多少直接影响乳的成分含量，如脂肪、蛋白质等。缺乏饮水的骆驼，其乳中的蛋白质含量大大降低，脂肪、乳糖的含量也降低，但钠和氯的含量升高，处于饥渴状态的驼乳中磷酸钙和镁的含量较低，灰分含量也较低（吉日木图等，2016）。

4. 品种因素 早在1984年，有研究者采集母驼乳样后，对驼乳的常规成分进行过简单分析，主要分析了驼乳样品中的水分含量，以及干物质、乳脂、蛋白质、乳糖等其他化学成分的含量，且他们的研究是对双峰驼乳的品质进行了分析与初步探索，结果如表2-6所示（税世荣和许书珍，1984）。

表2-6 驼乳化学成分分析结果

指标	比重	水分（%）	干物质（%）	乳脂（%）	蛋白质（%）	乳糖（%）	灰分（%）	钙（%）	磷（%）
均值	1.037	85.32	14.68	5.5	3.87	4.34	0.07	0.106	0.09
变异范围	1.035～1.04	82.83～87.0	12.96～17.2	3.98～7.60	3.71～4.12	3.19～5.18	0.95～0.98	0.10～0.11	0.08～0.1
标准差	0.002	1.49	1.48	1.27	0.16	0.70	0.02	0.003	0.007

在国外，有研究人员对单峰驼乳的理化成分进行了研究分析。他们先对其他研究者的驼乳成分结果进行了简单了解后，又对伊朗伊斯法罕省库尔（Khur）和比巴纳克（Biabanak）的单峰驼乳的化学成分进行了研究。研究人员从2013年7月至2014年3月中旬对30峰哺乳期和正常饮食的骆驼进行采样后，检测其驼乳中的蛋白质、脂肪、总固体量、灰分及水分等成分含量（表2-7）（Sanayei等，2015）。

表2-7 伊斯法罕省库尔（Khur）和比巴纳克（Biabanak）的单峰驼乳的化学成分

成分	平均值（%）
脂肪	2.72±0.54
蛋白质	4.61±0.50
总固体量	11.24±0.41
灰分	0.86±0.07
水分	88.75±0.41
乳糖	3.05±0.40
酸度	0.12±0.00

（续）

成分	平均值（%）
pH	6.52±0.18
相对密度	1.025±0.009

有人研究了毛里塔尼亚单峰驼乳的理化成分（图 2-1），测定雷吉比（Reguibi）和布拉比切（Berabich）36 峰处于不同哺乳期的雌性单峰驼。据研究显示，驼乳水分含量介于 88.20%±2.01%，且含量变化很小。与牛乳相比，驼乳的含水量更高，密度也更低。所以贝多因人不仅把驼乳当作含营养物质丰富的食物，而且还把它当作一种水的代替品（Meiloud 等，2011）。

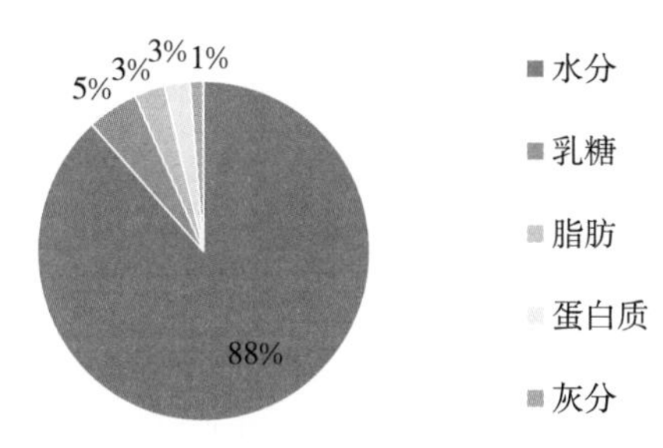

图 2-1　毛里塔尼亚单峰驼乳的理化成分

5. 泌乳阶段的因素　据研究，骆驼常乳和初乳的成分含量具有一定差异。也就是说，不同泌乳阶段也会对乳中的水分含量有影响。张培业等（1985）专门针对我国双峰驼常乳和初乳的成分进行了分析比较（表 2-8），包括水分含量以及干物质、蛋白质、脂肪等其他常规成分。他们的研究结果确定，骆驼常乳和初乳的水分含量有明显差异。通过他们的研究结果，我们可以推断，驼乳的水分含量也会受泌乳阶段的影响。

表 2-8　双峰驼常乳和初乳的成分比较（%）

项目	水分	干物质	蛋白质	脂肪	乳糖	灰分
常乳	83.9±1.54	16.08±1.54	4.08±0.57	5.54±1.28	5.5±1.9	0.91±0.15
初乳	74.93	25.07	18.93	0.35	4.51	1.28

在国外，据专家对单峰驼的分娩乳、初乳及脱水方面进行相关研究后发现，分娩后乳中水分含量相对较低，24h 后迅速增加，并且保证骆驼的饮水量，驼乳水分含量就可稳定在 86%。在接下来的脱水期间，含水量增加并保持在高水平。脱水期间骆驼的饮食量没有下降，而全年的饮食量也保持在同一水平（表 2-9）。

表 2-9　驼乳水分、脂肪、蛋白质、乳糖、尿素等成分含量及相对密度

项目	水分（%）	脂肪（%）	蛋白质（%）	乳糖（%）	尿素（%）	相对密度
分娩乳	82.8±2.6	0.6±0.1	11.6±1.2	2.8±0.5	44±8	1.02±0.02
初乳	85.6±1.3	1.4±0.2	9.8±0.9	3.8±0.6	33±5	1.03±0.03
泌乳第 2 天	85.8±3.2	1.6±0.1	5.4±0.7	4.8±0.5	33±6	1.04±0.03

（续）

项目	水分（%）	脂肪（%）	蛋白质（%）	乳糖（%）	尿素（%）	相对密度
泌乳第3周	86.2±1.1	3.9±0.4	4.9±0.9	5.0±0.3	33±4	0.99±0.03
水合作用1	85.7±2.4	4.1±0.3	5.7±0.4	4.8±0.3	33±2	1.01±0.02
水合作用2	85.7±2.8	4.3±0.3	4.6±0.4	4.6±0.4	29±6	0.99±0.03
第1期脱水	88.4±0.9	2.4±0.1	3.0±0.1	2.9±0.2	40±7	0.97±0.02
第2期脱水	90.2±0.8	2.4±0.1	3.0±0.1	2.9±0.2	40±7	0.97±0.02
第3期脱水	90.6±0.9	1.6±0.1	2.8±0.1	2.9±0.3	45±9	1.02±0.02
第4期脱水	91.2±0.4	1.1±0.1	2.5±0.1	2.9±0.1	33±4	0.96±0.01

研究证实，水分是影响驼乳化学组成的重要因素。驼乳的化学成分受品种、年龄、泌乳阶段、产乳量、季节、放牧草地质量、饮水、使役、管理、疾病等多种因素影响（吉日木图等，2005）。

三、脂肪及脂肪酸

1. 脂类　驼乳中的脂类是一种能量来源，是脂溶性维生素的溶剂，也为机体提供必需脂肪酸。乳脂中的磷脂成分和某些长链不饱和脂肪酸具有多种生理活性，可作为体内一些生理活性物质的前体。另外，乳脂中某些成分具有的抗菌、抗癌和抗氧化等作用的发现，日益引起研究人员对乳脂的重视。乳脂是以大小不等的、由膜包围的球形液滴的形式分泌的，即乳脂肪球膜，它保持了球的完整性，使它们能与水环境兼容。乳脂肪球几乎全部由甘油三酯构成，而膜大多数含有复杂的脂类。

乳脂肪主要是由1个分子的甘油和3个分子的脂肪酸组成。其中的乳脂肪球平均直径为0.1～18μm。Barlowska等（2011）的研究指出，乳脂肪球的直径与物种种属有关，驼乳脂肪球的直径最小为2.99μm，且相应的结果显示，驼乳脂中主要的甘油三酯的组分为C_{48}、C_{50}和C_{52}。脂肪酸的组成及其含量是衡量和鉴别乳脂肪质量的潜在标志分子。此外，甘油三酯对人体的一些生理功能的研究也成为当前研究的一个重点。高效液相色谱（high performance liquid chromatography，HPLC）是检测乳脂中甘油三酯含量的主要检测技术，而薄层层析法（thin-layer chromatography，TLC）则是研究其在甘油结合脂肪酸酯化后，所结合脂肪酸的结合位点的主要检测技术。Haddad等（2010）通过采用TLC对驼乳脂肪甘油三酯的测定得出，碳原子数为10～16个的脂肪酸在酯化为TAG时主要分布结合在甘油的第2个结合位点，而碳原子数超过16个的脂肪酸在酯化为TAG时主要分布结合在1、3这两个结合位点。

驼乳的脂肪含量是人乳的1.4倍、牛羊乳的1.5～1.6倍、马乳的2.5倍、驴乳的5.2倍。脂肪是主要的能源，是脂溶性维生素的溶剂，也提供人体必需脂肪酸。脂肪中的磷脂和某些长链不饱和脂肪酸具有多种生理活性。1g脂肪可提供39.5kJ的热能，比蛋白质高出1倍以上。按营养成分折算，每100g驼乳含热能345kJ，而人乳、山羊乳、牛乳则分别为 286kJ、277kJ 和 270kJ，马乳和驴乳分别为 226kJ 和 174kJ。因此，驼乳是补充能量和各种营养物质的优选饮品（吉日木图，2005）。

2. 驼乳脂类组成 众多研究报道表明，单峰驼乳中脂肪含量为 2.20%～5.50%，双峰驼乳中脂肪含量为 5.65%～6.39%。三酰甘油酯是脂肪中重要的脂类化合物，占所有脂类化合物的 96%（Gorban 和 Izzeldin，2001），同时也有少量的二酰甘油、单酰甘油、胆固醇、胆固醇脂、游离脂肪酸和磷脂（表 2-10）。

表 2-10 驼乳、牛乳和人乳中的脂肪组成（%，占总脂类的比例）

脂类	驼初乳	驼常乳	牛乳*	人乳*
游离胆固醇	1.22	0.84	0.42	0.34
胆固醇酯	0.07	0.10	痕量	痕量
游离脂肪酸	0.42	0.65	0.10～0.44	0.08
三酰甘油	97.21	96.24	97～98	98.76
二酰甘油	0.24	0.70	0.28～0.59	—
单酰甘油	0.13	痕量	0.16～0.38	—
磷脂	0.67	1.21	0.20～1.11	0.81
其他	0.06	0.26	—	—

资料来源：* 张和平，2012。

（1）磷脂 磷脂主要存在于乳脂球膜上，尽管在乳中的含量较少，但是决定了高脂肪乳制品的性质。驼乳、水牛乳和山羊乳脂肪中磷脂的含量分别为 4.8mg/g、3.8～4.0mg/g 和 8～10mg/g。磷脂酰胆碱（phosphatidylcholine，PC）、磷脂酰乙醇胺（phosphatidylethanolamine，PE）及鞘磷脂（sphingomyelin，SP）是磷脂的主要组成部分，也存在磷脂酰丝氨酸（phosphatidylserine，PS）、磷脂酰肌醇（phosphatidylinositol，PI）、溶血磷脂（lysophospholipid，LP），且驼乳、水牛乳、羊乳、山羊乳、牛乳 5 种乳中磷脂间的相对比例相似，磷脂酰胆碱在磷脂组分中的总浓度是相当稳定的（52%～60%），这是它们在不同物种中执行同一结构功能的原因所在。

通过研究驼乳、奶牛乳、水牛乳、绵羊乳、驴乳、猪乳及母乳中的磷脂脂肪酸发现，驼乳的磷脂脂肪酸含有 2 个以上具有双键的支链脂肪酸，且它们的鞘磷脂中二十三碳酸（$C_{23:0}$）含量高，但几乎不含神经酸（$C_{24:1n\text{-}a}$）。因此，骆驼不具有反刍动物磷脂脂肪酸的全部特征，驼乳磷脂脂肪酸中亚油酸（$C_{18:3n\text{-}3}$）和长链多不饱和脂肪酸含量高。

不同家畜乳脂肪球膜中磷脂的组成有所差异（表 2-11）。驼乳及其他家畜乳中磷脂主要组成见表 2-12。磷脂酰乙醇胺（脑磷脂）是最主要的成分。然后是鞘磷脂和磷脂酰胆碱（卵磷脂）。此外，还含有少量磷脂酰肌醇和磷脂酰丝氨酸。溶血磷脂酰胆碱和溶血磷脂酰乙醇胺占比很少。驼乳中磷脂酰乙醇胺和磷脂酰肌醇的含量高于奶牛乳、山羊乳和水牛乳；鞘磷脂的含量高于奶牛乳和山羊乳，低于水牛乳；磷脂酰丝氨酸的物质的量分数高于奶牛乳和水牛乳，低于山羊乳。也许是因为在每一种产乳家畜中总胆碱磷脂发挥着相同的结构功能的缘故，4 种家畜乳中总胆碱磷脂浓度保持相对稳定，为 52%～60%。驼乳中磷脂酰乙醇胺，含有 15%的缩醛磷脂（plasmalogen），而奶牛乳的卵磷脂中缩醛磷脂含量为 4%，使得驼乳中磷脂酰乙醇胺与其他产乳家畜不同。

表 2-11　不同家畜乳脂肪球膜中磷脂组成（%，物质的量分数）

乳类	PC	PE	PS	PI	SP
驼乳	23.00	35.50	4.60	5.50	28.00
山羊乳	27.60	25.50	9.60	1.40	35.90
水牛乳	27.90	29.42	12.91	4.97	21.39
奶牛乳	33.60	22.30	2.30	2.00	35.30

资料来源：Gorban 和 Izzeldin，2001。

表 2-12　驼乳及其他家畜乳中磷脂主要组成（%，物质的量分数）

磷脂	驼乳	奶牛乳	山羊乳	水牛乳
磷脂酰胆碱	24.0	34.5	25.7	27.8
磷脂酰乙醇胺	35.9	31.8	33.3	29.6
磷脂酰丝氨酸	4.9	3.1	6.9	3.9
磷脂酰肌醇	5.9	4.7	5.6	4.2
鞘磷脂	28.3	25.2	27.9	32.1
溶血磷脂酰胆碱	0.0	微量	—	—
溶血磷脂酰乙醇胺	1.0	微量	—	—
缩醛磷脂	15	—	—	—
总胆碱磷脂	52.3	59.7	53.6	59.9

注：其他畜乳数据引自 Park 和 Haenlein，2006。

（2）甾醇　胆固醇是大多数动物乳中重要的甾醇组分，占总组分的 95%，但少量的其他甾醇也已得到了鉴定。在反刍动物乳中，已分离和鉴定了 β-谷甾醇（beta-sitosterol）、羊毛甾醇（la-nosterol）、二氢羊毛甾醇（dihydrolanosterol）、δ-4-胆甾烯-3-酮（delta-4-cholesten-3-one）、δ-3，5-胆甾二烯-7-酮（delta-3，5-cholestadiene-7-one）及 7-脱氢胆甾醇（7-dehydrocholesterol）。

胆固醇是婴儿所需要的，也刺激婴儿形成胆固醇代谢酶，同时它有助于合成神经组织和胆盐。牛乳中胆固醇含量与人乳中类似（140mg/L），目前没有驼乳中胆固醇含量的数据，但胆固醇是驼乳乳脂中固醇的主要成分。

（3）驼乳脂肪球

①乳脂肪球　乳中大部分脂肪是以各种尺寸的小球状态存在的，表面的薄层为脂肪球膜。该膜是脂肪悬浮于乳中的乳化剂。近年来，驼乳的脂肪球膜受到极度重视。Knoess（1986）研究了驼乳及其他畜乳脂肪球大小，结果表明，脂肪球直径介于 2.31～3.93μm。他还发现驼乳脂肪球膜厚于其他畜乳。

赵电波（2006）对比研究了阿拉善双峰驼乳和牛乳中脂肪球大小分布（图 2-2）。结果显示，驼乳中脂肪球大小介于0.36～4.18μm，均值为1.80μm，直径小于1.00μm的脂肪球数占11.00%，直径小于1.80μm的脂肪球数占49.6%，直径介于1.80～2.60μm的脂肪球数占64.88%，直径介于3.00～5.00μm的脂肪球数占4.37%，而牛乳的相应值分别是0.54～4.90μm、2.18μm、5.90%、24.0%、59.16%和13.32%。赵电波（2006）的研究结果与Dong（1981）报道的双峰驼乳中脂肪球的直径大小一致。

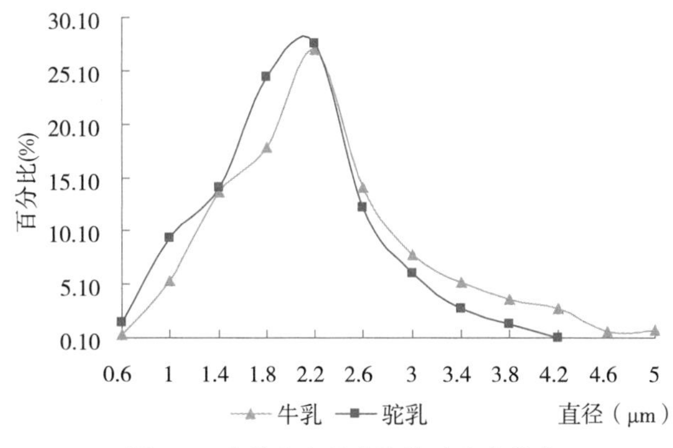

图 2-2　驼乳和牛乳中脂肪球大小分布

不同动物乳的乳脂肪球大小分布明显不同，驼乳、奶牛乳、水牛乳、绵羊乳和山羊乳的乳脂肪球平均大小各不同，水牛乳脂肪球的直径最大，驼乳脂肪球的直径最小。一般来说，驼乳、绵羊乳和山羊乳的乳脂肪球比水牛乳和奶牛乳小。因此，这些乳的乳脂分层差。一些因素会影响乳脂肪球大小和数量，如热处理。对奶牛乳、水牛乳、绵羊乳及山羊乳进行热处理后发现乳脂肪球在一定程度上变大，数量减少。将山羊乳在61℃下巴氏杀菌30min，使脂肪凝聚，从而使乳脂肪球粒度平均增加12%。

②脂肪球膜　乳脂肪球的存在依赖于它们的膜。乳脂肪球膜的研究对解决很多实际问题来说非常重要。脂肪和血浆（plasma）之间所有的相互作用都必须通过膜发生。膜的总面积相当大，含有许多高活性酶。因此，膜可以以很多方式发生反应。乳脂肪球的物理稳定性很大程度上取决于膜的组成特性。尽管乳脂肪球膜的量相对较少，但其在确定富含脂肪的乳制品特性中起着不可或缺的作用。

（4）驼乳脂的理化及加工特性　根据乳脂肪酸组成类型特征，导出了乳脂的理化常数（表 2-13），它们还能用于乳脂肪掺假的定性和定量检测。与其他物种相比，驼乳脂含有更高的碘值、酸值，熔点也更高，而赖克特-迈斯尔值（Reichert Meissl）、波伦斯基值（Polenske）及皂化值较低，这反映了驼乳脂中长链脂肪酸（C_{14}～C_{18}）的含量较高，短链脂肪酸（C_4～C_{12}）含量较低。

表 2-13　驼乳、水牛乳、山羊乳和绵羊乳脂的理化常数

理化常数	双峰驼乳	单峰驼乳	水牛乳	山羊乳	绵羊乳
酸值	0.44	0.54	0.29	0.48	0.28

（续）

理化常数	双峰驼乳	单峰驼乳	水牛乳	山羊乳	绵羊乳
碘值	51.8	43.8～55.0	25.20～35.10	27.09～33.00	31.92～39.72
皂化值	189.3	200～217	220～230	232～243	240～276
赖克特-迈斯尔值	—	1.10～2.12	28.64～36.70	24.02～26.69	29.42～30.39
波伦斯基值	—	0.50～0.62	1.20～2.80	7.06～12.30	1.40～8.77
折射率	1.456 3	1.449 0～1.471 4	1.453 3～1.477 3	1.451 1～1.455 9	1.453 6～1.455 9
熔点（℃）	40.4	41.4～44.1	33.4～38.8	28.1～30.2	30.9

注：双峰驼乳数据引自赵电波，2006；单峰驼乳、水牛乳、山羊乳、绵羊乳数据引自 Park 和 Haelein，2006。

Farah 和 Ruegg（1991）对驼乳和牛乳形成奶油的性能进行了研究，结果表明，驼乳中缺乏一种促使乳脂肪球簇集形成奶油的促使因子——凝集素（agglutinin），或是含量少。与牛乳相比，驼乳不易形成奶油。驼乳脂肪高熔点这一特性，使得用传统的制作牛乳奶油的方法来制作驼乳奶油是行不通的，所以用驼乳制作奶油时的搅拌温度要高于牛乳奶油的搅拌温度。

3. 脂肪酸 驼乳脂肪酸的组成在一定程度上受环境条件、饲养条件、饲料组成、季节及地区、泌乳期、品种、生理条件和遗传差别的影响，但阿拉善双峰驼乳脂肪酸组成与已有报道的单峰驼的基本一致。此外，Shuiep 等（2008）证实，驼乳的脂肪含量显著受管理条件和季节影响。另外，Konuspayeva 等（2009）介绍了世界上不同地区的驼乳脂肪差异很大，并表明生活在非洲和西亚的骆驼与东非的骆驼相比，其乳中脂肪含量比较高。此外，Abdalla 等（2015）报道反映了沙漠栖息地条件下骆驼乳脂肪物质的比例很低，是典型的营养不良。并且驼乳中脂肪含量在泌乳期持续下降。

（1）脂肪酸简介 脂肪酸（fatty acid，FA），是指一端含有一个羧基的长的脂肪族碳氢链，是有机物，直链饱和脂肪酸的通式是 $C_{(n)}H_{(2n+1)}COOH$，低级的脂肪酸是无色液体，有刺激性气味，高级的脂肪酸是蜡状固体，无可明显嗅到的气味。脂肪酸是最简单的一种脂，它是许多更复杂的脂的组成成分。脂肪酸在有充足的氧的供给情况下，可氧化分解为 CO_2 和 H_2O，释放大量能量，因此脂肪酸是机体主要能量来源之一。脂肪酸主要用于制造日用化妆品、洗涤剂、工业脂肪酸盐、涂料、油漆、橡胶、肥皂等。

①分类 自然界有 40 多种脂肪酸，它们是脂类的关键成分。许多脂类的物理特性取决于脂肪酸的饱和程度和碳链的长度，其中能为人体吸收、利用的只有偶数碳原子的脂肪酸。脂肪酸可按其结构不同进行分类，也可从营养学角度，按其对人体营养价值进行分类。

按碳链长度不同分类：它可被分成短链（含 2～4 个碳原子）脂肪酸、中链（含 6～12 个碳原子）脂肪酸和长链（含 14 个以上碳原子）脂肪酸三类。人体内主要含有由长链脂肪酸组成的脂类。

按饱和度分类：它可分为饱和脂肪酸与不饱和脂肪酸两大类。其中，不饱和脂肪酸再按不饱和程度分为单不饱和脂肪酸与多不饱和脂肪酸。单不饱和脂肪酸，在分子结构中仅有 1 个双键；多不饱和脂肪酸，在分子结构中含 2 个或 2 个以上双键。

按双键位置分类：随着营养科学的发展，研究人员发现双键所在的位置影响脂肪酸的营养价值，因此又常按其双键位置进行分类。双键的位置可从脂肪酸分子结构的两端第 1 个碳原子开始编号，并以其第 1 个双键出现的位置的不同分别称为 ω-3 族、ω-6 族、ω-9 族等不饱和脂肪酸。这种分类方法在营养学上更有实用意义。

按营养角度分类：非必需脂肪酸是机体可以自行合成、不必依靠食物供应的脂肪酸。它包括饱和脂肪酸和一些单不饱和脂肪酸。而必需脂肪酸为人体健康和生命所必需，但机体自己不能合成，必须依赖食物供应，它们都是不饱和脂肪酸，均属于 ω-3 族和 ω-6 族多不饱和脂肪酸。

过去只重视 ω-6 族的亚油酸等，认为它们是必需脂肪酸，比较肯定的必需脂肪酸只有亚油酸。自发现 ω-3 族脂肪酸以来，其生理功能及营养上的重要性越来越被人们重视。ω-3 族脂肪酸包括麻酸及一些多不饱和脂肪酸，它们不少存在于深海鱼的鱼油中，其生理功能及营养作用有待开发与进一步研究。

必需脂肪酸不仅为营养所必需，而且与儿童生长发育和成长健康有关，更有降血脂、防治冠心病等治疗作用，且与智力发育、记忆等生理功能有一定关系。

②功能　大多数脂肪酸含偶数碳原子，因为它们通常从 2 碳单位生物合成。高等动、植物中含量最丰富的脂肪酸含 16 个或 18 个碳原子，如棕榈酸（软脂酸）、油酸、亚油酸和硬脂酸。

动植物脂质的脂肪酸中超过半数为含双键的不饱和脂肪酸，并且常是多双键不饱和脂肪酸。细菌脂肪酸很少有双键但常被羟化，或含有支链，或含有环丙烷的环状结构。某些植物油和蜡含有不常见的脂肪酸。

不饱和脂肪酸必有 1 个双键。脂肪酸的双键几乎总是顺式几何构型，这使不饱和脂肪酸的烃链有约 30°的弯曲，干扰不饱和脂肪酸堆积时能有效地填满空间，结果降低了范德华相互反应力，使脂肪酸的熔点随其不饱和度增加而降低。脂质的流动性随其脂肪酸成分的不饱和度相应增加，这个现象对膜的性质有重要影响。

饱和脂肪酸是非常柔韧的分子，理论上围绕每个 C—C 键都能相对自由地旋转，因而有范围宽泛的构象。但是，其充分伸展的构象具有的能量最小，也最稳定；因为这种构象在毗邻的亚甲基间的位阻最小。与大多数物质一样，饱和脂肪酸的熔点随分子质量的增加而增加。

动物能合成所需的饱和脂肪酸和油酸这类只含 1 个双键的不饱和脂肪酸，含有 2 个或 2 个以上双键的多双键脂肪酸则必须从植物中获取，故后者称为必需脂肪酸。其中，亚麻酸和亚油酸最重要。花生四烯酸由亚油酸生成。花生四烯酸是大多数前列腺素的前体。前列腺素是能调节细胞功能的激素样物质。

脂肪酸可用作丁苯橡胶生产中的乳化剂和其他表面活性剂、润滑剂、光泽剂；还可用于生产高级香皂、透明皂、硬脂酸。

（2）不同家畜乳中脂肪酸比较　我国目前对牛乳脂肪的研究报道相对较多，羊乳和双峰驼乳的脂肪酸检测也均有报道。脂肪酸的组成在一定程度上受环境条件、饲养条件、饲料组成、季节及地区、泌乳期和品种等因素的影响。

驼乳、马乳、羊乳脂肪酸组成和百分含量差异显著。3 种乳主要由肉豆蔻酸（$C_{14:0}$）、棕榈酸（$C_{16:0}$）、油酸（$C_{18:1n9c}$）、硬脂酸（$C_{18:0}$）组成。基于方差分析和多重比较分析可知，驼乳中 $C_{15:0}$ 显著高于牛乳和驼乳，并且棕榈烯酸（$C_{16:1}$）含量显著高于牛乳和羊乳（$P<0.05$），硬脂酸（$C_{12:0}$）14.21％±1.40％含量高于报道的12.50％。但是驼乳中月桂酸（$C_{12:0}$）含量明显低于牛乳、羊乳。驼乳中 $C_{13:0}$、$C_{14:0}$ 的含量与牛乳相比没有显著性差异。该结果可能是由于动物个体之间的差异和季节等因素造成的。此外，多重比较分析显示，牛乳中的棕榈酸（$C_{16:0}$）含量所占比例最高，且高于报道中的25.55％，硬脂酸（$C_{18:0}$）含量为14.92％±1.36％，且牛乳中丁酸（$C_{4:0}$）和月桂酸（$C_{12:0}$）含量，显著高于驼乳及羊乳（$P<0.05$）。结果显示，在 3 种乳中羊乳所含脂肪酸的种类最多，且棕榈酸（$C_{16:0}$）和油酸（$C_{18:1n9c}$）所占的比例最大。它的己酸（$C_{6:0}$）和辛酸（$C_{8:0}$）所占比例也较高，这可能是羊乳产生膻味的主要原因。

驼乳、牛乳、羊乳 3 种乳中脂肪酸的种类和含量比较见表 2-14。研究表明，饱和脂肪酸摄入过多，可导致血脂，特别是血清胆固醇升高，会与糖尿病、肥胖症、心血管疾病、动脉粥样硬化等一系列慢性疾病有直接关系。此外，医学研究表明，不饱和脂肪酸有明显降低高密度脂蛋白血清胆固醇的作用，进而降低高血压、心脏病及中风等疾病的发病率。同时，不饱和脂肪酸在维护生物膜的结构和功能方面也有重要作用。对不同乳中脂肪酸种类进行分析的结果表明，与牛乳和羊乳比较，驼乳的饱和脂肪酸（SFA）含量为54.14％±2.57％，所占比例最小，而多不饱和脂肪酸（PUFA）含量为4.09％±0.54％，显著高于牛乳和羊乳（$P<0.05$）。通过研究发现，不同乳中特有的膻味主要与其自身脂肪酸的组成有关。数据分析显示，与其他动物乳脂肪酸相比，驼乳中的短链脂肪酸含量比较少。此外，已有现代药效研究证明，奇数碳脂肪酸具有较强的生理活性，尤其是抗癌活性。结果显示，驼乳中的 OCFA 所占比例为4.74％±0.31％，显著高于牛乳和羊乳（$P<0.05$）。n-3FA 所占比例最高，PUFA/SFA 驼乳中含量0.08％±0.01％显著高于牛乳及羊乳。

表 2-14　驼乳、牛乳、羊乳 3 种乳中脂肪酸含量（％）

脂肪酸	驼乳	牛乳	羊乳
饱和脂肪酸（SFA，saturated fatty acids）	54.14±2.57[a]	64.16±1.32[b]	56.99±3.55[a]
单不饱和脂肪酸（MUFA，monounsaturated fatty acids）	32.36±1.67[a]	28.10±1.28[b]	35.26±3.86[c]
多不饱和脂肪酸（PUFA，polyunsaturated fatty acids）	4.09±0.54[a]	3.33±0.52[b]	2.77±0.12[c]
短链脂肪酸（SCFA，short chain fatty acids）	0.01±0.005[a]	1.34±0.20[b]	0.76±0.09[c]
中链脂肪酸（MCFA，midchain fatty acids）	0.98±0.07[a]	7.68±0.79[b]	9.87±1.87[c]
长链脂肪酸（LCFA，longchain fatty acids）	89.60±0.72[a]	86.71±1.01[b]	84.39±2.30[c]
奇数碳脂肪酸（OCFA，odd-carbon fatty acid）	4.74±0.31[a]	2.48±0.14[b]	4.30±0.37[c]

（续）

脂肪酸	驼乳	牛乳	羊乳
n-6FA（*n*-6 多不饱和脂肪酸）	2.90±0.34[a]	3.25±0.40[b]	2.23±0.13[c]
n-3FA（*n*-3 多不饱和脂肪酸）	1.12±0.17[a]	0.22±0.04[b]	0.49±0.09[c]
transFA（反式脂肪酸）	3.53±1.11[a]	2.02±0.57[b]	2.16±0.46[b]
PUFA/SFA（多不饱和脂肪酸/饱和脂肪酸）	0.08±0.01[a]	0.05±0.007[b]	0.05±0.005[b]

注：$n=7$，同行上标相同小写字母表示差异不显著（$P>0.05$），不同小写字母表示差异显著（$P<0.05$）。

由表 2-15 可以看出，与牛乳、绵羊乳和山羊乳相比，准格尔双峰驼乳中短链脂肪酸 $C_{4:0}$～$C_{8:0}$ 和中链脂肪酸 $C_{10:0}$ 含量较低，长链脂肪酸中除 $C_{20:0}$ 外，$C_{14:0}$、$C_{16:0}$ 和 $C_{18:0}$ 含量相对较高；准格尔双峰驼乳中单不饱和脂肪酸 $C_{14:1}$ 含量为 0.58%，低于牛乳、绵羊乳和山羊乳；而 $C_{16:1}$ 含量为 7.32%，高于其他畜乳；准格尔双峰驼乳中 $C_{18:1}$ 含量为 21.87%，低于牛乳而高于绵羊乳和山羊乳；准格尔双峰驼乳中多不饱和脂肪酸（PUFA）$C_{18:2}$ 和 $C_{18:3}$ 的含量分别为 1.51% 和 0.64%，低于牛乳、绵羊乳和山羊乳。总之，与其他哺乳动物相比，驼乳中饱和脂肪酸含量较高而不饱和脂肪酸含量较低。

表 2-15　不同畜乳脂肪中脂肪酸的组成（%）

脂肪酸	准格尔双峰驼乳	单峰驼乳	牛乳	绵羊乳	山羊乳
$C_{4:0}$	0.25	0.34	3.5	3.47	3.78
$C_{6:0}$	0.26	0.29	2.1	3.29	2.92
$C_{8:0}$	0.24	0.27	1.4	3.14	3.40
$C_{10:0}$	0.17	0.81	2.1	8.44	8.51
$C_{12:0}$	0.96	0.8	3.1	6.33	4.93
$C_{14:0}$	12.50	10.1	10.4	10.33	10.58
$C_{16:0}$	31.92	29.74	26.6	23.65	21.52
$C_{18:0}$	16.10	17.82	7.86	9.83	9.41
$C_{20:0}$	0.05	0.70	0.11	1.90	3.69
$C_{10:1}$	0.19	0.19	—	0.82	0.40
$C_{14:1}$	0.58	0.57	1.7	9.03	2.10
$C_{16:1}$	7.32	6.60	1.7	1.95	1.28
$C_{18:1}$	21.87	24.66	29.0	15.29	20.07
$C_{18:2}$	1.51	1.61	3.2	2.7	3.09
$C_{18:3}$	0.64	0.51	1.1	1.87	0.97

人乳、牛乳、驼鹿乳和驼乳中脂肪酸含量的比例显示（图 2-3），动物乳中饱和脂肪酸的含量为 50% 或以上，驼乳中饱和脂肪酸含量为 55%，人乳中饱和脂肪酸含量最低（38%）；驼乳中支链脂肪酸（branched chain fatty acid，BCFA）含量很高（支链脂

肪酸是新生儿的重要营养成分，具有缓解癌症和预防坏死性结肠炎等作用，对婴幼儿的生长发育具有重要意义）；驼乳中反式单不饱和脂肪酸（trans monounsaturated fatty acids，trans-MUFA）含量随季节不同有很大变化；驼乳中顺式单不饱和脂肪酸（cis monounsaturated fatty acid，cis-MUFA）含量中 $C_{18:0}$ 含量占大部分；驼乳中共轭亚麻油酸（共轭亚麻油酸能够使人体产生防护的效果，免于黑色毒瘤、白血病，以及乳房、结肠、卵巢和前列腺等的癌症的侵害）含量（1.2%）高于人乳和牛乳，与驼鹿乳相近；由于瘤胃细菌的生物氢化作用，反刍动物乳中 PUFA 含量较低。

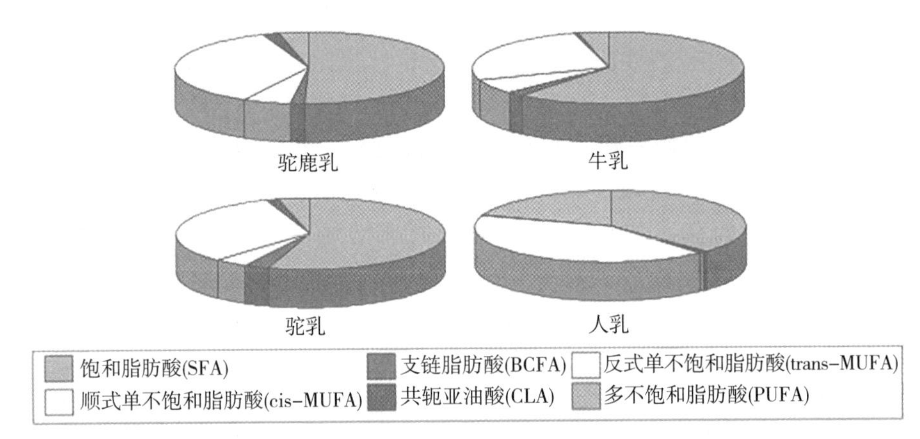

图 2-3　人乳、牛乳、驼鹿乳和驼乳中脂肪酸含量的比例

驼乳与其他哺乳动物乳脂肪酸含量的比较见表 2-16。单峰驼乳中饱和脂肪酸含量（61.34%）高于双峰驼乳、奶牛乳和马乳；单峰驼乳中单不饱和脂肪酸含量（32.21%）高于其他哺乳动物乳，与双峰驼乳中单不饱和脂肪酸含量（31.07%）相近；驼乳中多不饱和脂肪酸含量低于其他哺乳动物乳。其他哺乳动物乳中主要的脂肪酸均为 $C_{16:0}$、$C_{18:1n9c}$、$C_{18:0}$ 和 $C_{14:0}$，而马乳中主要的脂肪酸为 $C_{18:3n3}$、$C_{16:0}$、$C_{18:1n9c}$ 和 $C_{18:2n6c}$。单峰驼乳中 $C_{16:0}$（29.74%）和 $C_{18:0}$（17.82%）含量高于其他哺乳动物乳；单峰驼乳中 $C_{18:1n9c}$ 含量（24.66%）与水牛乳中 $C_{18:1n9c}$ 含量（26.50%）相近，高于其他哺乳动物乳；双峰驼乳中 $C_{14:0}$ 含量（10.04%）和单峰驼乳中含量（10.10%）相近，高于马乳和水牛乳。不同哺乳动物乳之间不但脂肪酸含量存在差异，脂肪酸种类也有一定的不同。畜乳中脂肪酸的组成在一定程度上受环境条件、饮食、泌乳期等生理条件和遗传差别的影响。

表 2-16　驼乳与其他哺乳动物乳脂肪酸含量的比较（%）

脂肪酸	双峰驼乳	单峰驼乳	奶牛乳	马乳	水牛乳	绵羊乳	山羊乳
$C_{6:0}$	—	0.29	1.25	0.09	1.38	3.29	2.92
$C_{8:0}$	—	0.27	0.83	1.31	0.91	3.14	3.40
$C_{10:0}$	0.04	0.27	2.00	3.45	1.54	8.44	8.51
$C_{12:0}$	0.73	0.80	2.58	4.70	2.07	6.33	4.93
$C_{14:0}$	10.04	10.10	10.42	6.31	9.38	10.33	10.58

（续）

脂肪酸	双峰驼乳	单峰驼乳	奶牛乳	马乳	水牛乳	绵羊乳	山羊乳
$C_{14:1}$	0.47	0.57	0.84	0.48	0.89	9.03	2.10
$C_{15:0}$	1.70	1.24	1.33	0.32	—	—	—
$C_{16:0}$	25.43	29.74	27.72	23.61	28.62	23.65	21.52
$C_{16:1}$	5.43	6.60	1.74	5.85	2.24	1.95	1.28
$C_{17:0}$	0.96	0.76	0.88	0.26	—	—	—
$C_{17:1}$	0.54	0.38	0.31	0.48	—	—	—
$C_{18:0}$	16.42	17.82	11.86	1.15	16.32	9.83	9.41
$C_{18:1n9t}$	7.47	—	4.70	0.01	—	—	—
$C_{18:1n9c}$	17.16	24.66	21.17	18.81	26.50	15.29	20.07
$C_{18:2n6t}$	0.24	—	0.17	—	—	—	—
$C_{18:2n6c}$	1.31	1.61	1.36	7.00	2.71	2.70	3.09
$C_{18:3n3}$	1.00	0.51	0.79	23.93	1.83	1.87	0.97
$C_{20:0}$	—	0.05	—	—	1.95	1.90	3.69
$C_{22:0}$	—	—	—	—	—	—	—
SFA	55.32	61.34	58.57	41.20	62.17	66.91	64.96
MUFA	31.07	32.21	28.76	25.63	29.63	26.27	23.45
PUFA	2.55	2.12	2.32	30.93	4.54	4.57	4.06

（3）不同品种驼乳的脂肪酸　Sawaga（1984）、Hassan（1987）和 Abu-Lehia 等（1989）对驼乳脂肪酸的组成进行了进一步的分析研究。Konuspayeva 等（2008）研究表明，驼乳中脂肪酸的含量不同于其他哺乳动物，其长链脂肪酸（$C_{14:0}$、$C_{16:0}$、$C_{18:0}$和$C_{18:1}$）含量较高，而短链脂肪酸（$C_{4:0}$～$C_{12:0}$）含量较低，为 0.1%～1.2%；驼乳奶油的高熔点可归因于脂肪酸谱中高比例的长链脂肪酸。与其他哺乳动物乳相比，驼乳中不饱和脂肪酸和饱和脂肪酸的比例非常合适；更为重要的是，驼乳中不饱和脂肪酸的比例为 0.431，而牛乳的为 0.388，因此驼乳更适合于人体代谢。研究者们还对不同季节和不同品种驼乳中的脂肪酸进行了测定，发现春季驼乳中短链脂肪酸（$C_{8:0}$和$C_{10:0}$）的比例较高，而秋季驼乳中长链脂肪酸（$C_{17:0}$和$C_{17:1}$）的比例较高。阿拉善、苏尼特和准噶尔双峰驼乳中，偶数碳饱和脂肪酸（$C_{12:0}$、$C_{14:0}$、$C_{16:0}$和$C_{18:0}$）分别占总脂肪酸含量的 57.54%、58.06%和 61.48%，与单峰驼乳中的含量相似，比人乳和牛乳中的含量高；长链饱和脂肪酸（$C_{14:0}$、$C_{15:0}$、$C_{16:0}$、$C_{17:0}$和$C_{18:0}$）分别占总脂肪酸含量的 56.76%、58.54%和 61.75%，高于牛乳中的含量，证明双峰驼乳脂肪的熔点比牛乳高；多不饱和脂肪酸（$C_{18:1}$、$C_{18:2}$和$C_{18:3}$）的含量占总脂肪酸含量的 30.25%、29.78%和 27.83%，高于哈萨克斯坦双峰驼乳和牛乳中的含量，低于人乳中多不饱和

脂肪酸的含量，与单峰驼乳中的含量相似（吉日木图等，2005；郭建功，2009；伊丽等，2014）。此外，王学清等（2014）的研究还发现，新疆双峰驼乳中还存在质量分数约为13.34%的较为少见的奇数碳脂肪酸（$C_{13:0}$、$C_{15:0}$、$C_{17:0}$、$C_{19:0}$、$C_{21:0}$和$C_{23:0}$），奇数碳脂肪酸具有较强的生理活性，特别是抗癌活性。

单独的脂肪酸具有独特的生物效应和物理性质。链长度和饱和度/不饱和度的差异解释了膳食脂肪酸的独特特征。Khalil等（2011）对约旦8个不同地区的单峰驼乳进行了脂肪酸含量的比较分析，发现不同地区的单峰驼乳脂肪酸含量差异显著（$P<0.05$）；Al Umari地区的单峰驼乳中长链脂肪酸（98.3%）和不饱和脂肪酸（49.85%）比例为最高（可能会降低人体血脂，降低与脂质相关的心血管疾病的发生率），然而与其他地区相比，其短中链脂肪酸含量为最低（可能会降低驼乳的感官特性）。

（4）不同泌乳时间驼乳中脂肪酸　不同泌乳期阿拉善双峰驼乳中脂肪酸含量见表2-17。阿拉善双峰驼乳脂肪酸组成（$C_{12:0}$～$C_{18:3}$）中，饱和脂肪酸（$C_{12:0}$～$C_{18:0}$）初乳中含量低于常乳，初乳中不饱和脂肪酸（$C_{18:1}$～$C_{18:3}$）含量高于常乳。所研究的泌乳期内，主要的偶数长链饱和脂肪酸是$C_{14:0}$、$C_{16:0}$和$C_{18:0}$，而多不饱和脂肪酸酸以$C_{18:1}$为主。

以泌乳期为90d时阿拉善双峰驼乳脂肪酸为例，其$C_{12:0}$～$C_{18:3}$脂肪酸组成与报道的数据一致。$C_{12:0}$～$C_{18:0}$偶数长链饱和脂肪酸占总脂肪酸的57.54%，$C_{16:0}$、$C_{18:0}$及$C_{14:0}$分别占总脂肪酸的30.12%、15.15%和11.49%，这一结果与报道的单峰驼一致。$C_{18:1}$～$C_{18:3}$长链多不饱和脂肪酸占总脂肪酸组成的30.25%，其中以$C_{18:1}$脂肪酸为主，为26.05%。

表2-17　不同泌乳期阿拉善双峰驼乳中脂肪酸含量（%）

脂肪酸	2h	1d	3d	7d	15d	30d	90d
$C_{12:0}$	0.70	0.36	0.36	1.03	1.08	0.58	0.78
$C_{14:0}$	10.23	6.88	7.04	11.18	13.74	9.52	11.49
$C_{16:0}$	27.48	26.27	26.74	25.32	29.65	27.45	30.12
$C_{18:0}$	8.19	9.76	11.96	8.45	10.34	14.00	15.15
$C_{18:1}$	28.43	31.97	29.73	29.03	25.56	29.44	26.05
$C_{18:2}$	5.72	7.89	8.12	5.38	4.38	4.72	2.04
$C_{18:3}$	3.10	3.37	2.95	2.82	2.28	2.64	2.16

（5）不同地区双峰驼乳脂肪酸含量　中国不同地区双峰驼乳脂肪酸含量的分析结果显示，不同地区的双峰驼乳中都分别检测到了19种脂肪酸，饱和脂肪酸11种，单不饱和脂肪酸5种，多不饱和脂肪酸3种，其中SFA含量最高的为棕榈酸（$C_{16:0}$），MUFA含量最高的为油酸（$C_{18:1n9}$），PUFA含量最高的为亚油酸（$C_{18:2n6}$）。中国不同地区双峰驼乳中SFA、MUFA和PUFA含量的比例显示，SFA含量最高的地区为鄂尔多斯，含量最低的地区为阿拉善左旗，其中额济纳旗、巴彦淖尔和鄂尔多斯等地区双峰驼乳中SFA含量显著高于阿拉善左旗双峰驼乳中的含量（$P<0.05$）；MUFA含

量最高的地区为呼伦贝尔，最低的地区为鄂尔多斯，其中呼伦贝尔、锡林郭勒、北疆和阿拉善左旗等地区双峰驼乳中 MUFA 含量显著高于南疆和鄂尔多斯双峰驼乳中的含量（$P<0.05$）；PUFA 含量最高的地区为北疆，最低的地区为鄂尔多斯，其中北疆地区双峰驼乳中 PUFA 含量显著高于呼伦贝尔、额济纳旗、巴彦淖尔和鄂尔多斯双峰驼乳中的含量（$P<0.05$）。结果表明，鄂尔多斯地区双峰驼乳中的饱和脂肪酸含量比其他地区高，北疆地区的双峰驼乳中不饱和脂肪酸含量比其他地区高。SFA/UFA 值可以评价脂肪酸的营养价值，SFA/UFA 值越小，其营养价值越高（顾翔宇等，2016）。中国不同地区双峰驼乳中阿拉善左旗 SFA/UFA 值（1.7）为最低，鄂尔多斯 SFA/UFA 值（2.19）为最高，表明阿拉善左旗双峰驼乳中的脂肪酸营养价值比其他地方高。

中国不同地区双峰驼乳中主要的脂肪酸为 $C_{16:0}$、$C_{18:1n9}$、$C_{18:0}$、$C_{14:0}$、$C_{16:1}$、$C_{15:0}$、$C_{17:0}$和 $C_{12:0}$，即其中长链（C_{12}～C_{18}）脂肪酸含量较高，这与现有的驼乳脂肪酸报道一致（吉日木图等，2005；Konuspayeva 等，2008；郭建功，2009；伊丽等，2014；王学清等，2014）。鄂尔多斯双峰驼乳中的 $C_{16:0}$含量（32.276%）最高，阿拉善左旗双峰驼乳中的最低（23.132%）；锡林郭勒双峰驼乳中的 $C_{18:1n9}$含量（22.570%）最高，鄂尔多斯双峰驼乳中的最低（17.088%）；北疆双峰驼乳中的 $C_{18:0}$含量（18.236%）最高，鄂尔多斯双峰驼乳中的最低（10.720%）；鄂尔多斯双峰驼乳中的 $C_{14:0}$含量（14.146%）最高，北疆双峰驼乳中的最低（9.956%）；呼伦贝尔双峰驼乳中的 $C_{16:1}$含量（8.088%）最高，北疆双峰驼乳中的最低（5.380%）；呼伦贝尔双峰驼乳中的 $C_{15:0}$含量（2.078%）最高，乌兰察布双峰驼乳中的最低（1.298%）；巴彦淖尔双峰驼乳中的 $C_{17:0}$含量（1.186%）最高，阿拉善左旗双峰驼乳中的最低（0.992%）；阿拉善左旗双峰驼乳中的 $C_{12:0}$含量（1.102%）最高，南疆双峰驼乳中的最低（0.730%）。

四、蛋白质

蛋白质是驼乳中的主要营养成分，驼乳的总蛋白质含量与牛乳相似，介于 27～40g/L（Farah，1996）。但不同地区和品种的驼乳蛋白质含量有较大差异。即使是同一品种，驼乳中蛋白质的含量也不同。新疆驼乳和自然发酵的内蒙古双峰驼乳总蛋白质含量都较高，分别为 4.45%、4.21%，是沙特阿拉伯地区单峰驼乳的 1.48 倍和 1.40 倍（Sawaya 等，1984；赵电波等，2007；朱敖兰等，2008）。与牛乳相比，驼乳的总蛋白质含量较高。研究表明，新疆驼乳总蛋白质含量是牛乳的 1.42 倍（朱敖兰等，2008）。驼乳中蛋白质种类十分丰富，Alhaider 等（2013）就从沙特阿拉伯利雅得及美国加利福尼亚地区家养单峰驼乳中鉴定出了 238 种蛋白质，其中酪蛋白和乳清蛋白是驼乳中最主要的蛋白质（李超颖等，2014），乳清蛋白与酪蛋白的比率约为 0.4，高于牛乳，后者约为 0.2。驼乳似乎比牛乳含有更多的非蛋白质氮（Farah，1996）。但驼乳蛋白组分的平均氨基酸组成没有统计学意义。

单峰驼乳蛋白质的总量为 2.15%～4.90%，平均为 3.1%±0.5%（Konuspayeva，

2009）。驼乳中蛋白质含量受品种和季节的影响，索马里和肯尼亚单峰驼乳的蛋白质含量为 2.7%～4.5%（Schwartz，1992）；而哈萨克斯坦驼乳为 4.45%（Serikabeva，2000）；突尼斯驼乳总蛋白含量为 2.81%（Attia 等，2001）。埃尔郡、布朗瑞士、根西岛、荷尔斯泰因、泽西岛、泽布等不同种类牛的乳蛋白含量分别为 3.6%、3.6%、3.8%、3.1%、3.9%和 3.9%（Altman，1961）。已知来自不同的国家和地区，如保加利亚、卡拉博、高加索地区、中国、埃及、匈牙利、意大利、墨拉（印度）、罗马尼亚和俄罗斯的水牛乳的平均蛋白质百分比是 4.3%、6.0%、4.0%、6.0%、4.2%、3.6%、4.3%、4.1%～4.5%、4.8%和 4.8%（Rao，1977）。Khanna（1986）报道单峰驼乳蛋白含量为 2.0%～5.5%；Sankhla（2000）的报道为 3.4%；Raghvendar（2004）的报道为 2.1%～2.5%。而 Yoganandi J（2014）则报道，同为印度的不同品种的单峰驼，如 Anand 和 Kheda 的乳蛋白含量均为 3.0%，而 Kutchh 则为 2.66%。

据 Mehaia（1995）报道，与其他单峰驼品种（Wadah 和 Hamra）相比，Majaheim 驼乳蛋白含量更高。8 月驼乳蛋白含量最低（2.48%），12 月和翌年 1 月最高（2.9%）（Haddadin，2008）。此外，驼乳蛋白含量还受泌乳期的影响。随着泌乳期延长，乳蛋白含量随之减少，阿拉善双峰驼分娩后第 1 次所挤初乳中蛋白含量为 14.23%，12h 后下降到 9.63%，之后逐渐下降，36h 降到 8.23%，在 2～7d 内恒定在 7.17%～7.40%，在 15d、30d 及 90d 分别为 5.32%、4.87%和 3.55%（吉日木图，2005）。内蒙古阿拉善双峰驼分娩后第 1 次所挤的初乳中，乳清蛋白氮（whey protein nitrogen，WPN）占总氮的 58.74%，乳酪蛋白氮（casein nitrogen，CN）占总氮的 38.57%，非蛋白氮（nonprotein nitrogen，NPN）仅占总氮的 2.69%；到 24h，WPN、CN 及 NPN 分别占总氮的 32.54%、65.08%及 2.38%。随泌乳期的延长，驼乳氮中 CN 逐渐升高，WPN 逐渐降低，WPN：CN 也逐渐降低。2～90d 泌乳期内，NPN 占总氮的比例变化不大，为 5.26%～7.89%。与已经报道的单峰驼乳中氮分布相比，除 NPN 接近外，WPN 比例较低，CN 比例较高。但 Konuspayeva（2010）则认为，泌乳期对驼乳蛋白含量的影响可以忽略不计。

在一项研究中，有人将乳用琼脂固化后，再用电子显微镜观察，发现酪蛋白胶团的大小为 25～400nm，更小的胶团显示不清晰（Gouda 等，1984）。通过电子显微镜观察冷冻处理的驼乳样品，发现酪蛋白颗粒分布范围比人乳和牛乳更宽，人乳和牛乳中含有大量大颗粒酪蛋白。直径小于 40nm 的最小酪蛋白胶团约占总酪蛋白的 80%，但仅占胶团重量或体积的 4%～8%。驼乳中酪蛋白胶团的体积分布曲线更宽，在260～300nm 有最大值，而牛乳中酪蛋白胶团在 100～140nm 处有最大值。在另一项研究中，驼乳酪蛋白的直径估计为 95.6nm（90.5～103.1nm）。

Kappeler 等（1998）用聚丙烯酰胺凝胶电泳（SDS-PAGE）对驼乳全脂乳蛋白进行分离，并与奶牛乳、水牛乳、绵羊乳、山羊乳和人乳的全脂乳蛋白进行了比较，发现驼乳酪蛋白组分移动速度比其他物种的慢，因此它们的分子质量更大，但驼乳乳清蛋白与其他物种的具有相同的移动速度。此外，驼乳蛋白缺少 β-乳球蛋白移动带，这点已经通过分子研究得到了证实。驼乳蛋白中含有几种短肽，与其他动物乳蛋白相比，分子质量偏小，这些肽可能在驼乳的治疗价值方面发挥着重要作用（Elagmy 等，1983，1997，2000a）。

1. 乳酪蛋白 驼乳与牛乳全酪蛋白的氨基酸组成见表 2-18，数据表明，驼乳和牛乳酪蛋白组分的氨基酸组成相近。对序列的分子质量、残基数和纯化酪蛋白组分的等电点进行估计发现，驼乳酪蛋白中 β-CN 与 κ-CN 的比值低于牛乳，这种低比率会影响热处理和酶凝乳过程中酪蛋白胶团的加工性能。尽管驼乳酪蛋白没有牛乳酪蛋白磷酸化程度深，但是同一研究显示两者的等电点（pI）类似。

表 2-18 驼乳与牛乳全酪蛋白的氨基酸组成（%）

氨基酸	驼乳	牛乳
天冬氨酸	7.28	6.52
苏氨酸	4.87	4.42
丝氨酸	5.39	5.75
谷氨酸	21.26	20.35
脯氨酸	11.62	10.33
甘氨酸	0.90	2.27
丙氨酸	1.98	2.80
缬氨酸	5.43	6.48
半胱氨酸	0.02	0.65
蛋氨酸	2.70	2.51
异亮氨酸	6.23	5.54
亮氨酸	10.89	8.41
酪氨酸	3.84	5.59
苯丙氨酸	4.01	4.73
赖氨酸	6.53	7.33
组氨酸	2.44	2.70
精氨酸	4.63	3.62

驼乳酪蛋白中的 α_{s1}-CN 和 β-CN 类似于牛乳，缺少半胱氨酸残基；α_{s2}-CN 和 κ-CN 只有 2 个半胱氨酸残基。驼乳酪蛋白中脯氨酸含量稍高于牛乳酪蛋白，α_{s1}-酪蛋白、α_{s2}-酪蛋白、β-酪蛋白和 κ-酪蛋白脯氨酸含量分别为 9.2%、4.5%、17.1%和 13.6%，相应的牛乳酪蛋白脯氨酸含量分别为 8.5%、4.8%、16.7%和 11.8%。与牛乳酪蛋白相比，驼乳酪蛋白的高脯氨酸含量可能会致使其二级结构不稳定（Kappeler 等，1998）。表 2-19 总结了酪蛋白在驼乳、牛乳、人乳中的构成及比例。

表 2-19 酪蛋白在驼乳、牛乳、人乳中的构成及比例

构成	酪蛋白		
	驼乳	牛乳	人乳
α_{s1}-酪蛋白（%总酪蛋白）	22.0	38.0	11.8
α_{s2}-酪蛋白（%总酪蛋白）	9.5	10.0	—

（续）

构成	酪蛋白		
	驼乳	牛乳	人乳
β-酪蛋白（%总酪蛋白）	65.0	39.0	64.0
κ-酪蛋白（%总酪蛋白）	3.5	13.0	24.0
总酪蛋白（g，以100mL乳计）	2.4	2.5	0.4

通过对驼乳和牛乳酪蛋白的氨基酸序列进行比较，发现很少在结构上有明显差异。尽管两者α_{s1}-CN一级结构的相似性较低，但是其相似的二级结构（一系列α-螺旋区域通过C-端连接很少的二级结构）占主导地位。驼乳α_{s2}-CN是4个组分中亲水性最强的，拥有高潜力的二级结构，主要是α-螺旋，这与牛乳类似，2个半胱氨酸残基也位于40号位（Kappeler等，1998）。驼乳κ-CN的二级结构与牛乳κ-CN类似，1个含有半胱氨酸的*N*-端α-螺旋，与β折叠和另1个半胱氨酸相连，2个半胱氨酸残基的位置与牛乳κ-CN中半胱氨酸残基的位置类似。

众所周知，牛乳κ-CN凝乳酶水解位点为Phe^{105}～Met^{106}，截下分子质量为6.707ku一段巨肽（macropeptide），有64个氨基酸，未修饰肽的等电点为3.87，氨基酸序列从His^{98}～Lys^{112}的片段参与凝乳酶对牛κ-CN的结合和切割（Visser等，1987）。驼乳凝乳酶的切割位点为Phe^{97}～Ile^{98}，截下分子质量为6.774ku的一段巨肽，有5个氨基酸，未修饰肽的等电点为4.13（Kappeler等，1998）。驼乳、牛乳κ-CN凝乳酶敏感区域序列的比较如下所示：

骆驼：Arg^{90}—Pro—Arg—Pro—Arg—Pro—Ser—Phe^{97}—Ile^{98}—Ala—Ile—Pro—Pro—Lys—Lys^{104}

牛：His^{98}—Pro—His—Pro—His—Leu—Ser—Phe^{105}—Met^{106}—Ala—Ile—Pro—Pro—Lys—Lys^{112}

驼乳κ-CN保留着所有蛋白基，牛乳κ-CN的Leu^{103}残基由Pro^{95}取代。额外的脯氨酸残基有助于稳定驼乳凝乳酶活性裂解位点κ-CN的构象。此外，牛乳κ-CN中的残基从His^{98}～His^{102}，而在驼乳中是由精氨酸残基取代的。这将导致驼乳κ-CN骨架不需要与凝乳酶紧密结合，牛乳κ-CN显示的恰恰相反（Plowman等，1995）。

此外，驼乳κ-酪蛋白的pI低区域与其理论等电点为8.33不一致。但是，应该考虑到理论等电点值仅基于蛋白质的主要结构，并没有考虑翻译后修饰。然而κ-酪蛋白是磷酸糖蛋白，并且糖类基团与κ-酪蛋白结合经由*O*-糖苷键连接到分子C端部分内的丝氨酸和苏氨酸残基（Rasmussen等，1999）。糖基化发生后，驼乳κ-酪蛋白的低于预测的pI可能是糖基化引入的强负电荷和磷酸化导致的；迄今为止还没有对此进行研究。

目前，已在苏丹骆驼乳中确定整个β-CN核苷酸基因的序列编码为CSN2（Pauciullo等，2014），整个κ-CN核苷酸基因的序列编码为CSN3（Pauciullo等，2013），α_{S1}-CN完整的基因序列编码为CSN1S1（Erhardt等，2016）。Pauciullo等（2013）在κ-CN和β-CN的调控区发现了遗传变异基因，但κ-CN和β-CN的组分是单形的。

Omar 等（2016）通过毛细管电泳在驼乳中测定除了 α_{S2}-CN 之外的每种 CN 成分的浓度；它由约 12.8g/L 的 β-CN、2.9g/L 的 α_{S1}-CN 和 1.7g/L 的 κ-CN 组成。根据 Kappeler 等（1998）估算 α_{S2}-CN 的浓度约为 1.9g/L，占总 CN 的 10%。

驼乳具有低致敏性，因为当检测牛乳过敏儿童血清的 IgE 的同时对驼乳蛋白的特异性也进行了测试。El-Agamy 等（2009）的研究结果显示，驼乳和牛乳蛋白之间没有观察到免疫交叉反应。关于磷酸化程度，Kappeler 等（1998）报道，驼乳的 α_{S1}-CN、α_{S2}-CN 和 β-CN 在丝氨酸残基处多磷酸化（分别为 6、9 和 3 SerP），但程度低于牛乳酪蛋白（分别为 8、10 和 5 SerP）。聚集的磷酸丝氨酰残基（SSSEE，其中 S 是磷酸丝氨酰残基）位于结合无机磷酸钙的 α_{S1}-CN、α_{S2}-CN 和 β-CN 的 N-末端区中。κ-CN 的 C-末端区域是亲水的，在 Ser-141 处单磷酸化，并且 5 个苏氨酸残基上的多聚-*O*-糖基（Thr^{105}、Thr^{109}、Thr^{149}、Thr^{152} 和 Thr^{153}）均与 *N*-乙酰半乳糖胺残基结合（Kappeler 等，1998）。目前尚未确定骆驼 κ-CN 的聚糖结构。

凝乳酶（小牛凝乳酶由 80%凝乳酶和 20%胃蛋白酶组成）在 Phe^{105}～Met^{106} 键水解牛乳 κ-CN，而其在骆驼中的裂解位点是 Phe^{97}～I^{98}（Kappeler 等，1998）。此外，驼乳 κ-CN 中的凝乳酶的肽键与牛乳凝乳酶相比敏感性较高，更容易被骆驼凝乳酶水解（Kappeler 等，2012），因此驼乳酶结构灵活性更大（Jensen 等，2013）。与牛乳、山羊乳和绵羊乳相比，驼乳对乳酪生产最不利（Borna 等，2009）。驼乳凝乳酶的酪蛋白总浓度（驼乳 22.8g/L，牛乳 29.5g/L）低，κ-CN 含量低，驼乳的总钙浓度（1.10g/L）低于牛乳（1.25g/L），但酪蛋白胶束的平均直径较大（牛乳和驼乳酪蛋白胶束的直径分别为 150nm 与 380nm），这导致驼乳加工成乳酪具有难度（Bornaz 等，2009）。近年来，研究人员以不同的方法来改进干酪制作工艺，如将氯化钙和凝乳酶添加到驼乳中（Zubei 等，2008），混合驼乳和牛乳（Mehaia，1993），或用重组驼乳凝乳酶替代牛乳凝乳酶，使驼乳具有高凝乳活性（Elagmy 等，1997；Kappeler 等，2006；Konuspayeva 等，2014）。后者是最可行和有研究价值的方法，就像骆驼重组体一样，可使凝乳酶有效地用于驼乳生产乳酪工艺中（Konuspayeva 等，2014）。

更深一步地了解驼乳酪蛋白，就是基因上的分析。Shuiep 等（2013）和 Erhardt 等（2016）证实了蛋白质和 DNA 水平上的遗传变异导致基因变异体 CSN1S1*A（主要等位基因的平均频率为 0.83），CSN1S1*C 和 CSN1S1*D（变体 D 的氨基酸序列尚未获得）。在另一项研究中，Kappeler 等（1998）通过对索马里单峰驼乳内的蛋白质和 mRNA 测序描述了 α_{S1}-CN（CSN1S1*A 和 CSN1S1*B，其中变体 B 在 C 末端区域中含有 8 个额外的氨基酸残基）的两种遗传变体，但变体 B 不是在苏丹骆驼乳中发现的。

肽是蛋白质分解的小分子物质，具有重要作用，如抗氧化活性、抗癌活性、降低血压、阿片样物质活性、矿物结合、生长刺激和抗微生物活性。因此，酪蛋白在用不同的蛋白酶水解后可能发挥重要的生物学功能。一些学者还报道了酪蛋白衍生的生物活性肽可降低患心脏病、糖尿病和癌症的风险。肽的抗氧化性能与其组成、结构、疏水性以及氨基酸残基的位置和分子质量有关。据报道，用胰酶处理后，驼乳酪蛋白的水解程度高于牛乳酪蛋白。

2. 乳清蛋白 乳清蛋白占总蛋白的20%～25%（Ereifej 等，2011），乳清含有大量可溶性蛋白质以及不同功能的肽（Alhaider 等，2013）。驼乳乳清蛋白中含有 α-乳白蛋白（α-Lactalbumin，α-La）、乳糖（GlyCAM-1）（Groenen 等，1995）、乳铁蛋白（lactoferrin，LF）、乳清酸性蛋白（whey acid protein，WAP）、糖基化依赖性细胞黏附分子 1（GlyCAM-1、乳铁蛋白、PP3）、肽聚糖识别蛋白短变体（peptidoglycan recognition protein short variant，PGRP-S）、乳过氧化物酶（lactoperoxidase，LPO）、血清白蛋白（Ochirkhuyag 等，1998；Merin 等，2001；Hatmi 等，2006）、溶菌酶和免疫球蛋白（Kappeler 等，1998），以及一些乳脂肪球膜蛋白质；还含有脂肪酸合酶、黄嘌呤脱氢酶/氧化酶、丁酸、乳糖苷，乳脂肪球蛋白 EGF 因子和脂肪蛋白（Saadaoui 等，2013）

此外，骆驼的基因组序列已有注释，可用于蛋白质组学分析（Wu 等，2014）。Yonas 等（2016）总结了驼乳、牛乳以及人乳乳清蛋白组成的差异。驼乳与人乳乳蛋白组成类似，都有含量较高的 α-La 和 LF（Hinz 等，2012），并且都不含 β-乳球蛋白，β-乳球蛋白是牛乳中主要的过敏性乳清蛋白之一，因此驼乳可作为牛乳婴幼儿乳粉的替代品。此外，驼乳乳清还含有其他成分，如肽聚糖识别蛋白-1（Kappeler 等，2004；Sharma 等，2011）、乳清酸性蛋白（Beg 等，1984）和乳清碱性蛋白（Ochirkhuyag 等，1998）。据报道，乳清蛋白对热处理的抗性明显高于牛乳（Farah，1986）。在140℃时，70%～75%的牛乳乳清蛋白发生变性，但是驼乳乳清的热稳定性却高于牛乳乳清（Agamy 等，2009；Al-haj 等，2010）。表 2-20 总结了驼乳、牛乳及人乳的乳清蛋白组成成分。

表 2-20 驼乳、牛乳及人乳的乳清蛋白组成成分

成分	乳清蛋白（%总乳清蛋白）			氨基酸残基		
	驼乳	牛乳	人乳	驼乳	牛乳	人乳
β-乳糖球蛋白	—	1.3	—	—	162	—
α-乳铁蛋白	5.0	1.2	1.8	123	123	123
血清白蛋白	2.4	0.4	0.5	—	582	585
乳清酸性蛋白	0.16	—	—	117	—	—
乳铁蛋白	0.22	0.14	1.5	689	700	700
免疫球蛋白	0.73	0.7	1.2	—	—	—
总乳清蛋白	9.3	7.3	7.6	—	—	—

Kappeler 等（1998）通过色谱、电泳和免疫化学分析，分离并鉴定了驼乳乳清蛋白。Elagmy 等（1997）用碱性非变性聚丙酰烯胺凝胶电泳（native-PAGE）对驼乳乳清蛋白组分进行分离，并与其他动物相应组分进行了比较，结果显示，驼乳乳清蛋白的电泳图谱与其他物种的图谱不同。驼乳 α-乳白蛋白迁移率比其他物种的慢，但血清白蛋白的迁移率比所有参加检测的物种都快。此外，与人乳类似，驼乳 β-乳球蛋白带在凝胶上并未分离。用 SDS-PAGE 测定了驼乳乳清蛋白的分子质量，其中血清白蛋白、

α-乳白蛋白 A 和 α-乳白蛋白 B 分子质量的估计值分别为 67ku、15ku 和 13.2ku。对牛乳蛋白而言，血清白蛋白的分子质量为 662ku，α-乳白蛋白的分子质量为 14.42ku（Elagmy 等，1997），因此使用这样的技术很容易检验出驼乳中是否混有奶牛乳、水牛乳、绵羊乳或山羊乳（Elagmy 等，1998a）。

Conti 等（1985）采用凝胶色谱，用葡聚糖 G-100 分离驼乳乳清蛋白，得到了 2 种不同的 α-乳白蛋白（A 和 B），并就它们的特征进行了分析。尽管 α-乳白蛋白 A 和 B 有相同的分子质量（14ku），但它们的等电点、氨基酸组成和 N-端序列是不同的。在另一项研究中，Beg 等（1985）采用凝胶色谱，用葡聚糖 G-25 分离驼乳乳清蛋白，用 HPLC 进行分析，氨基酸和一级结构的分析结果表明，驼乳 α-乳白蛋白与牛乳 α-乳白蛋白具有同源性。分离得到的驼乳 α-乳白蛋白分子质量为 14.6ku，有 123 个氨基酸残基。从驼乳乳清蛋白中分离出 2 种未知的蛋白，分子质量分别为 14ku 和 15ku，各有 117 个和 112 个氨基酸残基。分子质量为 14ku 的蛋白质富含胱氨酸/半胱氨酸，但分子质量为 15ku 的蛋白质不含半胱氨酸。这 2 种蛋白与其他已知的乳蛋白之间没有明显的结构相似性（Beg 等，1984；Beg 等，1986；Beg 等，1987）。最近，用高效液相色谱分析了由驼乳制备的酸性乳清蛋白，通过 N-端序列分析鉴定了 3 个峰，分别代表酸性乳清蛋白（whey acid protein）、α-乳白蛋白和乳多肽（actophorin）（Kappeler 等，1998），它们的含量分别为 1.9%、86.6%和 11.5%。

有人通过 SDS-PAGE 电泳对分级蛋白质进行了分析，结果表明，血清白蛋白和其他与 α-乳白蛋白共洗脱的蛋白质是次要成分。表 2-21 总结了纯化驼乳与牛乳乳清蛋白的理化性质，并与牛乳乳清蛋白的理化特征进行了比较（表 2-22）。驼乳乳多肽是驼乳乳清蛋白中的主要蛋白，而牛乳乳多肽是乳清中的一种次要蛋白。驼乳乳多肽不能从脉蛋白胨组分 3（proteose peptone component3，P3）中分离，这同其在牛乳蛋白质中一样。此外，牛乳蛋白胨组分 3 含有几种蛋白质，在这些蛋白质中乳多肽是主要部分。驼乳和牛乳乳多肽的一级结构高度相似，驼乳乳多肽与牛乳和山羊乳乳多肽的序列相似性百分比远远高于其与大鼠和小鼠乳清的序列相似性百分比（Kappeler 等，1998）。驼乳多肽的含量比牛乳偏高，由于乳多肽是一种脂肪酶抑制剂，因此使其在乳品加工中的潜在效益提高。

表 2-21　纯化驼乳与牛乳乳清蛋白的理化特性

乳类	乳清蛋白组分	分子质量（ku）	pI	氨基酸残基数	乳中的浓度（mg/L）
驼乳	α-乳白蛋白	14.430	4.87	123	＞5 000
牛乳	α-乳白蛋白	14.186	4.65	123	600～700
驼乳	乳多肽 A	15.442	5.11	137	954
牛乳	乳多肽 A	15.304	6.03	135	300
驼乳	乳清酸性蛋白	12.564	4.70	117	157
牛乳	β-乳球蛋白	18.281	4.66	162	＜4 000

表 2-22 驼乳与牛乳乳清蛋白详细的理化特征比较

乳类	酪蛋白	氨基酸残基	分子质量（ku）		pI		乳中的浓度（mg/L）
			氨基酸	质谱	氨基酸	氨基酸修饰	
驼乳	α-乳白蛋白	123	14.430	n. d.	4.87	n. d.	>5 000
牛乳	α-乳白蛋白	123	14.186	n. d.	4.65	n. d.	600～1 700
驼乳	肽聚糖识别蛋白	172	19.143	19.117	8.73	8.73	370
驼乳	乳铁蛋白	689	75.250	80.16～80.73	8.14	n. d.	220
牛乳	乳铁蛋白	689	76.143	80	8.18	n. d.	140
驼乳	乳过氧化物酶	612	69.460	n. d.	8.63	n. d.	n. d.
牛乳	乳过氧化物酶	612	69.569	76.5/78.43	7.90	n. d.	30
驼乳	乳清酸性蛋白	117	12.564	n. d.	4.70	n. d.	157
牛乳	β-乳球蛋白 B	162	18.281	n. d.	4.66	n. d.	<4 000

注：n. d. 表示未检出。

研究发现，驼乳乳清中有一种酸性蛋白质（12.5ku），是一种潜在的蛋白酶抑制剂（Beg 等，1986）。与其他原料乳相比，驼乳中天然防腐剂的含量更高，可使原料乳的储存或保质期延长（Elagmy 等，1983；Farah，1986）。此外，驼乳乳清中还含有不同抗微生物作用的其他蛋白质，如免疫球蛋白、溶菌酶、乳铁蛋白和乳过氧化物酶，它们的结构、特征和抑制效应将在接下来几节讨论。

驼乳具有广谱的生物活性，其中抗菌活性可归因于保护性蛋白质（LF、IgG、乳过氧化物酶、溶菌酶、PGRP-1、乳糖激酶和其他酶）的含量高（Agamy 等，2005）。这些抗菌成分（驼乳过氧化物酶除外，没有相关数据）在驼乳中的浓度显著高于牛乳。驼乳除了常乳具有抗菌活性外，初乳已被证明也具有抗菌活性（Benkerroum 等，2004）。

α-乳白蛋白是驼乳中主要的乳清蛋白，平均浓度为 1.2～1.5g/L（Kappeler 等，1998；Hatmi 等，2007；Omar 等，2016）。α-乳白蛋白是一种钙金属蛋白，在乳腺中产生，参与乳糖合成并促进乳汁的产生和分泌，具有通过降低对葡萄糖和 *N*-乙酰葡糖胺的亲和力来调节乳腺中的半乳糖基转移酶的糖类结合特性。α-乳白蛋白可结合二价阳离子，如 Ca^{2+} 和 Zn^{2+}，并可促进必需矿物质的吸收（Permyakov 等，2000）。

驼乳中的 α-乳白蛋白由 123 个氨基酸残基组成，形成由 4 个二硫键组成的稳定的球状结构（Zennia 等，2015）。与其他物种相比，驼乳中的 α-乳白蛋白的氨基酸序列与牛乳和山羊乳存在很大差异。目前，还没有证据表明驼乳中的 α-乳白蛋白的糖基化作用（Zennia 等，2015）。牛乳中的 α-乳白蛋白具有 2 种或 3 种基因变体（Brew，2013），而人乳 α-乳白蛋白具有 2 种基因变体（Chowanadisaia 等，2005）。然而，观察到 2 种等电点分别为 5.1 和 5.3 的驼乳 α-乳白蛋白同种型（Beg 等，1985；Conti 等，1985；Ochirkhuyag 等，1998；Levieux 等，2005）分别对应于不同的遗传变体。在生理条件下，即在 pH 为 7，温度为 37℃时，Asn^{45} 和 Asn^{16} 形成天冬氨酸（Asp）和优选异天冬氨酸（IsoAsp）残基时，非酶促脱酰胺作用很容易发生。对于 Zennia 等（2015）的研究，摄入驼乳后肠内异常 IsoAsp 的形成和积累可能导致 IgE 介导。事实上，Gall 等（1996）在摄入马乳中已经观察到这归因于乳清主要蛋白质（即，β-乳球蛋白和 α-La）的过敏现象，其中 α-La 容易发生非酶脱酰胺作用（Girardet 等，2004）。

3. 乳球蛋白 驼乳和牛乳球蛋白的一级结构高度相似。驼乳球蛋白与牛乳和山羊乳球蛋白的序列相似性远高于大鼠和小鼠 GlyCAM-1。这可能是由于骆驼和牛之间更接近的进化关系导致的，这可以表明牛乳和驼乳球蛋白之间具有更密切的功能关系。

牛乳球蛋白 17%～18%会发生糖基化（Ng 等，1970；Kanno，1989b；Girardet 等，1994），0.5%～1.1%会发生磷酸化（Ng 等，1970；Paquet 等，1988）。牛乳平均 2～4 个残基乳糖激酶会被磷酸化，2～3 个残基会发生糖基化。与驼乳不同，牛乳球蛋白最初是从蛋白胨中分离出来的，据报道，它是 *N*-糖基化和 *O*-糖基化的。然而，修正后的驼乳与牛乳的一级结构和常见的二级结构特征具有很高的相似性，这 2 种蛋白质都是真正的同系物，并在牛乳中发挥了类似的功能（图 2-4）。

```
  驼乳清蛋白（Beg，1987）：
    SLNEPKDIMY                            MEPSISRED
  驼乳清蛋白（Beg，1987）：
    SLN                 AAQVEI            MEPSISRED
驼乳铁蛋白 A：
    SLNEPKDEIYMESQPTDTSAQVIMSNHQVSSEDLSMEPSISRED
驼乳铁蛋白 B：
    SLN                 AAQVIMSNHQVSSEDLSMEPSISRED
```

图 2-4 与 Beg 等（1987）提出的序列相对比

（1）*N*-末端异质性 牛乳和山羊乳球蛋白，小鼠和大鼠 GlyCAM-1，它们都是只有来自其他物种的完全测序的同源物，目前没有报道由于可变剪接而以不同的变体表达。*N*-末端部分的绵羊乳和美洲驼乳球蛋白也没有显示氨基酸异质性。内质网信号肽酶在骆驼和牛对应物的切割位点之前切割美洲驼 prelactophorin 3 个氨基酸残基，且 2 个测序的 GlyCAM-1 蛋白在该位点之外被切割 1 个氨基酸。不同的切割位点另外表现出乳糖激酶/GlyCAM-1 家族的 *N*-末端部分的高度可变性。尽管如此，*N*-末端部分的许多残基高度保守。这表明，这部分蛋白质具有功能重要性。在牛乳球蛋白和驼乳球蛋白 A 中发现的取决于 *N*-末端部分的功能在驼乳乳球蛋白 B 中丢失。

（2）二级结构 尽管脯氨酸含量较低，但类似于 α-CN 和 β-CN，β-CN 的氨基酸组成与 α-CN 类似，特征在于蛋白质的酸性 *N*-末端部分，其富含 Glu、Ser、Thr 并且含有成簇的磷酸丝氨酸，而 *C*-末端部分富含疏水性残基，不同之处在于乳假单胞菌形成 *C*-末端两亲性螺旋，在极性侧具有混合的碱性和酸性残基（Girardet 和 Linden，1996；图 2-5）。这种结构特性在牛乳球蛋白和啮齿动物的 GlyCAM-1 蛋白中比在骆驼同源物中更明显，因为后者蛋白在变体 A 中含有破坏螺旋的 Pro^{128}，而在变体 B 中含有在 *C*-末端附近的 Pro^{113}，诱导了朝向螺旋的 *C*-末端的扭结。山羊乳球蛋白一级结构（Lister 等，1998）在相应的区域含有 Pro^{128} 和 Pro^{129}，这表明在该位点的一级序列的修饰不是任意的。变体 A 中的 Thr^{105} 侧链和变体 B 中的 Thr^{90} 还突出到螺旋的疏水部分。牛乳球蛋白的 *C*-末端部分参与乳脂球珠膜（milk fat globular membrane，MFGM）的磷脂结

合。不同的蛋白质，如 PAS-6/7、杀菌肽和爪蟾抗菌肽，可以通过两亲螺旋与磷脂膜相互作用（Sorensenetal，1997）。

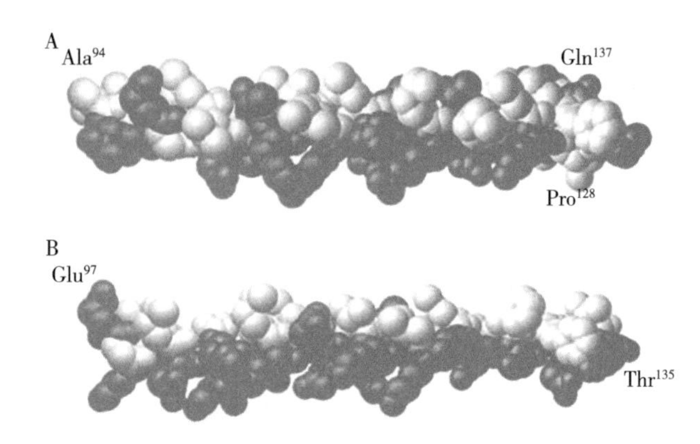

图 2-5 骆驼 α-hehcal *C*-末端部分和牛乳球蛋白

A. 骆驼 α-hehcal *C*-末端部分 B. 牛乳球蛋白的图示。

注：螺旋的疏水侧朝上，亲水侧朝下。极性和带电荷的残基深色阴影。Pro^{128} 和 Pro^{136} 在驼乳白蛋白 A 中的扭结，分别在驼乳乳球蛋白 B 中的 Pro^{113} 和 Pro^{121}，朝向位于右侧的 *C*-末端，并且在该表示中不清晰可见。螺旋的两亲特征在牛乳乳球蛋白中更明显。

然而从乳清中分离出驼乳球蛋白，但预测的二级结构表明与 MFGM 磷脂结合。牛乳球蛋白在乳清和 MFGM 中检测到，但在酪蛋白中未检测到（Kester 和 Brunner，1982；Kanno，1989a；Sorensenetal，1997）。另一个 MFGM 结合蛋白，牛 PAS-6/7，被证明可以通过其 *C*-末端两亲螺旋的极性侧与磷脂相互作用（Andersen 等，1997）。乳糖激酶的初始结合可以以相同的方式发生，但与 MFGM 的强结合可能是由于跨膜整合到磷脂脂肪球微团中的缘故。PAS-6/7 以不同亲和力结合磷脂。磷脂的混合物以更高的亲和力结合。研究人员发现从 MFGM 中提取的复杂磷脂混合物的亲和力最高。牛乳和驼乳球蛋白的 *C*-末端部分结构的显著差异可能是由于牛乳和驼乳脂肪球中不同的磷脂组成引起的。与牛乳脂肪球相比，驼乳脂肪球的平均直径略小，为 2.61μm，而磷脂的组成不同（Farah，1996）。驼乳脂中非饱和脂肪酸 $C_{16:1}$ 的比例比牛乳中高 3～4 倍（Abu-Lehia 等，1989；Farah，1996）。可能存在螺旋断裂脯氨酸诱导驼乳和牛乳球蛋白的三级结构的变化，这对于特异性结合牛乳的磷脂混合物可能是重要的。

（3）磷酸化 驼乳球蛋白 A 和牛乳乳球蛋白，称为“a”的 α-螺旋区域，(3-折叠区域称为“P”），具有磷酸化可能性的丝氨酸残基以粗体显示，不符合乳腺酪蛋白激酶的共有模式，尽管报道了牛乳球蛋白中同源 Ser^{46} 的完全磷酸化，该丝氨酸存在于另一个环区域，而不是具有磷酸化潜力的其他丝氨酸残基，表明该丝氨酸的特殊功能，如与钙的结合。

驼乳球蛋白 A 具有不同的酸性，等电点为 5.1，变体 B 等电点为 6.01 时与牛乳糖酵母相似。三倍磷酸化将使变体 A 的等电点降至 4.7，而变体 B 的等电点降至 5.16。

（4）游离钙结合的潜力 Beg 等（1987）提出的序列在变体 A 中用 25 个氨基酸补充，在变体 B 中用 11 个氨基酸补充。校正的蛋白质序列富含谷氨酸、赖氨酸、丝氨酸和亮氨酸，并且仅具有少量的芳香族和硫酸化残基。插入的序列结果显示磷酸丝氨酸簇具有很高的潜力。这种结构也存在于酪蛋白中，并表现出对 Ca^{2+} 的高亲和力（Bernos 等，1997）。Sorensen 和 Petersen（1993）认为，乳糖激素可能与牛乳中的钙结合，从而控制非酪蛋白磷酸钙的溶解度。Sugurietal（1996）证明，*L*-选择素与血浆 GlyCAM-1 的结合是钙依赖性的。

（5）糖基化　*O*-糖基化的预测通过 Hansen 等（1995）的方法进行。与小鼠和大鼠 GlyCAM-1 序列相反，发现该序列与牛乳乳球蛋白一样具有与 UDP-GalNAc-多肽 *N*-乙酰半乳糖氨基转移酶类似的低 *O*-糖基化潜力（图 2-6）。尽管小鼠 GlyCAM-1 揭示了 Ser^{23}、Thr^{24}、Thr^{26}、Ser^{27}、Thr^{29}、Ser^{30}、Thr^{82}、Thr^{83}、Thr^{86}、Thr^{87} 和 Thr^{91} 的强烈的 *O*-糖基化潜力，在驼乳中发现的 Thr^{16}、Thr^{81} 和 Thr^{90} 的 *O*-糖基化潜力很低。

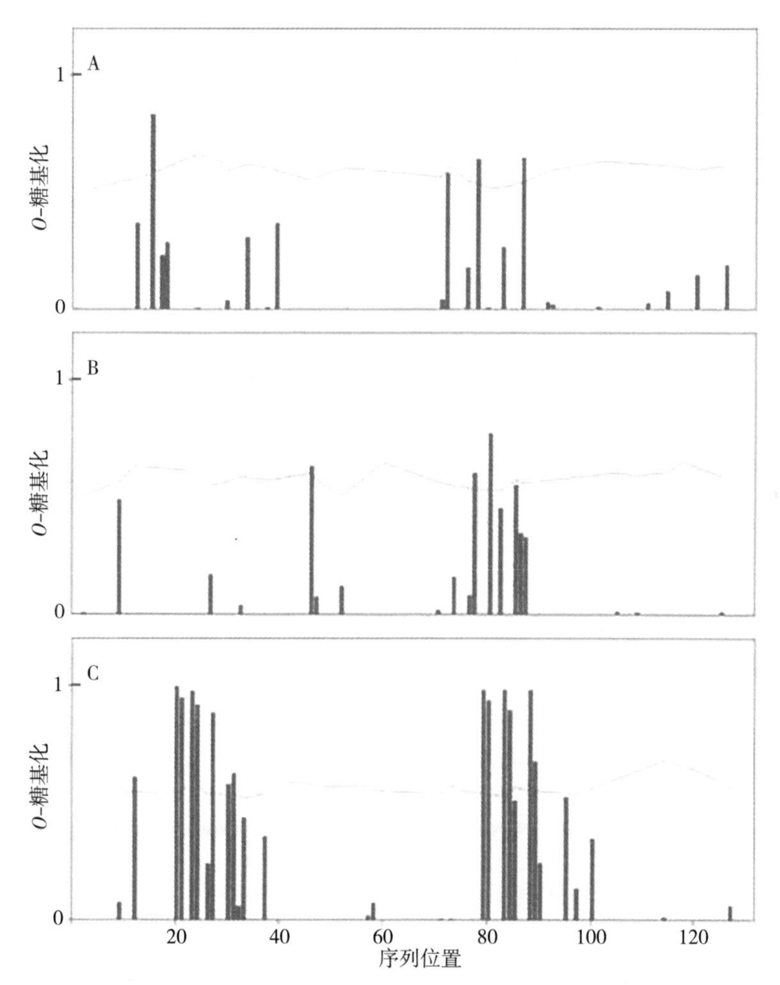

图 2-6　质谱法分析 2 种驼乳乳球蛋白变体的糖基化

A. 驼乳果糖蛋白 A　B. 牛乳糖激酶　C. 鼠 GlyCAM-1

注：残余物的电位显示为从 0（无电位）到 1（高电位）的值的实心柱。阈值取决于蛋白质的一级结构，用虚线表示。糖基化的可能性是潜在的与阈值之间的差异。

4. 驼乳中的抗菌蛋白质　驼乳具有很高的抗菌活性，并且显示出比牛乳更能抑制病原体生长的特性。其抗菌性能部分归因于良好表征的蛋白质，如乳铁蛋白、乳过氧化物酶、溶菌酶和免疫球蛋白 A。与牛乳相比，这些蛋白质在驼乳中显示具有更高的浓度或更高的活性。

（1）溶菌酶　溶菌酶是驼乳中重要的保护性酶类之一，它能裂解细胞壁中的 β-1，4-糖苷键，导致其裂解。乳中的溶菌酶可保护婴儿免受致病菌对其胃肠道的侵袭。健康的驼乳中溶菌酶的含量高于牛乳，且驼乳的耐热性优于牛乳（85℃加热 30min，驼乳、牛乳溶菌酶活性丧失率分别为 56.0%、74.0%）。驼乳溶菌酶的裂解活性比牛乳高，对革兰氏阳性菌，如溶壁微球菌（Elagamy 等，1996）；革兰氏阴性菌，如大肠杆菌等（Duhaiman 等，1988）。

溶菌酶有 2 种类型：从鸡蛋蛋清中发现的溶菌酶称为鸡型 c 型溶菌酶（chick-type c-lysozyme），鹅蛋蛋清中发现的溶菌酶称为 g 型溶菌酶（goose-type g-lysozyme）（Arnheim 等，1973）。c 型溶菌酶和 g 型溶菌酶的氨基酸顺序及分子质量都不同，溶菌酶 g 具有热不稳定性，其胱氨酸和色氨酸残基含量是溶菌酶 c 的一半（Arnheim 等，1973；Dianoux 等，2000）。在乳、眼泪、鼻腔分泌物和尿液等中也发现了溶菌酶。一般认为，人乳和山羊乳、马乳及驼乳中溶菌酶为 c 型溶菌酶。但牛乳中溶菌酶是 c 型还是 g 型，尚不清楚。Duhaiman（1988）和 Elagmy 等（1996）将驼乳中溶菌酶进行了分离纯化。表 2-23 中给出了不同来源溶菌酶的分子质量。

表 2-23　不同来源溶菌酶的分子质量（ku）

来源	分子质量	来源	分子质量
驼乳	14.4；15.0	羊乳	15.0
牛乳	18.0	c 型溶菌酶	15.0
人乳	15.0	g 型溶菌酶	20.5
马乳	14.4		

乳中溶菌酶的免疫学研究表明（Elagmy 等，1996），驼乳和牛乳溶菌酶之间没有抗原相似性，这也说明了它们的分子结构不同。哺乳动物乳中溶菌酶的浓度变化范围，从水牛乳的每 100mL13μg 到马乳的每 100mL79μg。由于受哺乳期的影响，报道的数值之间存在一定差异。

不同哺乳动物乳中溶菌酶浓度见图 2-7。与奶牛乳、水牛乳、绵羊乳和山羊乳相比，驼乳中溶菌酶的浓度相对偏高，但低于人乳、驴乳和马乳（Elagmy 等，2000）。驼乳中溶菌酶的浓度分别是奶牛乳、水牛乳、绵羊乳和山羊乳的 11 倍、18 倍、10 倍和 8 倍。乳中溶菌酶浓度受一些因素的影响而变化，如泌乳期和哺乳动物的健康状况。在初乳中溶菌酶含量增加，乳头感染时，溶菌酶含量也会增加（Carlsson 等，1989；Persson，1992）。表 2-24 描述了日常驼乳、牛乳中溶菌酶含量的变化。在驼乳和牛乳中，初乳溶菌酶含量高于正常乳。分娩后的第 2 天，驼乳中溶菌酶含量最高，之后开始下降，在第 5 天时稍微增加，之后又开始下降，这与牛乳中溶菌酶的变化趋势不同。

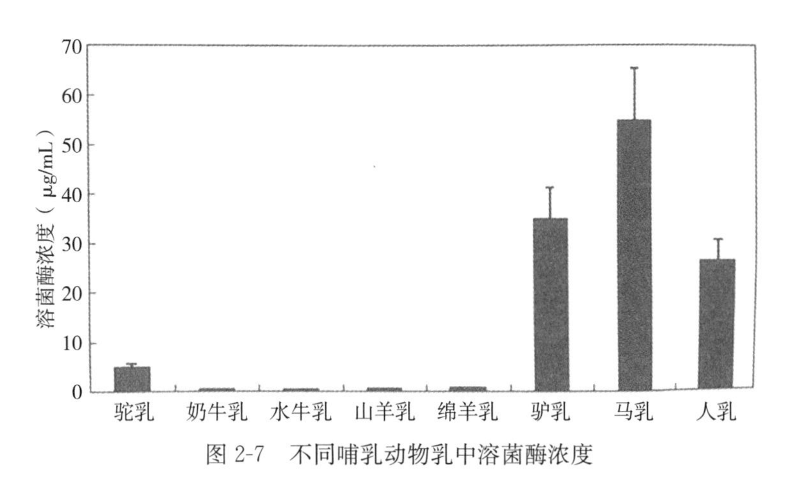

图 2-7　不同哺乳动物乳中溶菌酶浓度

表 2-24　驼乳和牛乳中溶菌酶含量（μg/dL）的变化

产乳时间（d）	驼乳		牛乳		产乳时间（d）	驼乳		牛乳	
	范围	均值	范围	均值		范围	均值	范围	均值
1	43～197	103	17～70	40	5	57～196	93	45～85	69
2	69～202	128	20～70	55	6	54～193	92	55～80	64
3	54～198	106	57～78	65	7	46～188	81	56～90	72
4	52～192	90	45～80	66	8	42～135	73	7～60	37

资料来源：Elagmy 等，1994；Kornhonen 等，1997。

（2）乳过氧化物酶　乳过氧化物酶是在驼乳、牛乳和人乳及许多其他动物乳中存在的天然糖蛋白。乳过氧化物酶与过氧化氢以及硫氰酸根，可以形成“乳过氧化物酶体系”。这个酶系统具有抑菌活性，可以抑制革兰氏阳性菌，如乳酸乳球菌亚种、乳糜泻菌和金黄色葡萄球菌；有抑菌作用，如可抑制革兰氏阴性菌，如大肠杆菌和鼠伤寒沙门氏菌；延长鲜乳的保质期，具有“冷杀菌”的作用。乳中的过氧化物酶不仅具有抗菌作用，还可预防过氧化氢等过氧化物的积累，从而避免过氧化物引起的细胞损伤，起到保护乳腺的作用。非糖基化成熟的驼乳过氧化物酶的分子质量为 69.7ku（牛乳过氧化物酶的为 69.5ku）。用 Clustal Omega 程序进行的序列比对显示，驼乳过氧化物酶（NCBI 参考序列：NP _ 001290481）与牛乳过氧化物酶（Swiss-Prot ID：P80025）具有 83.8%的氨基酸序列同一性，与人乳过氧化物酶（P22079）具有 84.5%的同一性。对于抗微生物功能，目前该系统被认为是哺乳动物自然宿主防御系统的重要组成部分（Boots 等，2006）。在乳汁、眼泪及唾液中发现了乳过氧化物（EC1.11.1.7），通过灭菌使其失活，对非机体防御系统有利，主要是针对革兰氏阴性菌。乳过氧化物酶的主要功能是保护乳头免受微生物感染（Ueda 等，1997），对蛋白酶水解和 pH 酸化有抑制性。在整个泌乳期间，乳过氧化物酶的活性维持在高水平；然而，对人乳来讲，高活性乳过氧化物酶只存在于人初乳中，在分娩后 1 周就无法检测到了（Ueda 等，1997）。

1943 年，人们首次将乳过氧化物酶分离、结晶及表征。已证实，乳过氧化物酶存在于很多乳内，包括牛乳、山羊乳、豚鼠乳、小鼠乳、人乳及驼乳。乳过氧化物酶是含有1个血红素的糖蛋白，铁的含量是0.068%～0.071%，糖类的含量是9.9%～10.2%。驼乳中乳过氧化物酶是一种单体蛋白，与人的髓过氧化物酶（myeloperoxidase）有79.3%的序列相似性，与人的嗜酸性粒细胞过氧化物酶（eosinophil peroxidase）有79.2%的序列相似性。髓过氧化物酶和嗜酸性粒细胞过氧化物酶（eosinophil peroxidase）是双体蛋白（dimeric proteins）（Kappeler等，1998）。从驼乳和牛乳中纯化得到了乳过氧化物酶，在这些研究中，其分子质量估计值分别为78ku和88ku。

Kappeler等（1998）对驼乳过氧化物酶的一个完整长度的cDNA克隆PCR扩增产物进行了测序。研究表明，cDNA长为2636bp，包含4个碱基对的5′-非编码区和497个碱基对的3′-非编码区驼乳过氧化物酶分子质量测定为69.46ku，而牛乳过氧化物酶分子质量为69.57ku。驼乳过氧化物酶的等电点为8.63，而牛乳的为7.90。驼乳过氧化物酶与牛乳过氧化物酶有94.9%的序列相似性，与人唾液过氧化物酶（salivary peroxidase）有94.1%的序列相似性。驼乳过氧化物酶免疫化学研究结果表明有交叉反应。也就是说，当驼乳过氧化物酶的抗血清用于测试时，其与牛乳过氧化物酶有抗原相似性（Elagmy等，1996）。

乳过氧化物酶的抗菌活性通过所谓的乳过氧化物酶系统（lactoperoxidase system，LPS）来实现，在该系统中消耗过氧化氢（H_2O_2），随后由卤化物，如I^-或Br^-氧化得到，或类卤化物（pseudohalide），如SCN^-氧化得到。乳汁中乳过氧化物酶的天然底物是硫氰酸盐和碘化物，但乳中天然底物的含量很少。动物通过食用十字花科植物，经消化后提供硫氰酸盐，如卷心菜硫代葡萄糖苷（thioglucoside）的含量高达5g/kg，通过酶水解反应迅速将硫氰酸盐转化为SCN^-。牛乳中含有1～15mg/L SCN^-。

正常乳中过氧化氢的浓度非常低，但它可以通过黄嘌呤氧化酶氧化黄嘌呤产生，或通过过氧化氢酶阴性菌提供，如乳杆菌、乳球菌及链球菌，这些都是存在于乳中的天然菌（Reiter，1985）。乳过氧化物酶系统的杀菌能力取决于硫氰酸盐氧化反应产物OCN^-或HOSCN这两种产物能氧化革兰氏阴性菌原生质膜上的游离巯基，使细菌细胞膜的结构被损坏，导致钾离子、氨基酸及多肽扩散到细胞外，而葡萄糖的摄取和其他物质的代谢受到抑制。乳过氧化物酶系统对革兰氏阳性菌的作用不同于革兰氏阴性菌，如链球菌，因为革兰氏阳性菌坚硬的细胞壁使其受到保护，即乳过氧化物酶系统对其不起作用（Reiter，1985）。

（3）免疫球蛋白　驼乳中不仅有营养物质成分，还有其他生物分泌物，如唾液、眼泪及支气管、鼻和胰腺的分泌液，以及少数保护性蛋白质。抗体或免疫球蛋白和补体、溶菌酶、乳铁蛋白、乳过氧化物酶体系、黄嘌呤氧化酶和白细胞等非特异性蛋白都是特殊蛋白质。所有这些乳液中的蛋白质形成了所谓的免疫系统（Reiter，1985）。保护性蛋白的浓度依据物种的变化而变化，也反映了幼畜的特殊需要。

免疫球蛋白是公认的特异性保护抗体，由于免疫反应要与一定的抗原，如病毒、细菌等接触产生，因此抗体存在于人和动物的体液、血清中，它们是具有高分子质量的多肽链。免疫球蛋白划分为5类：免疫球蛋白G（IgG）、免疫球蛋白M（IgM）、免疫球蛋白 A（IgA）、免疫球蛋白 D（IgD）和免疫球蛋白 E（IgE）。免疫球蛋白分子由 4 条多肽链组成：两条轻链（λ 或κ），两条重链（α、γ、μ、δ 或ε）。重链的类型决定免疫球蛋白的亚型，如 IgA（α）、IgG（γ）、IgM（μ）、IgD（δ）和 IgE（ε）。依据氨基酸的组成、顺序以及分子质量对免疫球蛋白进行分类。表 2-25 介绍了不同物种乳中免疫球蛋白的分子质量。驼乳中有 3 类：IgG、IgA 和 IgM（Elagmy 等，1989），IgG 有 3 种不同的亚类：IgG1、IgG2 和 IgG3（Elagmy 等，1989；Hamers 等，1993）。表 2-26 列举了骆驼和其他物种乳中免疫球蛋白的类和亚类。驼乳免疫球蛋白分子质量不同于奶牛乳、水牛乳和人乳。纯化驼乳中 IgG 的亚类，IgG1、IgG2 和 IgG3 的重链分子质量分别是 50ku、46ku 和 43ku（Hamers 等，1993）。已经证实骆驼血清或乳中的 IgG 对蛋白 A（Elagmy 等，1989；Hamers 等，1993）或蛋白 G（Hamers 等，1993）的反应具有免疫性，分泌型 IgA 和 IgM 对蛋白 A 没有亲和性（Elagmy 等，1989）。乳中免疫球蛋白的浓度随着一些因素，如泌乳阶段、动物健康状况和物种的变化而变化。

表 2-25　不同物种乳中免疫球蛋白的分子质量（ku）

免疫球蛋白	驼乳		奶牛乳		水牛乳		人乳	
	H	L	H	L	H	L	H	L
IgG（全部分子）	60	29	55	26	56	28	50	25
IgM	80	27	75	22.5	66	33	73.5	25.2
IgA	55.5	22.5	61	24	58	30	59.5	25.6
FSC	78	—	74	—	68	—	79	—

注：H，重链；L，轻链；FSC，游离分泌组分。

表 2-26　骆驼和其他物种乳中免疫球蛋白的类和亚类

乳类	类和亚类	乳类	类和亚类
驼乳	IgG1　IgG2　IgG3　IgA　IgM	山羊乳	IgG1　IgG2　IgA
奶牛乳	IgG1　IgG2　IgA　IgM	马乳	IgM
水牛乳	IgG1　IgG2　IgA　IgM	人乳	IgGa　IgGb　IgGc　IgGT　IgA　IgM IgG1　IgG2　IgG3　IgG4　IgA1　IgA2 IgM1　IgM2　IgD　IgE
绵羊乳	IgG1　IgG2　IgA　IgM		

骆驼科动物体内的抗体不同于其他哺乳动物，它含有具有 2 种天然结构的 IgG，一种为具有 2 条相同重链和 2 条相同轻链的常规四聚体抗体 IgG1（约 170ku）；另一种为仅由 2 条相同重链构成的二聚体抗体，被称为重链抗体（heavy-chain antibody，HCAbs），包含 IgG2（约 100ku）、IgG3（90ku）亚型。重链抗体尽管缺失轻链，但是作为抗体的功能是完整的。随后，在一些软骨鱼体内也发现类似骆驼重链抗体结构的新抗原受体（new antigen receptor，NAR）。因此，骆驼科成为唯一具有重链抗体的哺乳动物，而不是唯一具有重链抗体的脊椎动物。2012 年，由吉日木图教授带领的骆驼研究团队，成功绘制了世界首例双峰驼全基因组序列图谱，并解析了双峰驼免疫球蛋白，尤其是重链抗体的遗传分子特征。并通过比较基因组学分析发现，重链抗体是骆

驼独特生理特性形成过程中具有重要贡献的因素之一。骆驼重链抗体干扰了几种生物学过程，并且可能成为人类检测及疾病治疗的重要工具，因为它们通过渗入某些酶的活性位点，如人类免疫缺陷病毒1型（human immunodeficien cy virus type 1，HIV-1）逆转录酶、蛋白酶和整合酶对HIV-1生命周期至关重要（Daleybauer等，2010）。

（4）肽聚糖识别蛋白　Yoshida等（1996）和Kang等（1998）研究的一种新的蛋白质家族，其涉及脊椎动物、无脊椎动物对革兰氏阳性细菌和其他入侵生物体，如线虫的初级免疫应答，并且通过非克隆模式识别进行工作。病原体的失活可能通过与细菌细胞壁中的肽聚糖结构结合而发生，因此命名为肽聚糖识别蛋白（peptidoglycan recognition protein，PGRP）。该蛋白首先在用线虫攻击的猪中被描述，并且在中性粒细胞中被检测到（Fornhem等，1996）。在与脊椎动物人和小鼠的免疫系统有关的器官以及无脊椎动物蛾粉纹夜蛾（cabbagelooper）中检测到特异性mRNA。Kiselev等（1998）研究发现了鼠蛋白显示诱导肿瘤细胞凋亡。有研究发现一个与PGRP密切相关的同源物。这种蛋白质在牛乳中还没有找到。PGRP在驼乳中的含量高于其他抗菌蛋白（如乳铁蛋白、乳过氧化物酶或溶菌酶）的浓度。

Kappeler等（1998）通过肝素琼脂糖凝胶色谱法（heparin-sepharose chromatography）从驼乳的乳清中将PGRP分离出来，在驼乳中PGRP对特异性病原菌可能有同样的抑制功能，并发现驼乳中PGRP的浓度比其他保护性蛋白（如乳铁蛋白、溶菌酶和乳过氧化物酶）的浓度都高。

对*N*-末端部分全长为700bp的cDNA克隆也已发现（Kappeler等，1998），从肝素-琼脂糖洗脱19.110ku蛋白质。反相纯化蛋白质的*N*-末端部分被确定为Arg-Glu-Asp-Pro-Pro-Ala-Cys-Gly-Ser-Ile。获得对应于*N*-末端部分的700bp的全长cDNA克隆（EMBL/GenBank登录号AJ131676）。据报道，骆驼PGRP的鼠同源物的表达在转录后水平被调节（Kiselev等，1998）。A25～A603的开放阅读框编码193个氨基酸残基的肽链，分子质量为21.377ku。成熟PGRP的长度为172个氨基酸残基，计算分子质量为19.143ku，分子质量为19.117ku。这些蛋白质在翻译后没有被修饰，如通过糖基化或通过磷酸化，并且不结合配体。骆驼PGRP的等电点为8.73，明显高于人、鼠、蛾和蚕的蛋白等电点，其等电点分别为7.94、7.49、7.25和6.5。据报道，只有猪PGRP在pH>10.5时具有较高的等电点（Fornhemetal，1996）。19aa信号序列与人类PGRP的信号序列有85.7%的相似性，但与小鼠和蛾类PGRP信号序列没有明显的相似性。蛋白序列与人类PGRP的相似性为91.2%，与鼠类PGRP的相似性为87.9%，与蛾类PGRP为70.8%。骆驼PGRP蛋白含量高达39.0%，富含精氨酸，但赖氨酸含量较低，虽然等电点为高碱性。据报道，鼠PGRP以2种主要形式存在，即单体和三聚体（Kiselev等，1998）。三聚体蛋白可能对细菌或真核细胞壁上的靶位点具有更高的亲和力，甚至能够凝集细胞。鼠和人PGRP中半胱氨酸数量不均表明共价分子间交联的可能性。

通过肝素-琼脂糖色谱从驼乳乳清中分离PGRP。在牛分娩后约360d在泌乳期结束时采集牛乳样品。通过SDS-PAGE判断，通过从0.35 mol/L NaCl洗脱至0.40 mol/L

NaCl 获得单一条带（图 2-8）。在相同条件下洗脱来自牛乳乳清的肝素结合蛋白。大多数蛋白质与相关的糖胺聚糖结合，如与细胞外基质相关或膜结合的硫酸肝素肽聚糖结合（Vlodavsky 等，1992）。从肝素-琼脂糖凝胶柱洗脱的离子强度高于生理氯化钠溶液（0.15 mol/L NaCl）。因此得出结论，PGRP 特异性结合肝素。分析的牛乳中蛋白质的计算浓度为 370mg/L。

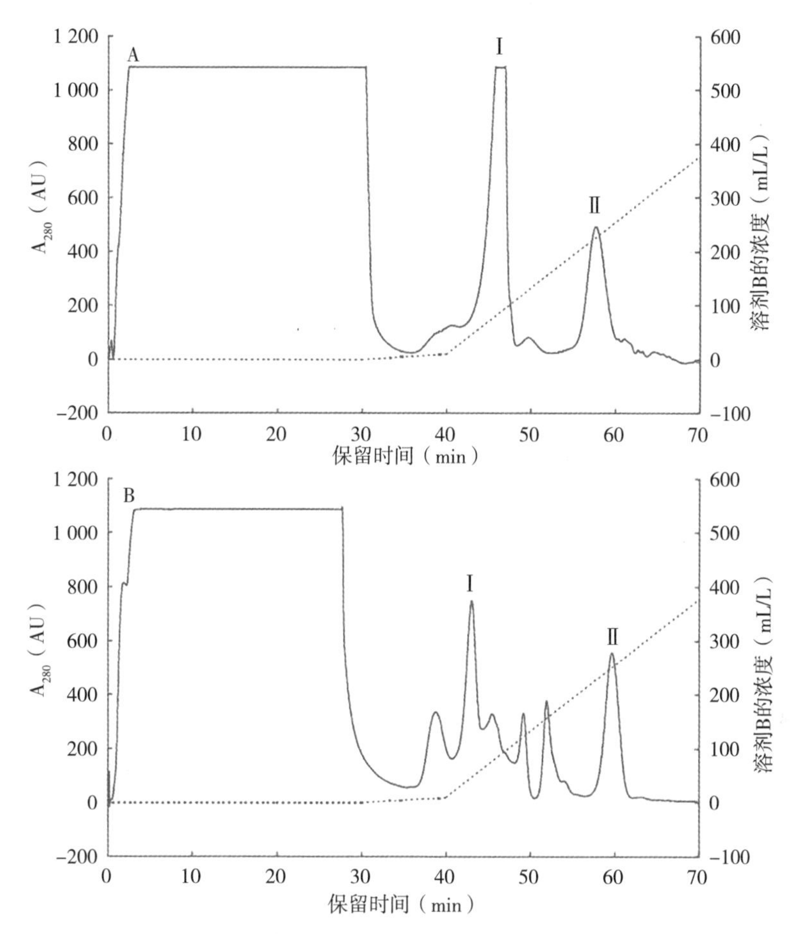

图 2-8　驼乳乳清（A）和牛乳乳清（B）的肝素亲和色谱

注：对收集峰Ⅰ和峰Ⅱ进行分析，峰Ⅰ由乳铁蛋白的 PGRP 和峰Ⅱ的 PGRP 组成。溶剂 B 为虚线。

牛乳的抗菌系统含有血清的成分，如不同类型的免疫球蛋白，以及在泌乳乳房中产生的成分，如 MFGM 结合的黏蛋白、乳铁蛋白、乳过氧化物酶和溶菌酶。Barbouretal（1984）和 AbdEl（1996）发现驼乳中溶菌酶和乳铁蛋白的浓度在泌乳后第 1 个月内迅速下降。相反，PGRP 主要来自泌乳期后期的牛乳。这表明，在哺乳过程中驼乳中蛋白质不断表达。研究人员发现一些抗微生物乳蛋白，如乳铁蛋白和溶菌酶也参与初级免疫系统的作用。该系统通常基于靶向入侵病原体常见的结构，如革兰氏阴性细菌表面上带负电的脂多糖和革兰氏阳性菌细胞壁中主要的肽聚糖，并且由交替的 GlcNac 和 MurNAc 通过短肽交联（Dziarski 等，1998）。参与先天性体液免疫系统的蛋白质应该识别分子的核心结构，这种结构在物种之间高度保守。通过常见结构

(非典型的分子类别) 鉴定非自身分子被称为模式识别 (Kang 等，1998)。家蚕的PGRP可识别肽聚糖的聚糖部分的多个重复单元，但不能识别β-3-葡聚糖、几丁质和肽聚糖的二糖苷核心结构 (Yoshida 等，1996)。脊椎动物和无脊椎动物 PGRP 之间的高度同源性表明骆驼 PGRP 具有类似的结合特异性。

PGRP 表达模式在物种间是不同的。在用阴道菌阴沟肠杆菌 (革兰氏阴性菌) 感染蛾 (*Trichlopusiani*) 后，强烈诱导 PGRP。在家蚕中观察到 PGRP 的组成型表达 (Yoshida 等，1996)。猪蛋白很可能是从中性粒细胞中分离出来的 (Fornhemetal，1996)，并且在不同的白细胞类型中检测到鼠 PGRP 的强表达 (Kiseleveta1，1998)。人骨髓中检测到人 PGRP mRNA 的强信号，脾和肺中检测到鼠 PGRP mRNA 的强信号。人类 PGRP 在脾、胸腺和外周血白细胞等淋巴器官以及人类肾、肝、小肠和肺中均有弱表达。

在传统医学中，驼乳被用于治疗消化性疾病和肿瘤。PGRP 也可能可以用于这些疾病的治疗。PGRP 被认为可控制乳腺癌转移 (Kustikova 等，1996)。其机理可能是，上调的表达转移性乳腺细胞中的 PGRP 有助于侵入内皮组织。转移细胞的外渗涉及与内皮细胞和免疫系统的肥大细胞的黏附相互作用 (Vlodavskyer 等，1992)。入侵细胞必须降解内皮下糖蛋白和蛋白聚糖以便从血管隔室迁移到下面的基底层。基于这一发现，骆驼 PGRP 与肝素特异性结合，我们认为 PGRP 可能黏附在内皮细胞和细胞外基质上。有人研究发现，PGRP 可以与某些类型的蛋白聚糖结合。具有相互连接和细胞信号转导功能的肽聚糖网络可能被破坏。这将导致内皮细胞和细胞外基质的解体并打开入侵途径，最终导致原发性肿瘤的转移。PGRP 的另一个有趣的特征是其诱导调节性细胞死亡的能力。鼠 PGRP 能够在 L929 细胞中诱导凋亡，但也在人乳腺癌细胞系 MCF7 中诱导凋亡 (Kiselev 等，1998)。蛋白质可能被特定的受体识别。细胞死亡的诱导独立于 TNF 诱导的细胞凋亡并导致相当大的 DNA 片段化。PGRP 作为细胞因子与细胞凋亡诱导因子的功能可能是相关的。

PGRP cDNA 也在结肠组织中被发现。PGRP 以与 c 型溶菌酶类似的方式从淋巴系统细胞和外分泌腺分泌，所述 c 型溶菌酶是 *N*-乙酰葡糖胺-*P* (1-4) -*N*-乙酰胞壁酸水解酶，具有广泛的抗微生物活性。PGRP 在转移性腺癌和受照组织中的表达可能与这些组织中另一种保护性乳蛋白溶菌酶的表达类似。该蛋白可诱导受损细胞凋亡，并刺激宿主免疫反应。

由于发现蛋白质与革兰氏阳性菌以及从藤黄微球菌分离的肽聚糖强烈结合，但不能对革兰氏阴性菌大肠杆菌的肽聚糖杂聚物发挥水解活性，因此得出结论：蛋白质能够结合肽聚糖而不切割它 (Kang 等，1998)。与 PGRP 家族相反，这种病毒和细菌溶菌酶家族被证明水解了胞壁酰肽键 (Inouye 等，1973)。反应中心含有锌离子并且高度保守。锌结合残基 His^{17}、Tyr^{46}、His^{122} 和 Cys^{130} 在 PGRP 中仅部分保守。尽管如此，通过锌亲和层析分离猪 PGRP，并且除了 Cys^{130} 之外，证明所有残基都保守，其与具有较高部分电荷密度的相关 aa 残基 Ser^{177} 交换。有人提出，骆驼 PGRP 的酰胺酶活性可以在高含量提供 Zn^{2+} 的微环境中被激活。

对肝素的亲和力也表明该蛋白在血管生成中的功能，这是创伤愈合和十二指肠及胃消化道愈合的初始过程（Folkman 和 Shing，1992）。PGRP 与乳过氧化物酶和乳铁蛋白的协同作用可抑制革兰氏阴性菌的生长。幽门螺杆菌是一种革兰氏阴性菌，通常会引起十二指肠和胃消化道溃疡。PGRP 的抗微生物活性甚至可以增强 PGRP 可能的有益作用。驼乳 PGRP 对新生动物中建立有利的肠道微生物群有有益的影响。有报道说驼乳中的乳酸菌生长受到抑制（AbuTarboush，1994，1996；Kamoun，1995）。AbuTarboush（1998）报道，长双歧杆菌 15707 在驼乳中比在牛乳中生长得快，而其他双歧杆菌菌株的生长被阻止。

5. 血清白蛋白 血清白蛋白是血清中发现的主要蛋白质，并存在于所有身体组织和分泌物中。它在配体的运输、代谢和分配中起主要作用（Carter 等，1994）。驼乳的血清白蛋白约为 8%，并且通过聚丙烯酰胺凝胶电泳分析，其分子质量为 69.6ku，而牛乳的则为 66.2ku（El-Agamy 等，1996；Zhang 等，2005）。Omar 等（2016）通过毛细管电泳测定了血清白蛋白在驼乳中的浓度，大约为 0.46g/L。驼乳血清白蛋白（NCBI 参考序列：XP _ 010981066）的预测氨基酸序列与牛乳血清白蛋白（Swiss-Prot ID：P02769）的序列高度相似，因为这 2 种蛋白显示出 80.9%的氨基酸同一性（用 Clustal Omega 程序计算）。

五、生物活性肽

乳源性生物活性多肽来源于各种乳蛋白并与乳蛋白肽链的某些片段序列相同或相似，在乳蛋白中或在其降解过程中得到的具有不同生物活性功能的肽类（黎观红和晏向华，2010）。近年来，由于乳源生物活性肽生物活性强、天然安全、容易制备且来源广泛，对其研究进展极其迅速，成为乳品领域的研究热点。随着组学技术的飞速发展，基于生物质谱的蛋白质组学技术也逐渐应用于乳源生物活性肽的研究，使得乳源生物活性肽的研究更加深入（于洋等，2017）。

1. 驼乳蛋白生物活性肽的获得

（1）酶解法 蛋白酶法水解驼乳蛋白是目前获得生物活性肽普遍采用的一种方法。该法是在提取出的驼乳蛋白液中加入特定蛋白酶，通过设定不同反应条件获取酶解液，并经过层析、高效液相等方法对其酶解物进行分离纯化获取生物活性肽。不同蛋白酶水解会得到不同功效的肽段，其中驼乳酶解中使用最广泛的即为消化酶类，如胃蛋白酶、胰蛋白酶和糜蛋白酶。此外，其他的一些蛋白酶，如木瓜蛋白酶、小麦蛋白酶、嗜热芽孢菌蛋白酶、碱性蛋白酶以及细菌和真菌中所含的酶也已被用来对各种蛋白质进行酶解。

（2）发酵液 利用微生物发酵液处理驼乳也可获得丰富的生物活性肽。发酵培养基系统本身是高度蛋白酶解系统，与蛋白酶解系统原理相同。将有益的菌株接种在蛋白质中进行发酵，菌株分泌的蛋白酶可以将蛋白切成需要的生物活性肽，再分离提取得到目标肽。根据酶学特性和对底物蛋白分子的利用不同，把菌株进行不同组合，生产合适的肽段。这种方法的关键是菌株的筛选（索江华等，2014）。

（3）体外模拟肠胃消化液　体外模拟消化液即通过模拟动物消化生理特点，采用与动物体内相近的消化环境和消化酶系统，模拟出相近消化环境从而分解蛋白。该法可直观地反映人体对于驼乳蛋白的消化吸收利用度。目前，对于驼乳蛋白消化的试验体系并不完全，如体外应采用更复杂的消化方案进行消化试验，应模仿成人或婴儿肠道模型或模仿不同的生理情况进行消化试验。这个技术将在开发工业化生产驼乳制品等方面具有很高的研究价值。

2. 生物活性肽的分类

目前已鉴定出许多驼乳中潜在的生物活性肽前体，这些生物活性肽前体可能具有潜在的免疫调节、细胞调节、抗糖尿病、抗炎、抗高血压、抗氧化、矿物质结合（含有磷酸丝氨酰残基的酪蛋白磷酸肽）等功能（Ebaid，2015）。目前，对于驼乳生物活性肽的研究主要集中在抗菌、抗氧化以及 ACE 抑制活性 3 个方面。国内对于驼乳生物肽的研究较少，国外研究居多。国外大多数为单峰驼，国内骆驼以双峰驼为主，存在品种差异，因此其乳中的生物活性肽可能产生不同的生物学效应，有待进一步研究鉴定。

（1）抗菌肽　在过去 20 年中，多种抗菌肽（antimicrobial peptide，AMPs）已经从不同的动物中分离出来，如脊椎动物和无脊椎动物、植物及细菌和真菌。抗菌肽的来源丰富，如巨噬细胞、中性粒细胞、上皮细胞、血细胞、脂肪体、生殖道等。这些肽对革兰氏阳性和阴性菌表现出广谱的抑菌活性，如原生动物、真菌和病毒。研究还发现，一些肽对精子和肿瘤细胞具有细胞毒性。利用核磁共振波谱法（nuclear magnetic resonance spectroscopy，NMR）对 AMPs 的三维结构进行研究分类，这些肽大致被分为 5 类，即形成 β-螺旋结构的肽；富含半胱氨酸残基的肽；形成 β-折叠的肽；富含常规氨基酸的肽，即组氨酸、精氨酸和脯氨酸；由稀有和修饰的氨基酸组成的肽。大多数肽是通过破坏细胞结构导致其质膜裂解从而发挥抑制作用。AMPs 将成为新型抗微生物抑制剂，并且该肽对 HIV/HSV 性传播感染（sexually transmitted infections，STI）的病原体具有抗微生物活性。

目前，乳源抗菌肽的研究主要集中于牛乳和羊乳，有关驼乳抗菌肽的研究极少。Noreddine 等（2004）将未处理的驼乳和牛乳进行抑制效果的比较，结果表明，驼乳的抑菌效果较为显著。Zeineb 等（2014）利用驼乳蛋白酶水解产物进行了抑菌试验。结果表明，驼初乳的抗菌活性高于牛乳，且经过与未处理原乳的对比试验得出蛋白酶解后释放出更多具有抗菌活性的肽。Lafta 等（2014）将驼乳经过嗜热链球菌和德氏保加利亚亚种乳杆菌发酵处理后，获得具有抗菌活性的肽段。Algboory 等（2018）研究了利用发酵的驼乳在沙漠和半沙漠地区作为蛋白质的天然来源的重要作用。在这项研究中，研究了发酵驼乳的抗菌活性。将驼乳在 90℃下巴氏灭菌 30min，冷却至 42℃并用植物乳杆菌浸润，并在 42℃下温育 24h。通过 RP-HPLC 分馏发酵乳以确定抗菌活性，并且还通过 LC-MS/MS 鉴定肽。对分离的肽的抗微生物活性进行了测试，对抗粪便葡萄球菌、痢疾志贺氏菌、金黄色葡萄球菌和大肠杆菌。发酵驼乳是低分子多肽的丰富来源，可改善消费者的身体健康情况。用于该研究的植物乳杆菌是驼乳发酵的合适发酵剂培养物。Tanhaeian 等（2018）提取驼乳乳铁蛋白，融合了密码子优化的部分驼乳铁蛋白及其 DNA 序列，以便通过赖氨酸构建融合肽。该嵌合体 42 聚体肽分别由驼乳铁蛋白和乳铁蛋白的完全及部分氨基酸序列组成。人胚肾 293（HEK-293）细胞用于合成该重组肽。最后，在体外条件下研究了这种构建的肽的抗菌活性。结果显示，所有的构建、克隆和表达过程均在 HEK-293 中成功进行。为了优化分离和纯化过程并且降低生产成本，将一个 His-标签添加到嵌合体中。此外，His-标签保留了嵌合体的抗微生物活性。抗菌试验表明，大多数细菌病原体（包括革兰氏阴性菌和阳性菌）的生长速度受到重组嵌合体的抑制，不同细菌分离株的 MIC 值介于 0.39～25.07μg/mL。对牛乳和驼乳样品进行球菌菌株筛选，分离后通过 SDS-PAGE 和 RP-HPLC 评估其对牛乳酪蛋白的蛋白水解活性。所得结果证明，从生驼乳样品分离的屎肠球菌是水解酪蛋白酸钠和 α_{S1}-酪蛋白最有效的分离物。与天然 α_{S1}-酪蛋白相比，通过屎肠球菌水解 α_{S1}-酪蛋白也较少被牛乳过敏患者血清的 IgE 识别。已有研究人员提出屎肠球菌可能是降低牛乳蛋白质变应原性的有效菌株的看法。所以驼乳可能是一个很有潜力的用于乳品行业的优秀奶源（Kordesedehi 等，2018）。

抗菌肽是近几年来研究较多的一类生物活性肽，对人体特别是新生儿正常生理功能发挥着不可替代的作用，具有广泛的应用前景。由此看来，驼乳作为天然且丰富的抗菌肽来源仍需进行不断的深入研究。

（2）抗氧化肽　自由基对人体的危害非常大，会破坏 DNA 组织，导致基因突变，可能转变成癌症，还会干扰体内系统的运作，以致产生更多自由基，其连锁反应可导致自由基危害遍及全身，所以要清除自由基。抗氧化肽就是具有较强抑制生物大分子过氧化和清除体内自由基功能的肽类。一般认为，抗氧化肽的抗氧化活性与多肽的分子质量大小、氨基酸序列、氨基酸侧链基团、金属盐络合有关。抗氧化肽的抗氧化活性是由其分子供氢的能力和自身结构的稳定性决定的。

抗氧化肽是目前的研究热点，抗氧化肽对抑制、延缓脂质氧化、保护人体组织器官免受自由基侵害有特定作用。目前，驼乳抗氧化肽抗氧化活性的测定方法有 ABTS（总抗氧化能力检测试剂盒法）、自由基（Diphenylpicrylhydrazyl，DPPH）（广泛用于定量测定生物试样和食品的抗氧化能力）法和 FRAP（“亚铁还原能力试验”，广泛用于食品与保健品的抗氧化能力分析。不仅能够证明膜的流动性，同时也能测量膜蛋白扩散的速率）法，并发现驼乳蛋白的水解程度随水解时间的增加而增加。其中，DPPH 法使用最广泛。

Homayounitabrizi 等（2016）使用胃蛋白酶和胰蛋白酶水解驼乳和牛乳并提取具有生物活性的肽级分，共鉴定出 3 种具有抗氧化能力的肽。El-Hatmi 等（2016）发现用鼠李糖乳杆菌发酵的驼乳制备的 5～10ku 的肽段具有很高的自由基清除活性。Balakrishnan 等（2014）报道，用戊糖片球菌发酵驼乳也得到了具有抗氧化活性的肽段，但抗氧化活性不及同样发酵的山羊乳。Salami 等（2008）发现驼乳清蛋白通过胰蛋白酶和糜蛋白酶水解，其水解物的抗氧化水平低于牛乳清蛋白水解物，同时表明驼乳和牛乳的酪蛋白比乳清蛋白更容易被糜蛋白酶酶解。Abderrahmane 等（2015）研究发现，与牛乳乳清蛋白相比，驼乳乳清蛋白更容易被胃蛋白酶、胰蛋白酶和糜蛋白酶水解。

哺乳动物的同源蛋白质之间由于氨基酸序列差异产生不同的生物学效应。事实上，驼乳酪蛋白与牛乳酪蛋白显示低氨基酸同一性。从发酵乳的对比得出，牛乳发酵乳更容易被蛋白酶水解，这可能是因为牛乳发酵乳具有更多可供酶水解的位点。这就解释了为什么驼乳酪蛋白产生的潜在生物活性肽与从牛乳酪蛋白获得的生物活性肽不同（Hatmi，2016）。与模拟胃肠消化相比，菌株发酵在水解蛋白质过程中裂解的蛋白位点不同，所释放的生物活性肽功能也不同（Hatmi 等，2016）。在驼乳中，Hatmi（2016）观察到，用嗜热链球菌发酵后制备的肽段比通过模拟胃肠消化获得的肽段具有更强的自由基清除活性。Moslehishad 等（2013）研究表明，以鼠李糖乳杆菌 PTCC 1637 发酵产生的肽段其自由基清除力比胃（胃蛋白酶）或胰腺（胰蛋白酶和胰凝乳蛋白酶）酶产生的肽段强，可能是由于水解物的氨基酸组成不同所致（Salami 等，2011）。这些试验结果表明了发酵对乳品加工发展功能性食品的重要性。

根据以上研究可知，无论是通过蛋白酶酶解还是发酵驼乳均可获得具有较高抗氧化活性成分的肽段，因此驼乳是很好的天然抗氧化剂（Salami 等，2010）。饮食干预可以改善血脂谱，从而阻止动脉粥样硬化的进展。这项研究的主要目的是评估驼乳对提高高脂饮食大鼠的抗氧化能力的可能作用。近年来，应用有效降低高脂血症风险的营养药物受到研究人员的关注。因此，这些影响的确切原因，特别是关于乳脂的基因组研究应该进行进一步研究（Magbola 等，2018）。Arab 等（2018）研究发现了驼乳改善大鼠 5-氟尿嘧啶诱导的肾损伤，首次明确了通过活性氧清除，抑制 MAPKs 和 NF-κB 以及 PI3K/Akt/eNOS 通路的激活介导的 CM 的显著的肾保护作用。

（3）ACE 抑制肽　ACE（具有降血压活性的血管紧张素转换酶）是一种膜结合的二肽羧基酶，是一种糖蛋白，含有维持其活性所必需的 Zn^{2+} 和 Cl^{-}，广泛存在于人体组织及血浆中，在肺毛细血管内皮细胞的含量最为丰富（吴炜亮等，2006）。ACE 是多功能酶，在体内肾素-血管紧张素系统（renin-angiotensin system，RAS）和激肽释放酶-激肽系统（kallikrein-the kinin system，KKS）中，对血压的调节起着重要作用。体外试验大多数使用 HHL 或 FAGPP 法来测定 ACE 活性。

通过模拟胃肠消化液消化驼乳，确定了驼乳中的几种 ACE 抑制肽。值得注意的是，试验过程中鉴定了 3 种 ACE 抑制肽（即三肽 IPP），而之前牛乳中的抗高血压和动脉粥样硬化预防作用就是以三肽 IPP 的发现而闻名的（Bornaz 等，2009）。此外，驼乳 κ-酪蛋白经消化后释放的 IPP 量约为 2.56mg/L，该剂量下 IPP 具有显著的降血压作用。高血压相关临床研究发现，每日摄入 2～6mg 的 IPP 可以使血压下降 1.5～10mmHg* （Tagliazucchi，2016）。这是第 1 次在驼乳蛋白中鉴定出已知具有体内有效生物学特性的肽。

* 毫米汞柱（mmHg）为非法定计量单位。1mmHg=0.133 322 4kPa。——编者注

（4）其他生物活性肽 Abdelsalam 等（2016）发现驼乳中分子质量低于 10ku 的肽在培养细胞（HEK293）中表达对人胰岛素受体（human insulin receptor，hIR）具有活化作用（人胰岛素的分子质量为 5.807ku）。驼乳的这种胰岛素肽具有显著的降血糖活性（Agrawal，2011）。Nongonierma 等（2018）在驼乳胰蛋白酶的水解物中鉴定出 9 种新型二肽基肽酶-IV（dipeptidyl peptidase-IV，DPP-IV）抑制肽（FLQY、FQLGASPY、ILDKEGIDY、ILELA、LLQLEAIR、LPVP、LQALHQGQIV、MPVQA 和 SPVVPF），并确定了 DPP-IV 的最大抑制浓度（IC_{50}）。这与驼乳和牛乳蛋白肽键裂解的酶选择性差异及氨基酸序列的差异有关。该新型 DPP-IV 抑制肽可能对于调节人类血糖起着非常重要的作用（Nongonierma，2018）。

Mudgil 等（2018）研究了从驼乳蛋白释放的肽对二肽基肽酶-IV、猪胰 α-淀粉酶（porcine pancreatic alpha-amylase，PPA）和猪胰脂肪酶（porcine pancreatic lipase，PPL）的体外抑制特性。结果显示，在被不同酶水解时，驼乳蛋白显示出对 DPP-IV 和 PPL 抑制显著增强。该研究首次报道了 PPA 和 PPL 抑制剂，并且仅次于驼乳蛋白水解产物的 DPP-IV 抑制潜力。此外，Homayounitabrizi（2017）研究了驼乳胃蛋白酶和胰蛋白酶水解物对 HepG2 细胞生长的影响。HepG2 细胞来源于一个 15 岁白人的肝癌组织。研究表明，驼乳中提取并纯化的肽对 HepG2 细胞的毒性具有缓解作用，此研究为驼乳多肽在抑制或预防肿瘤和癌症方面提供了参考。Zhao 等（2018）研究发现，发酵驼乳对四氯化碳（CCl_4）诱发小鼠心脏毒性的有益作用。四氯化碳是环境中存在的异生物质，可能对人体健康造成有害影响。在此研究中，阐明了乳酸乳球菌乳脂亚种（*Lactococcus lactis* subsp. *cremoris*，FCM-LLC）发酵驼乳对急性接触 CCl_4 的小鼠的心脏组织的毒性作用的预防潜力。总体而言，目前的数据表明了乳酸乳球菌乳脂亚种发酵的驼乳可减少 CCl_4 诱导的心脏氧化损伤。

六、氨基酸

氨基酸是由羧酸碳原子上的氢原子被氨基取代后所产生的化合物，氨基酸分子中含有氨基和羧基两种官能团。与羟基酸类似，氨基酸可按照氨基连在碳链上的不同位置而分为 α-、β-、γ-、……、w-氨基酸，但经蛋白质水解后得到的氨基酸都是 α-氨基酸，仅有二十几种，它们是构成蛋白质的基本单位。

从营养学的角度来区分，氨基酸可以分为必需氨基酸、半必需氨基酸和条件必需氨基酸以及非必需氨基酸。必需氨基酸（essential amino acid）的作用分别是：赖氨酸，促进大脑发育，是肝及胆的组成成分，能促进脂肪代谢，调节松果体、乳腺、黄体及卵巢，防止细胞退化；色氨酸，促进胃液及胰液的产生；苯丙氨酸，参与消除肾及膀胱功能的损耗；蛋氨酸（甲硫氨酸），参与组成血红蛋白、组织与血清，可促进脾、胰及淋巴对心肌和肝的保护作用；苏氨酸，有转变某些氨基酸达到平衡的功能；异亮氨酸，参与胸腺、脾、脑下腺的调节以及代谢，脑下腺作用于甲状腺、性腺；亮氨酸，与异亮氨酸及缬氨酸一起合作修复肌肉、控制血糖，并给身体组织提供能量。

1. 驼乳中的氨基酸 驼乳中含有人体必需氨基酸，如赖氨酸、缬氨酸、亮氨酸、苏氨酸和异亮氨酸等，必需氨基酸含量占总氨基酸的40%左右，其总含量高于牛乳、马乳和驴乳（古丽巴哈尔·卡吾力等，2017）。明亮等（2013）的研究数据表明，对人类饮食而言，驼乳蛋白中必需氨基酸含量高于FAO/WHO/UNU对氨基酸的要求，由此可以认为，双峰驼乳是营养价值很高的食品之一，饮用驼乳能满足人的营养需求。研究表明，一个体重60kg的健康成年人，每天饮用500mL驼乳，除含硫氨基酸略有欠缺之外，其他氨基酸均可满足营养需要。

驼乳中氨基酸的种类丰富，但含量各不相同，驼乳蛋白质的氨基酸组成及与其他物种乳中蛋白质的氨基酸组成比较见表2-27。谷氨酸是驼乳中的主要氨基酸，这与其他物种类似，驼乳中的赖氨酸含量低（吉日木图等，2006；Bai等，2009），双峰驼乳中组氨酸和精氨酸的含量分别为7.62～9.59g和2.35～2.68g，低于单峰驼乳中的含量（Mehaia等，1989；Park等，2006；Shamsia等，2009）；双峰驼乳中赖氨酸的含量为7.65～7.81g，低于奶牛乳、水牛乳、绵羊乳和山羊乳的含量，略高于单峰驼乳中的含量；双峰驼乳中蛋氨酸含量高于奶牛乳和人乳，胱氨酸含量与人乳非常接近（Bai等，2009）。以上数值均以100g蛋白质计。

据记载，人乳和牛乳中部分氨基酸存在差异，因此给某些婴儿喂养配方牛乳时会出现问题。婴儿的肝和大脑仅有少量的胱硫醚酶，该酶能够将蛋氨酸转化为胱氨酸（胎儿和婴儿完全缺少这种酶），胱氨酸对中枢神经系统的发育很重要。牛磺酸由胱氨酸构成，是大脑发育和视网膜形成以及胆汁发挥功能所需要的。由于驼乳蛋白中蛋氨酸含量偏高，因此驼乳中胱氨酸与蛋氨酸之比（0.38）低于牛乳（0.5）和人乳（0.6）。

表2-27 骆驼乳与其他动物乳中蛋白质的氨基酸组成比较

氨基酸	驼乳	奶牛乳	人乳	驴乳	马乳	水牛乳	羊乳	山羊乳
必需氨基酸								
精氨酸	4.03	3.65	3.3	5.2	6.7	3.3	3.6	3.4
组氨酸	2.70	3.25	2.8	2.0	3.0	2.5	3.8	2.2
异亮氨酸	5.10	4.90	3.7	4.0	3.1	6.1	4.9	5.9
亮氨酸	9.70	9.30	9.5	10.7	9.9	9.9	9.9	9.6
赖氨酸	7.20	8.10	10.1	8.7	7.4	8.0	8.2	8.6
甲硫氨酸	3.15	2.45	1.7	1.6	1.9	2.3	2.5	2.7
苯丙氨酸	5.00	4.20	3.9	4.3	4.2	4.0	3.8	4.1
苏氨酸	5.73	7.25	8.3	5.7	7.4	8.2	8.4	7.9
色氨酸	1.20	1.40	0.5	—	—	—	—	—
缬氨酸	6.65	7.60	8.2	7.8	9.5	7.3	7.5	6.0
非必需氨基酸								
丙氨酸	3.00	3.95	4.2	4.4	3.5	4.1	3.5	5.6

（续）

氨基酸	驼乳	奶牛乳	人乳	驴乳	马乳	水牛乳	羊乳	山羊乳
天冬氨酸	6.98	7.00	6.7	5.1	5.2	5.9	6.4	6.4
胱氨酸	1.20	0.90	1.0	1.3	1.1	2.1	1.5	1.7
甘氨酸	1.50	2.45	2.1	1.9	1.5	1.5	1.7	2.1
谷氨酸	21.7	18.6	16.8	16.3	17.2	16.5	16.5	16.8
脯氨酸	12.0	9.85	10.6	12.9	11.0	10.1	10.8	9.8
丝氨酸	5.20	6.15	4.1	5.2	5.2	4.7	4.5	4.1
酪氨酸	4.55	4.65	2.9	2.9	2.7	3.0	2.7	2.9

2. 影响驼乳中氨基酸含量的因素 驼乳中氨基酸的含量受驼乳中蛋白质含量的影响，一般分为营养因素和非营养因素两类。其中，营养因素主要是受能量和蛋白质补充量的影响；而非营养因素包括品种、地区、泌乳期、季节因素等，此处将主要分析非营养因素对驼乳中氨基酸含量变化的影响。

（1）品种对驼乳氨基酸含量的影响 相对乳脂率而言，乳蛋白含量受遗传影响较大。骆驼品种是影响乳蛋白含量的主要因素，品种不同，乳中蛋白质含量不同，乳中氨基酸含量也不同。一般而言，产乳量越高，乳蛋白含量就越低。这些统计数据来源于骆驼整个泌乳期的平均值，整体服从正态分布，但个体值仍有差异。世界各地驼乳氨基酸含量见表 2-28。

表 2-28 世界各地驼乳氨基酸含量（mg，以 100g 蛋白质计）

氨基酸	Ji（2006）	Ming 等（2006）	Sawaya 等（1984）	Mehaia 等（1989）	Shamsia（2009）
赖氨酸	7.75	8.00	7.00	7.10	6.60
亮氨酸	9.48	9.40	10.40	9.5	9.00
异亮氨酸	5.61	5.12	5.1	5.00	4.90
缬氨酸	6.20	6.16	6.10	6.90	4.80
苏氨酸	4.52	4.31	5.20	4.30	5.30
组氨酸	2.64	2.94	2.50	2.70	2.90
苯丙氨酸	4.73	4.63	4.60	5.60	3.70
蛋氨酸	3.16	2.92	2.50	3.60	2.60
半胱氨酸	1.08	0.67	1.00	0.60	1.50
天冬氨酸	7.15	6.32	7.60	6.40	7.20
谷氨酸	21.27	21.45	23.90	19.50	21.10
丝氨酸	4.65	4.59	5.80	4.20	3.00
脯氨酸	7.69	10.55	11.10	11.10	13.00
甘氨酸	1.50	1.66	1.70	1.30	1.20
丙氨酸	2.46	2.53	2.80	2.70	3.30
酪氨酸	3.96	3.47	4.50	4.00	3.00
精氨酸	4.11	3.98	3.90	3.80	5.10

资料来源：Ming Liang 等，2013。

驼乳和牛乳酪蛋白中的氨基酸含量对比见表2-29。除了精氨酸之外，牛乳酪蛋白中的非必需氨基酸与驼乳酪蛋白存在差异。由于品种差异，Safrah品种驼乳酪蛋白中精氨酸的含量偏高，而在牛乳酪蛋白中精氨酸的含量与Majaheim品种驼乳酪蛋白中精氨酸含量存在明显差异。

3个品种的驼乳与牛乳的必需氨基酸含量，除苏氨酸外，均有一定差异。一般来说，其他必需氨基酸的含量在牛乳和驼乳中应该没有明显差异，但通过数据分析，驼乳和牛乳在其他必需氨基酸含量上存在显著差异。

表2-29 驼乳和牛乳酪蛋白中的氨基酸对比（g，以100g蛋白质计）

氨基酸	Majaheim	Wadah	Safrah	牛乳
必需氨基酸				
赖氨酸	7.50±0.35[b]	7.27±0.23[b]	7.74±0.30[b]	9.78±0.19[a]
苏氨酸	4.05±0.05[a]	3.91±0.11[a]	3.89±0.22[a]	4.00±0.04[a]
缬氨酸	5.63±0.15[b]	5.60±0.10[b]	6.02±0.11[a]	6.17±0.17[a]
甲硫氨酸	2.51±0.06[ab]	2.41±0.15[b]	2.54±0.05[ab]	2.66±0.04[a]
异亮氨酸	4.43±0.16[b]	4.48±0.10[b]	4.77±0.005[a]	4.64±0.18[ab]
亮氨酸	7.58±0.18[b]	7.64±0.14[b]	8.11±0.03[a]	8.24±0.20[a]
苯丙氨酸	3.76±0.18[c]	3.89±0.01[c]	4.24±0.04[b]	4.62±0.30[a]
组氨酸	2.53±0.11[b]	2.50±0.02[b]	2.61±0.04[b]	2.97±0.07[a]
非必需氨基酸				
天冬氨酸	5.62±0.01[bc]	5.4±0.01[c]	5.92±0.19[b]	7.3±0.25[a]
谷氨酸	18.75±0.28[c]	18.61±0.1[c]	19.41±0.33[b]	21.38±0.09[a]
甘氨酸	0.98±0.02[c]	0.91±0.02[d]	1.08±0.01[b]	1.76±0.01[a]
丝氨酸	4.65±0.03[c]	4.52±0.01[c]	4.86±0.08[b]	5.81±0.11[a]
酪氨酸	4.16±0.21[c]	3.91±0.19[c]	4.5±0.01[b]	4.97±0.25[a]
精氨酸	3.48±0.06[bc]	3.39±0.07[c]	3.81±0.01[a]	3.53±0.04[b]
丙氨酸	1.90±0.04[c]	1.84±0.04[d]	2.03±0.01[b]	2.85±0.01[a]

注：同行上标相同小写字母表示差异不显著（$P>0.05$），不同小写字母表示差异显著（$P<0.05$）。

资料来源：Saleh等，2011。

如表2-30所示，嘎利宾戈壁红驼、哈那赫彻棕驼与图赫么通拉嘎驼的驼乳中共检测出18种已知氨基酸，其中人体所需的8种必需氨基酸共检出7种，只有色氨酸（Trp）未能检出，这与Jirimutu（2007）的研究一致；其余12种非必需氨基酸共检出11种，只有天冬酰胺（Asn）未检出。

表2-30 各品种驼乳中乳蛋白氨基酸组成和总氨基酸（TAA）分析结果（%）

氨基酸	嘎利宾戈壁红驼乳	哈那赫彻棕驼乳	图赫么通拉嘎驼乳
天冬氨酸	0.255±0.046[a]	0.266±0.047[b]	0.253±0.035[a]
苏氨酸*	0.184±0.033[a]	0.192±0.034[b]	0.185±0.025[a]

（续）

氨基酸	嘎利宾戈壁红驼乳	哈那赫彻棕驼乳	图赫么通拉嘎驼乳
丝氨酸	0.189±0.023[a]	0.192±0.034[b]	0.184±0.025[a]
谷氨酸	0.851±0.109[ab]	0.862±0.154[b]	0.827±0.113[a]
甘氨酸	0.051±0.006[a]	0.051±0.009[b]	0.050±0.007[a]
丙氨酸	0.094±0.012[a]	0.095±0.017[b]	0.092±0.013[a]
半胱氨酸	0.053±0.004[b]	0.053±0.006[c]	0.049±0.003[a]
缬氨酸*	0.252±0.046[a]	0.262±0.044[b]	0.256±0.034[a]
甲硫氨酸*	0.125±0.016[a]	0.127±0.021[b]	0.125±0.016[a]
异亮氨酸*	0.225±0.030[a]	0.230±0.042[b]	0.222±0.032[a]
亮氨酸*	0.417±0.057[a]	0.427±0.083[b]	0.411±0.062[a]
酪氨酸	0.165±0.022[b]	0.169±0.030[c]	0.156±0.021[a]
苯丙氨酸*	0.181±0.022[a]	0.183±0.032[b]	0.177±0.023[a]
赖氨酸*	0.308±0.037[a]	0.313±0.056[b]	0.303±0.040[a]
组氨酸	0.107±0.013[a]	0.108±0.020[b]	0.105±0.014[a]
精氨酸	0.158±0.020[a]	0.162±0.031[b]	0.155±0.022[a]
脯氨酸	0.453±0.064[a]	0.467±0.077[a]	0.450±0.068[a]
总氨基酸	4.108±0.515[a]	4.181±0.748[b]	3.998±0.551[a]

注：*必需氨基酸，同行上标相同小写字母表示差异不显著（$P>0.05$），不同小写字母表示差异显著（$P<0.05$）。

（2）不同地区对驼乳氨基酸含量的影响　对中国部分地区双峰驼乳中氨基酸含量的差异进行分析的结果显示（表 2-31），不同地区的双峰驼乳中分别检测到了 17 种氨基酸，并未检测到色氨酸。各地区驼乳中必需氨基酸含量最高的为亮氨酸，其次为赖氨酸和缬氨酸；非必需氨基酸中含量最高的均为谷氨酸，其次为脯氨酸和天冬氨酸。我国不同地区驼乳中氨基酸含量存在差异，这是由于不同地区骆驼的生存环境和饮食等方面存在差异所导致的。其中，阿拉善左旗双峰驼乳氨基酸的总含量最高，而北疆双峰驼乳中的含量最低；除此之外，同一盟市不同旗县之间双峰驼乳氨基酸含量仍存在差异，如在阿拉善盟，阿拉善左旗双峰驼乳中氨基酸总含量最高；在新疆，南疆双峰驼乳中氨基酸总含量最高。可能与其牧场或饲料条件有关。

其中，必需氨基酸，呼伦贝尔、乌兰察布、阿拉善左旗和鄂尔多斯等地区的双峰驼乳中赖氨酸含量较高；呼伦贝尔、乌兰察布、南疆、阿拉善左旗和鄂尔多斯等地区双峰驼乳中异亮氨酸和苏氨酸含量较高；呼伦贝尔、锡林郭勒、乌兰察布、阿拉善左旗和鄂尔多斯等地区双峰驼乳中组氨酸和蛋氨酸含量较高；北疆、额济纳旗、阿拉善右旗和巴彦淖尔等地区双峰驼乳中亮氨酸和苯丙氨酸含量明显偏低。总的来说，呼伦贝尔、乌兰察布、阿拉善左旗和鄂尔多斯 4 个地区双峰驼乳中所有必需氨基酸含量都较高。非必需氨基酸，呼伦贝尔、锡林郭勒、乌兰察布和阿拉善左旗等地区双峰驼乳中半胱氨酸含量明显偏高；阿拉善左旗、鄂尔多斯、呼伦贝尔、乌兰察布和南疆等地

区双峰驼乳中天冬氨酸含量较其他地区明显偏高。总的来说，呼伦贝尔双峰驼乳中所有非必需氨基酸含量都较高。综上所述，呼伦贝尔双峰驼乳中所有必需氨基酸和非必需氨基酸含量都较高。

对中国部分地区双峰驼乳氨基酸含量进行分析的结果显示，必需氨基酸，内蒙古所有地区双峰驼乳中亮氨酸和苯丙氨酸含量较高，而内蒙古西部地区和新疆双峰驼乳中组氨酸含量相比其他地区偏低；内蒙古东部和西部地区双峰驼乳中异亮氨酸含量较高。此外，氨基酸总含量最高的地区为内蒙古东部地区 [每 100mg，(4.390±0.77) mg]，最低的为新疆 [每 100mg，(3.671±0.71) mg]；由于骆驼生活的地区不同，气候和饲养条件不同导致新疆驼乳氨基酸总含量低于内蒙古所有地区。不同地区双峰驼乳 EAA/TAA 和 EAA/NEAA 分别在 40%和 75%以上，高于 FAO/WHO 理想蛋白质标准（40%和 60%以上）。

表 2-31　中国部分地区双峰驼乳中氨基酸含量的差异分析（mg，以 100mg 乳计）

	氨基酸	内蒙古东部	内蒙古中部	内蒙古西部	新疆
EAA	赖氨酸	0.347±0.06[a]	0.316±0.04[a]	0.323±0.04[a]	0.283±0.05[b]
	亮氨酸	0.434±0.08[a]	0.393±0.06[a]	0.404±0.08[a]	0.343±0.07[b]
	异亮氨酸	0.237±0.04[a]	0.214±0.03[ab]	0.226±0.04[a]	0.195±0.04[b]
	缬氨酸	0.273±0.04[a]	0.249±0.03[ab]	0.257±0.04[ab]	0.232±0.04[b]
	苏氨酸	0.211±0.04[a]	0.190±0.02[b]	0.193±0.03[ab]	0.180±0.03[b]
	组氨酸	0.125±0.02[a]	0.114±0.02[ab]	0.112±0.02[b]	0.098±0.01[c]
	苯丙氨酸	0.196±0.03[a]	0.178±0.02[a]	0.180±0.03[a]	0.158±0.03[b]
	蛋氨酸	0.132±0.02[a]	0.116±0.02[b]	0.109±0.02[b]	0.090±0.02[c]
NEAA	半胱氨酸	0.060±0.01[a]	0.054±0.01[a]	0.039±0.02[b]	0.044±0.01[b]
	天冬氨酸	0.300±0.06[a]	0.275±0.04[ab]	0.265±0.05[b]	0.251±0.05[b]
	谷氨酸	0.900±0.05[a]	0.825±0.03[ab]	0.764±0.03[a]	0.879±0.02[b]
	丝氨酸	0.208±0.04[a]	0.193±0.03[b]	0.198±0.03[a]	0.190±0.04[b]
	脯氨酸	0.435±0.08[a]	0.394±0.06[ab]	0.373±0.08[bc]	0.280±0.06[c]
	甘氨酸	0.060±0.01[a]	0.054±0.01[b]	0.048±0.01[b]	0.050±0.0[b]
	丙氨酸	0.105±0.02[a]	0.096±0.01[ab]	0.091±0.02[b]	0.086±0.02[b]
	酪氨酸	0.186±0.03[a]	0.165±0.02[b]	0.183±0.03[ab]	0.165±0.03[b]
	精氨酸	0.180±0.03[a]	0.166±0.03[ab]	0.154±0.03[bc]	0.139±0.03[c]
氨基酸总量（TAA）		4.390±0.77[a]	3.992±0.57[a]	3.911±0.71[a]	3.671±0.71[b]
EAA		1.955	1.77	1.804	1.579
EAA/TAA（%）		44.54	44.34	46.13	43.01
EAA/NEAA（%）		80.32	79.66	85.62	75.48

注：同行上标相同小写字母表示差异不显著（$P>0.05$），不同小写字母表示差异显著（$P<0.05$）。

中国部分地区双峰驼乳与野双峰驼和单峰驼乳蛋白中氨基酸含量比较分析见表 2-32。中国部分地区双峰驼每 100g 驼乳蛋白中，必需氨基酸赖氨酸、亮氨酸、异亮氨

酸、缬氨酸、苏氨酸、组氨酸、苯丙氨酸和蛋氨酸的含量分别为 8.04～10.08g、9.73～12.64g、5.53～6.90g、6.62～7.96g、5.10～6.15g、2.77～3.64g、4.50～5.72g、2.55～3.86g；中国部分地区双峰驼乳蛋白中，赖氨酸、亮氨酸、异亮氨酸和组氨酸含量均高于野双峰驼乳和单峰驼乳中的含量。中国部分地区双峰驼乳蛋白中非必需氨基酸半胱氨酸和酪氨酸含量均高于野双峰驼乳和单峰驼乳中的含量，其他非必需氨基酸含量与野双峰驼乳和单峰驼乳中的含量相近。然而内蒙古东部地区双峰驼乳蛋白中所有必需氨基酸和非必需氨基酸含量均高于野双峰驼乳和单峰驼乳中的含量。

表 2-32 中国部分地区双峰驼乳与野双峰驼和单峰驼乳蛋白中氨基酸含量的比较分析

（g，以 100g 蛋白计）

	氨基酸	内蒙古东部	内蒙古中部	内蒙古西部	新疆	野双峰驼	单峰驼
EAA	赖氨酸	10.08	8.89	9.67	8.04	7.81	7.00～7.10
	亮氨酸	12.64	11.06	12.08	9.73	9.29	9.50～10.40
	异亮氨酸	6.90	6.03	6.76	5.53	5.31	5.00～5.10
	缬氨酸	7.96	7.00	7.71	6.62	6.21	6.10～6.90
	苏氨酸	6.15	5.35	5.77	5.10	4.81	4.30～5.20
	组氨酸	3.64	3.21	3.36	2.77	2.75	2.50～2.70
	苯丙氨酸	5.72	5.00	5.40	4.50	4.53	4.60～5.60
	蛋氨酸	3.86	3.27	3.27	2.55	2.74	2.50～3.60
NEAA	半胱氨酸	1.75	1.52	1.16	1.26	0.65	0.60～1.00
	天冬氨酸	8.73	7.73	7.94	7.14	7.57	6.40～7.60
	谷氨酸	26.18	23.23	26.33	21.71	21.86	19.50～23.90
	丝氨酸	6.06	5.44	5.94	5.40	4.87	4.20～5.80
	脯氨酸	12.67	11.10	11.19	7.97	7.62	11.10
	甘氨酸	1.76	1.53	1.45	1.42	1.69	1.30～1.70
	丙氨酸	3.07	2.69	2.72	2.44	2.68	2.70～2.80
	酪氨酸	5.41	4.65	5.49	4.68	3.82	4.00～4.50
	精氨酸	5.24	4.68	4.60	3.95	4.35	3.80～3.90

参照 FAO（2011）建议的三类人群氨基酸评分模式，对各地区双峰驼乳蛋白中 EAA 含量进行了归类分析。根据表 2-33 所示，鄂尔多斯和呼伦贝尔双峰驼乳蛋白中 EAA 含量显著高于其他地区，主要表现为亮氨酸和组氨酸含量较高，呼伦贝尔双峰驼乳中蛋氨酸＋半胱氨酸含量较高，而北疆双峰驼乳蛋白中 EAA 含量显著低于其他地区，主要表现为亮氨酸、苯丙氨酸＋酪氨酸和异亮氨酸含量较低。

表 2-33 FAO（2011）氨基酸评分模式（mg/g，以蛋白计）

氨基酸	年龄（岁）		
	0～0.5	0.5～3	>3
亮氨酸	96	66	61

（续）

氨基酸	年龄（岁）		
	0～0.5	0.5～3	>3
苯丙氨酸＋酪氨酸	94	52	41
赖氨酸	69	57	48
缬氨酸	55	43	40
异亮氨酸	55	32	30
苏氨酸	44	31	25
甲硫氨酸＋半胱氨酸	33	27	23
组氨酸	21	20	16
总和	467.0	328.0	284.0

随后，根据三类人群氨基酸评分模式下给中国不同地区双峰驼乳打分（图 2-9），结果发现在婴儿（0～0.5 岁）模式下，第一限制性氨基酸均为苯丙氨酸＋酪氨酸，鄂尔多斯、呼伦贝尔、阿拉善左旗、南疆、阿拉善右旗双峰驼乳蛋白中苯丙氨酸＋酪氨酸的 AAS 显著高于其他地区（$P<0.05$），除了北疆，所有地区氨基酸评分均大于100，北疆亮氨酸、苯丙氨酸＋酪氨酸和异亮氨酸评分偏低，其他氨基酸评分均大于100。幼儿（0.5～3 岁）模式下，呼伦贝尔、锡林郭勒和乌兰察布双峰驼乳第一限制性氨基酸为赖氨酸，南疆、北疆和阿拉善右旗双峰驼乳第一限制性氨基酸为组氨酸，阿拉善左旗双峰驼乳第一限制性氨基酸为赖氨酸和组氨酸，巴彦淖尔和鄂尔多斯双峰驼乳第一限制性氨基酸为蛋氨酸＋半胱氨酸，额济纳旗双峰驼乳第一限制性氨基酸为蛋氨酸＋半胱氨酸和组氨酸。

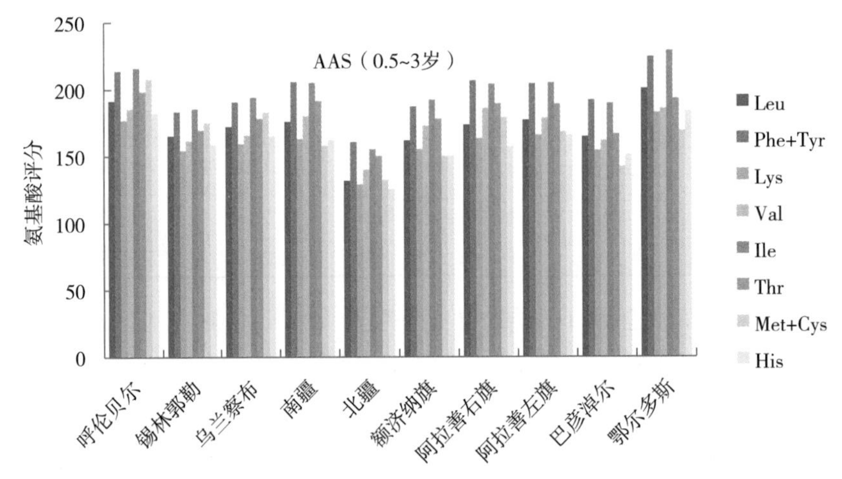

图 2-9　中国不同地区双峰驼乳氨基酸评分（AAS）

注：AAS=aa/AA×100%，aa 为被测样品 EAA 含量（每克蛋白，mg）；AA 为评分模式中相应 EAA 含量（每克蛋白，mg）。

（3）泌乳期对不同地区驼乳中氨基酸含量的影响　同一泌乳期内，泌乳各个月的乳蛋白含量变化很大。母驼发情期在 12 月中旬至翌年 4 月中旬，母驼妊娠期为 395～405d，一般两年产一羔，泌乳一般集中在 2—8 月，头 3 个月产乳量高，随后下降。

不同泌乳时间阿拉善双峰驼乳蛋白中氨基酸含量变化见表 2-34，泌乳 30d、90d 时乳蛋白中氨基酸含量与单峰驼的比较见表 2-35。阿拉善双峰驼初乳中天冬氨酸、丝氨酸、丙氨酸和精氨酸的含量高于常乳；分娩后第 1 次所挤初乳中天冬氨酸、丝氨酸、甘氨酸、丙氨酸和精氨酸的含量分别为 8.39g、6.01g、3.48g、3.76g 和 4.94g（均以 100g 蛋白质计），至 7d 时，随泌乳时间的延长含量降低，到泌乳 7d 时分别为 7.16g、4.72g、1.49g、2.51g 和 4.27g（均以 100g 蛋白质计）；在所研究的 15～90d 泌乳时间内随泌乳时间的变化天冬氨酸、丝氨酸、甘氨酸、丙氨酸和精氨酸的含量几乎没有变化。初乳中谷氨酸和脯氨酸的含量低于常乳；分娩后第 1 次所挤初乳中谷氨酸和脯氨酸的含量分别为 17.66g 和 7.64g（均以 100g 蛋白质计），到泌乳 7d 时分别为 21.76g 和 8.09g（均以 100g 蛋白质计），到 15d 达到最大值，分别为 22.26g 和 9.59g（均以 100g 蛋白质计），之后谷氨酸的含量保持稳定，而脯氨酸的含量下降，到 90d 时下降至 7.68g（以 100g 蛋白质计）。泌乳 2h 至 90d 的乳样中组氨酸的含量没有大的变化。

表 2-34　不同泌乳时间阿拉善双峰驼乳蛋白中氨基酸含量变化（g，以 100g 蛋白质计）

泌乳时间	2h	1d	3d	7d	15d	30d	90d
天冬氨酸	8.39	8.05	7.57	7.16	6.83	6.55	7.15
谷氨酸	17.66	19.46	21.82	21.76	22.26	22.23	21.27
丝氨酸	6.01	5.24	4.87	4.72	4.36	4.65	4.65
甘氨酸	3.48	2.57	1.69	1.49	1.35	1.32	1.50
组氨酸	2.50	2.65	2.75	2.73	2.65	2.63	2.64
精氨酸	4.94	4.77	4.35	4.27	3.99	4.00	4.11
苏氨酸	6.50	5.50	4.81	4.54	4.41	4.45	4.52
丙氨酸	3.76	3.24	2.68	2.51	2.35	2.37	2.46
脯氨酸	7.64	7.76	7.62	8.09	9.59	9.27	7.68
酪氨酸	4.75	4.23	3.82	3.93	3.68	3.78	3.96
缬氨酸	6.52	6.37	6.11	6.17	6.25	6.19	6.20
甲硫氨酸	2.10	2.27	2.74	2.86	2.85	2.94	3.16
半胱氨酸	0.40	0.59	0.65	0.74	0.70	0.68	1.08
赖氨酸	7.40	7.77	7.81	7.89	7.65	7.65	7.75
异亮氨酸	4.05	4.73	5.31	5.50	5.56	5.55	5.61
亮氨酸	7.94	8.72	9.29	9.41	9.46	9.60	9.48
苯丙氨酸	4.38	4.35	4.31	4.40	4.37	4.42	4.73

资料来源：赵电波等，2007。

表 2-35　阿拉善双峰驼泌乳 30d、90d 时乳蛋白中氨基酸含量与单峰驼的比较

泌乳时间	30d	90d	Sawaya 等（1984）	Mehaia 等（1995）
天冬氨酸	6.55	7.15	7.6	6.4
谷氨酸	22.23	21.27	23.9	19.5
丝氨酸	4.65	4.65	5.8	4.2
甘氨酸	1.32	1.50	1.7	1.3

（续）

泌乳时间	30d	90d	Sawaya 等（1984）	Mehaia 等（1995）
组氨酸	2.63	2.64	2.5	2.7
精氨酸	4.00	4.11	3.9	3.8
苏氨酸	4.45	4.52	5.2	4.3
丙氨酸	2.37	2.46	2.8	2.7
脯氨酸	9.27	7.68	11.1	11.1
酪氨酸	3.78	3.96	4.5	4.0
缬氨酸	6.19	6.20	6.1	6.9
甲硫氨酸	2.94	3.16	2.5	3.6
半胱氨酸	0.68	1.08	1.0	0.6
赖氨酸	7.65	7.75	7.0	7.1
异亮氨酸	5.55	5.61	5.1	5.0
亮氨酸	9.60	9.48	10.4	9.5
苯丙氨酸	4.42	4.73	4.6	5.6

资料来源：赵电波等，2007。

阿拉善双峰驼分娩后第1次所挤初乳中苏氨酸的含量为6.50g，随泌乳时间的延长逐渐降低，7d时下降到4.54g，之后苏氨酸含量保持稳定。缬氨酸由分娩后第1次挤乳到泌乳1d时所挤乳样中缬氨酸的含量高于常乳，泌乳期1～90d时的乳样中含量基本接近。分娩后第1次所挤的每100g初乳中，甲硫氨酸、亮氨酸、异亮氨酸和赖氨酸的含量分别为2.10g、7.94g、4.05g和7.40g，到泌乳7d时分别为2.86g、9.41g、5.50g和7.89g，泌乳15～90d时含量基本稳定。泌乳2h至90d的乳样中苯丙氨酸的含量没有大的变化。

（4）不同季节对驼乳中氨基酸含量的影响　季节对乳中蛋白质的含量有一定影响，到目前为止国内外关于驼乳中氨基酸含量季度变化及其营养价值的报道很少。根据自然条件的变化，分别为返青期（4—5月）、盛草期（8—9月）、枯草前期（10—11月）和枯草期（12月至翌年1月）。

明亮等（2013）做了关于准噶尔双峰驼乳中氨基酸含量季节变化的研究。研究发现（表2-36，图2-10），准噶尔双峰驼乳中氨基酸的含量随季节变化而变化。必需氨基酸：盛草期乳中苏氨酸和苯丙氨酸含量明显偏低，枯草后期乳中亮氨酸的含量最高，盛草期乳中蛋氨酸的含量最高，枯草前期乳中赖氨酸的含量最高。

非必需氨基酸：枯草期乳中谷氨酸、组氨酸和脯氨酸的含量相对较高，盛草期和枯草期乳中天冬氨酸的含量变化不明显。每100mg的四季乳中，丝氨酸的含量分别为（0.114 6±0.003 0）mg、（0.141 8±0.001 8）mg、（0.184 7±0.001 3）mg、（0.205 1±0.000 9）mg，返青期乳中半胱氨酸的含量最高，枯草前期乳中酪氨酸的含量最高。综上所述，枯草期乳中氨基酸总量（total amino acids，TAA）最高，返青期、枯草前期乳中氨基酸总量的差异不明显；枯草期乳中必需氨基酸总量（essential amino acids，EAA）和非必需氨基酸总量（non-essential amino acids，NEAA）均高于其他季度。

表 2-36　准噶尔双峰驼乳中氨基酸含量的季节变化

氨基酸	返青期	盛草期	枯草前期	枯草期
天冬氨酸	0.199 4±0.001 6[a]	0.195 2±0.002 7[b]	0.191 4±0.005 2[c]	0.197 6±0.003 8[b]
谷氨酸	0.788 1±0.002 1[b]	0.767 6±0.000 6[b]	0.769 6±0.004 1[b]	0.864 7±0.006 2[a]
丝氨酸	0.144 6±0.003 0[b]	0.141 8±0.001 8[b]	0.184 7±0.001 3[a]	0.205 1±0.000 9[a]
甘氨酸	0.051 8±0.004 9[b]	0.048 4±0.003 9[c]	0.068 1±0.003 3[ab]	0.076 2±0.003 4[a]
组氨酸	0.101 5±0.000 8[b]	0.094 6±0.000 8[b]	0.104 7±0.006 0[b]	0.132 8±0.004 4[a]
精氨酸	0.176 8±0.002 1[b]	0.174 2±0.001 1[b]	0.183 4±0.001 1[ab]	0.199 4±0.002 1[a]
苏氨酸	0.143 4±0.001 1[a]	0.139 6±0.004 5[b]	0.145 2±0.004 3[a]	0.147 4±0.001 5[a]
丙氨酸	0.068 6±0.004 7[a]	0.045 8±0.002 1[b]	0.044 5±0.001 4[b]	0.067 2±0.006 2[ab]
脯氨酸	0.378 3±0.001 7[b]	0.370 6±0.005 1[b]	0.387 7±0.002 6[b]	0.418 4±0.002 2[a]
酪氨酸	0.092 9±0.000 9[b]	0.086 2±0.004 2[b]	0.098 5±0.002 4[a]	0.086 6±0.005 5[b]
缬氨酸	0.218 4±0.001 2[b]	0.194 7±0.005 2[c]	0.219 7±0.001 7[b]	0.244 7±0.003 9[a]
甲硫氨酸	0.094 3±0.004 1[b]	0.115 6±0.001 2[a]	0.107 1±0.002 1[b]	0.113 7±0.001 4[b]
半胱氨酸	0.027 6±0.004 2[a]	0.019 7±0.000 7[b]	0.018 8±0.004 3[b]	0.017 3±0.001 8[b]
赖氨酸	0.288 4±0.003 5[b]	0.295 8±0.001 3[b]	0.310 3±0.001 8[a]	0.284 3±0.003 1[b]
异亮氨酸	0.206 3±0.000 7[a]	0.157 8±0.002 2[ab]	0.196 9±0.000 8[b]	0.193 2±0.001 1[b]
亮氨酸	0.324 6±0.001 9[b]	0.328 4±0.004 1[b]	0.338 4±0.005 3[b]	0.392 9±0.004 8[a]
苯丙氨酸	0.247 1±0.003 8[a]	0.216 9±0.000 5[b]	0.267 4±0.006 3[a]	0.244 8±0.003 9[a]
TAA	3.552 1±0.042[b]	3.392 9±0.021 1[c]	3.636 4±0.085[b]	3.886 3±0.065 5[a]
EAA	1.522 5[b]	1.448 8[b]	1.585 0[b]	1.621 0[a]
NEAA	2.029 6[b]	1.944 1[b]	2.051 4[b]	2.265 3[a]

注：同行上标相同小写字母表示差异不显著（$P>0.05$），不同小写字母表示差异显著（$P<0.05$）。
资料来源：明亮，2013。

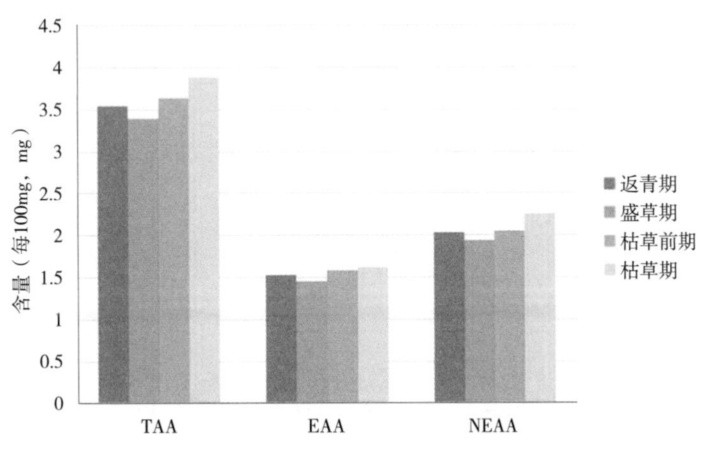

图 2-10　准噶尔双峰驼乳中氨基酸总量的季节变化

七、维生素

吉日木图等（2005）对内蒙古阿拉善双峰驼乳中维生素含量进行了系统研究，对

分娩后 1～3d、4～7d、30d、90d 的双峰驼乳、单峰驼乳及牛乳中维生素进行检测，阿拉善双峰驼初乳中维生素 A、维生素 C 含量低于常乳；维生素 E、维生素 B_1 高于常乳；1～90d 泌乳期内维生素 D、维生素 B_2 及维生素 B_6 的含量保持相对稳定。相比之下可以看出，双峰驼乳的大部分维生素含量高于单峰驼乳和牛乳（表 2-37，图 2-11）。

表 2-37 阿拉善双峰驼乳中维生素含量及与单峰驼和牛乳的比较（mg/L）

维生素	阿拉善双峰驼乳				单峰驼乳	牛乳
	1～3d 混合样	4～7d 混合样	30d 乳样	90d 乳样		
维生素 A	0.77	0.54	1.01	0.97	0.15	0.10
维生素 D	662	503	692	640	ND	ND
维生素 E	2.34	1.58	1.33	1.45	ND	0.53
维生素 B_1	0.54	0.44	0.10	0.12	0.33～0.60	0.28～0.90
维生素 B_2	0.46	1.13	1.07	1.24	0.42～0.80	1.2～2.0
维生素 B_6	1.25	0.065	0.49	0.54	0.52	0.40～0.63
维生素 B_{12}	ND	ND	ND	ND	0.002	0.002～0.007
维生素 C	9.21	8.67	15.70	29.60	24～52	3～23
烟酸	ND	ND	ND	ND	4～6	0.5～0.8
泛酸	ND	ND	ND	ND	0.88	2.6～4.9

注：ND 表示未测定，双峰驼乳数据引自吉日木图等，2005；其他乳的数据引自 Young 和 George，2006；Farah，1993。

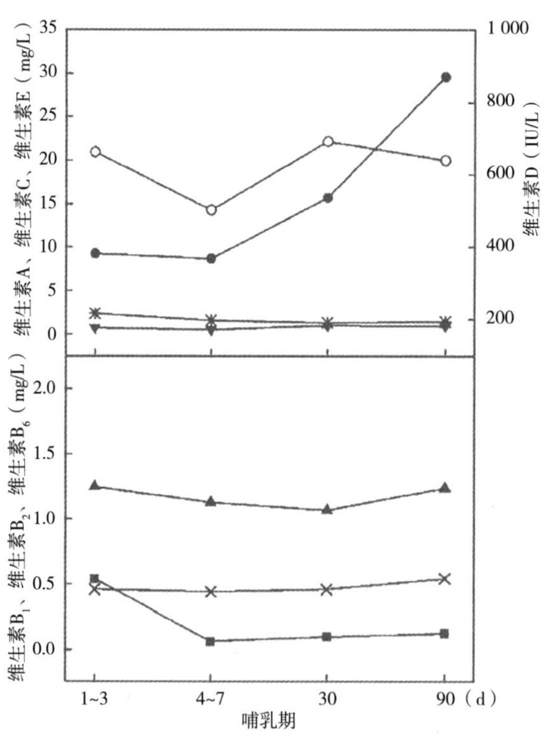

图 2-11 阿拉善双峰驼乳中维生素含量在哺乳期的变化

注：维生素 A(▼)、维生素 C(●)、维生素 D(○)、维生素 E(*)、维生素 B_1(■)、维生素 B_2(▲)、维生素 B_6(×)。

（资料来源：Zhang 等，2005）

对于单峰驼乳的维生素含量也有报道，单峰驼乳中各种维生素的含量如下：维生素 A 为 0.10～0.38mg/L、维生素 B_1 为 0.28～0.90mg/L、维生素 B_2 为 0.42～2.0mg/L、维生素 B_6 为 0.40～0.63mg/L、维生素 E 为 0.2～1.0mg/L、维生素 C 为3～36mg/L。与之相比，阿拉善双峰驼乳（以 90d 乳为例）中维生素 A、维生素 E、维生素 B_1、维生素 B_2、维生素 B_6 和维生素 C 的含量分别为 0.97mg/L、1.45mg/L、0.12mg/L、1.24mg/L、0.54mg/L 和 29.60mg/L。维生素 A 和维生素 E 的含量高于单峰驼驼乳。

维生素 D 为类固醇衍生物，属脂溶性维生素。维生素 D 与动物骨骼的钙化有关，故又称为钙化醇。吉日木图等（2005）测定的结果显示，在泌乳 30d 和 90d 时驼乳中维生素 D 分别为 692IU/L 和 640IU/L，高于牛乳的平均含量（20～30IU/L）。在儿童的生长发育过程中，每天饮用 500mL 双峰驼乳就可以满足人体对维生素 D 的需要。

驼乳中的脂溶性维生素含量并不均衡（表 2-38）。相对来说，维生素 D、维生素 E 的含量较低是驼乳的一个缺陷，这是由于骆驼的饮食中绿色植物占比很少所致；驼乳的水溶性维生素中除生物素外，其他物质含量均高于其他动物的乳，尤其是烟酸和维生素 C 含量。驼乳中的维生素 C 含量几乎比牛乳高出 35 倍，比驴乳高出 64 倍，同时约为人乳的 7 倍，与马乳相当。驼乳对人体免疫系统有刺激作用，并且由于维生素 C 水平较高而在药物性质中起主要作用（Mal，2000；Konuspayeva 等，2011）。

表 2-38 驼乳与常见动物乳的维生素含量的对比

维生素	驼乳	牛乳	羊乳	马乳	驴乳	人乳
维生素 A（每 100g，IU）	26.70	126	84	28.6	18	190
维生素 D（每 100g，IU）	0.30	2	—	—	3.6	1.40
维生素 E（每 100g，μg）	12.69	16.10	190	202.1	449	12.17
维生素 B_1（每 100g，μg）	48	45	40	21.1	4.44	17
维生素 B_2（每 100g，μg）	168	160	120	14.7	6.07	20
维生素 B_3（每 100g，μg）	770	80	—	—	—	170
维生素 B_5（每 100g，μg）	368	320	—	—	—	200
维生素 B_6（每 100g，μg）	550	42	—	—	—	11
维生素 B_7（每 100g，μg）	—	2	—	—	—	0.40
维生素 B_9（每 100g，μg）	87	5	—	6.1	—	5.5
维生素 B_{12}（每 100g，μg）	85	0.38	—	—	—	0.30
维生素 C（每 100g，mg）	33 000	940	—	33 530	516	5 000

资料来源：石雪晨等，2014；徐敏等，2014；刘洪元等，2003；陆东林等，2006；蒋晓梅，2016。

有研究人员对不同哺乳动物乳的维生素含量进行研究，奶牛乳的总维生素含量变化很大，马乳和驴乳的维生素含量平均低于反刍动物乳的维生素含量。马乳中维生素 C 含量相对较高（表 2-39）（Mittaine，1962；Doreau 和 Martin-Rosset，2002）。此外，由于羊乳和水牛乳能将黄色 β-胡萝卜素转化为维生素 A，故其维生素 A 含量比牛乳高。由于奶牛乳成分的差异，加热对维生素含量的影响略有不同。驼乳由于维生素 C 含量

高，其热敏感性高于奶牛乳（Medhammar 等，2012），并且在不同的热处理下，奶牛乳中的维生素损失高于水牛乳（Pandya 和 Haenlein，2009）。

表 2-39　不同哺乳动物乳维生素含量的变化

维生素	人乳	马乳	驴乳	奶牛乳	绵羊乳	山羊乳	水牛乳	驼乳
维生素 B_1	14～17 2%(3%)	20～40 4%(8%)	21～60 5%(12%)	28～90 8%(18%)	28～80 7%(16%)	40～68 6%(14%)	40～50 5% (10%)	10～60 5%(12%)
维生素 B_2	20～60 5%(15%)	10～37 3% (9%)	30～97 8% (24%)	116～202 17%(15%)	160～429 36%(107%)	110～210 18% (53%)	100～120 10% (30%)	42～168 14% (42%)
维生素 B_3	147～178 1%(22%)	70～140 1%(18%)	57～90 1%(11%)	50～120 1%(15%)	300～500 4%(63%)	187～370 3%(46%)	80～171 1%(21%)	400～770 6%(96%)
维生素 B_5	184～270 5%(14%)	277～300 6%(15%)		260～490 10%(25%)	350～480 8%(20%)	310 6%(16%)	150～370 7%(19%)	88～368 7%(18%)
维生素 B_6	11～14 1%(4%)	30 2%(8%)		30～70 4%(18%)	27～80 4%(20%)	7～48 3%(12%)	25～330 18%(38%)	50～55 3%(14%)
维生素 B_7	0.4～0.6 2%(12%)			2～4 13%(80%)	0.9～9.3 31%(186%)	1.5～3.9 13%(78%)	11～13 43%(260%)	
维生素 B_9	5.2～16 8%(32%)	0.13 0%(0%)		1～18 9%(36%)	0.24～5.6 3%(11%)	0.24～1 1%(2%)	0.6 0%(1%)	0.4 0%(1%)
维生素 B_{12}	0.03～0.05 4%(10%)	0.3 21%(60%)	0.11 8%(22%)	0.27～0.7 50%(140%)	0.30～0.71 51%(142%)	0.06～.07 5%(14%)	0.3～0.4 29%(80%)	0.2 14%(40%)
维生素 C	3 500～10 000 9%(20%)	1 287～8 100 7%(16%)	2 000 2%(4%)	300～2 300 2%(5%)	425～6 000 5%(12%)	900～1 500 1%(3%)	1 000～2 540 2%(5%)	2 400～18 400 17%(37%)
维生素 A	30～200 40%(53%)	9.3～34 7%(9%)	1.7 0%(0%)	17～50 10%(13%)	41～50 10%(13%)	50～68 14%(18%)	69 14%(18%)	5～97 19%(26%)
维生素 D_3	0.04～0.1 1%(1%)	0.32 3%(3%)		0.3 3%(3%)	0.18～1.18 12%(12%)	0.25 3%(3%)		0.3～1.6 16%(16%)
维生素 E	300～800 5%(20%)	26～113 1%(3%)	5.1 0%(0%)	20～184 1%(5%)	120 1%(3%)		190～200 1%(5%)	21～150 1%(4%)
维生素 K	0.2～1.5 3%(15%)	2.9 6%(29%)		1.1～2.3 6%(32%)				

资料来源：Claeys，2014。

驼乳的化学成分受品种、年龄、泌乳阶段、产乳量、气候、放牧草地质量、饮水、管理、疾病、母乳的维生素状态和喂养方式等多种因素影响。中国双峰驼乳的维生素 A、维生素 E 含量较高，但与单峰驼乳相比，维生素 B_1 含量较低（Knoess，1977；Sawaya 等，1984；Farah 等，1992；Stahl 等，2006；Haddadin 等，2008；Shamsia，2009）。Haldadin 等（2008）报道，中国双峰驼乳维生素 B_2 含量为 1.24mg/L，略低于单峰驼乳（1.68mg/L）。中国双峰驼乳维生素 B_6 浓度为 0.54～0.56mg/L，与单峰驼乳的相似（0.52～0.55mg/L）（Sawaya 等，1984）。

八、矿物质

驼乳中矿物元素含量丰富。表 2-40 所列 8 种矿物元素中，钙、磷、钾的含量较高，其次为钠和镁；微量元素中锌的含量较高，其次为铁和铜。驼乳中含有高浓度的钙和铁，也含有较多的锌、钠、钾。

表 2-40　不同时期驼乳中矿物元素的含量

矿物元素	早期哺乳期	哺乳期后期	数据来源
钠（mEq/L）	29.70±0.53	35.49±0.89	Mal 等（2007）
钾（mEq/L）	50.74±0.51	71.86±1.43	
钙（每 100g，mg）	94.06±0.75	97.32±0.51	
磷（每 100g，mg）	41.68±0.55	47.14±0.52	
镁（每 100g，mg）	11.82±0.22	13.58±0.31	
铁（g/L）	1.00±0.12	—	Singh 等（2006）
锌（g/L）	2.00±0.02	—	
铜（g/L）	0.44±0.04	—	

驼乳中钙、磷、钾、氯等常量元素和大部分人体必需微量元素含量均高于牛乳（表 2-41），这些矿物元素的高生物利用度影响驼乳独特的营养价值（Al-Wabel，2008）。驼乳是铁的良好来源，可以促进婴儿快速生长，铁含量是牛乳的 4～8 倍（斯钦等，1999），多喝驼乳可以预防缺铁性贫血。驼乳还可以提高血液的循环速度，减少动脉粥样硬化，帮助缓解与肺有关的其他疾病和病症，如哮喘、心脏病和肝病等。据报道，铁在许多生物系统中发挥着重要作用，包括氧气运输和储存以及 DNA 合成（Haj 和 Kanhal，2010；Fukuda，2013）。

表 2-41　阿拉善双峰驼乳中部分矿物元素含量（mg，以 100g 计）

品种	泌乳时间（d）	钙（mg）	磷（mg）	钠（mg）	钾（mg）	氯（mg）	硫（mg）	镁（mg）	锌（mg）
阿拉善驼	30	161.83	138.41	60.50	154.00	86.30	—	—	—
	90	154.57	116.82	72.00	191.00	152.00	—	—	—
戈壁红驼	30	161.32	132.85	60.76	152.35	85.60	38.11	8.80	0.63
	60	161.32	154.27	61.01	146.83	145.01	38.21	8.61	0.63
	90	156.32	153.13	60.07	184.21	146.42	37.40	8.21	0.64

资料来源：陆东林等，2014。

将成熟驼乳与其他畜类乳的矿物元素相比，驼乳的钙、磷、钾、钠、锌、硒含量均高于牛乳、羊乳、马乳、驴乳、人乳，而镁、铁的含量较其他乳而言略低。驼乳与常见动物乳中矿物元素含量的对比见表 2-42。

表 2-42 驼乳与常见动物乳中矿物元素含量的对比（以 100g 计）

矿物元素	驼乳	牛乳	羊乳	马乳	驴乳	人乳
钙（mg）	144.20	104.00	82.0	58.8	59.0	30.0
磷（mg）	106.77	73.00	98.0	39.37	51.3	13.0
钾（mg）	144.95	109.00	135.0	—	43.8	—
钠（mg）	55.18	37.20	20.6	—	19.4	—
镁（mg）	6.43	11.00	—	—	—	32.0
铁（mg）	0.08	0.30	0.5	0.05	0.21	0.10
锌（mg）	0.78	0.42	0.29	0.51	0.14	0.28
硒（μg）	2.32	1.94	1.75	1.77	8.0	—

资料来源：徐敏等，2014；刘洪元等，2003；陆东林等，2006；蒋晓梅，2016。

赵电波（2006）对内蒙古阿拉善双峰驼乳中矿物元素含量进行了详细研究，阿拉善双峰驼分娩后第 1 次所挤的 100g 初乳中，钙、磷含量最高，分别为（222.58±0.98）mg 和（153.74±1.04）mg，钙、磷、钠、钾及氯在 3～90d 时分别为 154.57～186.87mg、116.82～159.61mg、57.5～79.5mg、150.0～191.0mg 和 80.9～152.0mg（表 2-43，图 2-12）。关于驼乳中氯含量的报道较少，Guliye 等（2000）报道 100g 驼乳中氯的含量为 143～250.9mg。阿拉善双峰驼乳中氯的含量变化较大，在 90d 时驼乳中氯的含量为每 100g152.0mg，低于 Guliye 等（2000）报道的驼乳中氯的含量，但是又高于 Gnan 和 Sheriha（1986）报道的（品种为 Libyan）单峰驼乳中氯的含量。根据数据还可以看出，阿拉善双峰驼分娩后 2～24h 内驼乳中钙的含量急剧下降，到泌乳 7d 时又有上升趋势，之后又下降，90d 时下降至最低为 100g154.57mg；而磷含量表现出同样趋势，但是含量低于钙。整个研究的泌乳期内钠和钾的含量有些变化，但是总的趋势是初乳中钠的含量高于常乳，初乳中钾的含量低于常乳。

表 2-43 不同泌乳时间阿拉善双峰驼驼乳中部分矿物元素含量（每 100g，mg；$\bar{X}\pm SD$）

泌乳期	钙	磷	钙：磷	钠	钾	钠：钾	氯
2h	222.58±0.98[a]	153.74±1.04[b]	1.45	65.0	136.5	0.48	141.2
12h	190.84±0.74[b]	127.76±2.75[f]	1.49	—	—	—	—
24h	165.06±3.56[ef]	120.96±1.92[g]	1.36	92.5	124.0	0.75	194.7
36h	172.05±4.56[cd]	121.77±3.86[g]	1.41	—	—	—	—
48h	167.99±4.39[de]	141.52±1.41[d]	1.19	—	—	—	—
72h	168.59±1.66[de]	141.67±3.49[d]	1.19	79.5	150.0	0.53	133.5
5d	169.04±6.11[de]	144.81±4.53[c]	1.17	—	—	—	—
7d	186.87±3.10[b]	158.27±2.66[a]	1.18	63.0	152.5	0.41	91.3
15d	175.14±3.44[c]	159.61±1.83[a]	1.10	57.5	151.5	0.38	80.9
30d	161.83±3.12[f]	138.41±2.84[e]	1.17	60.5	154.0	0.39	86.3
90d	154.57±0.99[g]	116.82±0.57[h]	1.32	72.0	191.0	0.38	152.0

注：同列上标相同小写字母表示差异不显著（$P>0.05$），不同小写字母表示差异显著（$P<0.05$）。
资料来源：赵电波，2006。

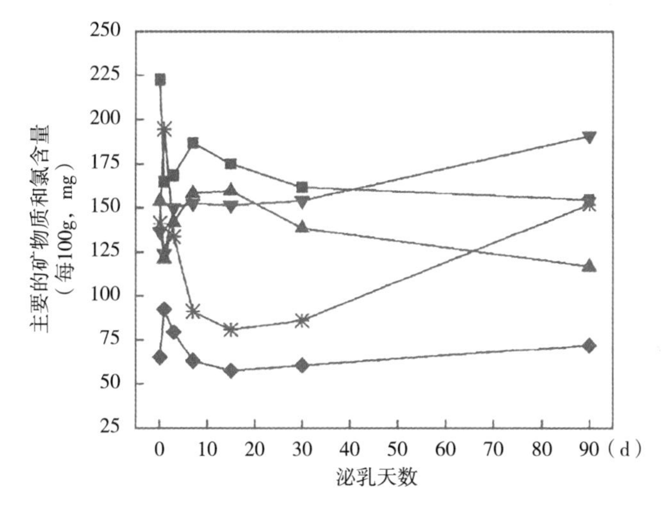

图 2-12　双峰驼乳在泌乳过程中矿物元素含量的变化

注：Ca（■）、P（▲）、Na（◆）、K（▼）和 Cl（＊）含量在哺乳期的变化。

（资料来源：Zhang 等，2005）

Gorban 和 Izzeldin（1997）研究了海湾地区单峰驼初乳的矿物元素组成：钙、磷、钠、钾的含量分别为 118.16mg、76.85mg、58.09mg、170.37mg。阿拉善双峰驼初乳中除了钾以外，其他矿物元素的含量都高于 Gorban 和 Izzeldin（1997）报道的单峰驼乳的含量。已有报道的世界各地驼乳中矿物元素组成见表 2-44，其中钙、磷、钠、钾含量分别为 30～197mg、磷为 45～153.1mg、钠 23～69mg、钾为 60～214mg，矿物元素含量变化范围较大，这可能与驼乳中矿物元素含量受品种、饲养、泌乳阶段、饮水情况、乳房感染、分析方法等因素影响有关（以上均以 100g 乳计）。阿拉善双峰驼分娩后（2h 和 12h）驼乳中钙磷比最高，分别为 1.49 和 1.45，接近理论值的 2∶1，这有利于幼龄骆驼钙磷的吸收。阿拉善双峰驼常乳中钙磷比为（1.10～1.49）∶1，在已有报道的单峰驼乳的变化范围内。

表 2-44　世界各地驼乳中部分矿物元素组成（mg，以 100g 乳计）

资料来源	Ca	P	Ca∶P	Na	K	Na∶K
中国						
Zhang 等（2005）	154.6	116.8	1.32	72	191	0.38
Ji 等（2007）	156.3	153.1	1.02	60.1	184.2	0.33
Ji（2006）	185	135.5	1.36	57.9	185.0	0.31
Ji 等（2010）	143.2	131	1.09	54.1	182.5	0.30
Shao 等（2007）	60.8	—	—	63.2	134.8	0.47
Guo（2009）	180.9	—	—	—	124.4	—
沙特阿拉伯						
Gorban 和 Izzeldin（1997）	118.16	76.85	1.54	58.09	170.37	0.34
Mehaia 等（1995）	120	88.6	1.35	65	135	0.48

（续）

资料来源	Ca	P	Ca∶P	Na	K	Na∶K
Elamin 和 Wilcox（1992）[2]	30	—	—	31.2	214	0.15
Mehaia 和 Al-Kahnal（1989）[1]	106	63	1.68	69	156	0.44
Abu-Lehia（1987）[2]	115	83.8	1.37	58.8	173	0.34
Sawaya 等（1984）[2]	106	63.0	1.68	69	156	0.44
埃及						
Farag 和 Kebary（1992）[2]	107	121	0.88	31.2	214	0.15
Ahmed 等（1977）[2]	197	62.6	3.15	—	—	—
Hassan 等（1987）[1]	116	71	1.63	36	62	0.58
肯尼亚	157	104	1.51	—	—	—
Farah 和 Ruegg（1989）[2]	106	63	1.68	69	156	0.44
Mehaia 和 Al-Kahnal（1989）[1]	132	58	2.28	36	60	0.60
利比亚						
Gnan 和 Sheriha（1986）[1]	132	45	2.93	23	152	0.15
以色列						
Yagil 和 Etzion（1980）[2]	40.0	138	0.29	—	—	—
埃塞俄比亚						
Knoess（1976）[2]	128	97.4	1.31	—	—	—

资料来源：[1]Farah，1993；[2]Mehaia 等，1995。

不同研究组报告的矿物元素含量差异可能是由于品种差异或饲料和土壤等环境条件不同造成的。驼乳的化学成分受品种、年龄、泌乳阶段、产乳量、气候、放牧草地质量、饮水、管理、疾病等多种因素影响。不同品种的驼乳中有不同的矿物元素存放能力（Wangoh 等，1998）。

九、糖类

食物中的糖类分成两类：人可以吸收利用的有效糖类，如单糖、双糖、多糖；人不能消化的无效糖类，如纤维素是人体必需的物质。糖类化合物是一切生物体维持生命活动所需能量的主要来源。它不仅是营养物质，而且有些还具有特殊的生理活性。例如，肝中的肝素有抗凝血作用；血液中的糖与免疫活性有关。此外，核酸的组成成分中也含有糖类化合物——核糖和脱氧核糖。因此，糖类化合物对于医学来说，具有非常重要的意义。

1. 乳糖　乳糖是驼乳中的主要糖类，它是幼驼的主要能量来源。目前，对驼乳中乳糖的研究大多集中在乳糖的含量及乳糖含量在泌乳期内的变化。在整个泌乳期，驼乳中乳糖含量变化较小，基本保持不变（Farah，1993）。驼乳的乳糖含量介于

2.40%～5.80%。其中，双峰驼乳中乳糖含量为4.24%～4.71%，单峰驼乳中乳糖含量介于2.40%～5.8%。赵电波（2006）研究表明，内蒙古阿拉善双峰驼乳中乳糖含量为4.24%～4.71%，在所研究的泌乳时间2h至90d内变化较小。Sestucheva（1958）研究了哈萨克斯坦驼（Kazakhstan camel）初乳的组成及变化，认为乳糖含量基本保持不变（Yagil，1982）。Gorban和Izzeldin（1997）研究了海湾地区单峰驼初乳（产后1～7d）的化学组成，乳糖为2.73%，10～240d常乳中乳糖为2.56%。在同一饲养管理条件下，不同品种的驼乳其组分有差异（Mehaia等，1995；Guliye等，2000），在泌乳期内，乳糖含量变化较小，所以驼乳中乳糖的含量较稳定。驼乳乳糖含量有变化可能是由于在沙漠中摄入的植物类型不同导致的（Khaskheli等，2005）。骆驼通常喜欢食用盐生植物，如滨藜、刺槐，以满足机体对于盐分的生理需求（Yagil，1982；Elobied等，2014），这也是造成驼乳偶尔也会有咸味的主要原因。

骆驼在8～18个月的哺乳期间会分泌1 000～2 000L驼乳，而牛乳的日产量为3～10L。Khaskheli等（2005）研究表明，驼乳中乳糖的含量会从每100g 2.91g增加到100g 4.12g，与牛乳中的4.4%～5.8%相比较少。FAO公布的数据显示，驼乳的固体成分含量为3.1%，其中乳糖含量为4.4%（Yagil，1982）。

由于过去的检测方法是将母乳中的一些低聚糖等其他糖类也当成乳糖，所以一直认为母乳中乳糖含量为7.0%左右（194mol/L）。如今人们采用特殊方法检测，检测出乳糖含量为6.7%（184mol/L）。乳糖含量受个体遗传因素影响较大（大于5%），而受营养状况、饮食、药物及妊娠等其他因素影响较小。一些动物乳中的乳糖含量见表2-45。

不同骆驼品种间乳糖含量比较见表2-46。

表2-45　一些动物乳中的乳糖含量（%）

动物	含量	动物	含量	动物	含量
人[1]	6.7	单峰骆驼[1]	4.0	毛海豹[2]	0.1
牛[1]	4.8	骆驼[2]	5.0	豹[2]	6.9
水牛[2]	4.8	马[2]	1.3	灰鼠[2]	1.7
瘤牛[2]	4.7	黑熊[2]	0.4	小鼠[2]	3.2
牦牛[2]	4.6	猫[2]	4.2	大鼠[2]	3.2
山羊[1]	4.6	驯鹿[1]	1.5	大袋鼠[2]	0.3
山羊[2]	4.3	驯鹿[2]	2.8	灰松鼠[2]	3.7
绵羊[1]	4.6	犬[2]	3.3	豚鼠[2]	3.0
绵羊[2]	4.8	海豚[2]	1.1	骡[2]	5.5
兔[2]	2.1	象[2]	5.1	海狮[2]	0.0
驴[2]	6.2	猪[2]	5.5	马鹿[3]	4.39

注：[1]Wernery，2006；[2]张和平等，2012；[3]方素栎，2010。

表 2-46 不同骆驼品种间乳糖含量比较（%）

骆驼品种	乳糖
单峰驼乳*	4.68
美洲驼[1]	6.50
阿拉善双峰驼[1]	4.24
蒙古戈壁红驼[2]	4.35
野双峰驼[2]	4.58

注：* 单峰驼乳数据来自已报道数据的平均值。

资料来源：[1]赵电波，2006；[2]吉日木图，2006。

Zhang 等（2005）研究了内蒙古阿拉善双峰驼乳在哺乳期的化学组成变化情况。该研究采集了 10 峰母驼的初乳和产后 90d 的驼乳样品。图 2-13 显示了哺乳期阿拉善双峰驼初乳和常乳中蛋白质、乳糖、脂肪、灰分含量的变化（Gorban，1997）。结果表明，在研究期间乳糖含量保持相对稳定，从分娩至泌乳 90d 中驼乳中乳糖含量介于 4.24%～4.44%，而据研究，单峰驼乳糖取值为 2.56%～5.80%（Mehaia 等，1995；Gorban，1997）。牛初乳中富含蛋白质、脂肪、血清蛋白和灰分等，Merin 等（2001）研究报道，在牛乳的各成分中乳糖是唯一一种在分娩后的第 1 天含量较之后几天含量偏低的成分。驼乳也有过类似的报道（Yagil，1980；Lehia，1991），但在该研究和 Merin 等（2001）的研究中没有得到证实，这可能是由于乳糖的不同而导致的。

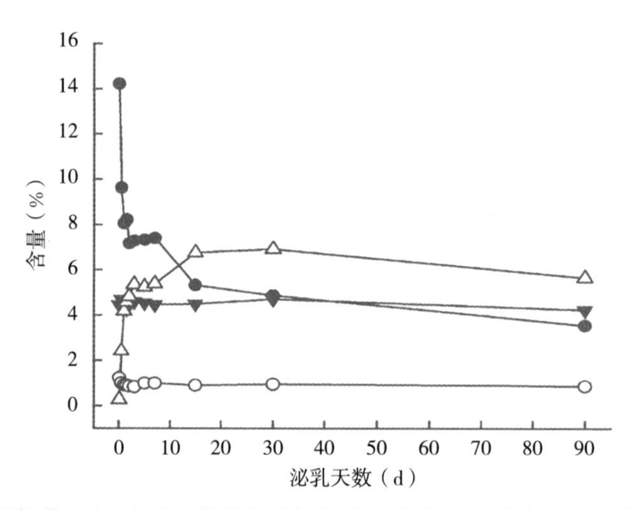

图2-13 泌乳期阿拉善双峰驼初乳和常乳中蛋白质（●）、乳糖（▼）、脂肪（△）、灰分（○）含量的变化

Leyla 等（2018）为了确定整个泌乳期驼乳的产量和组成，于 2014 年 11 月至 2015 年 9 月随机选取了 17 峰经过放牧健康泌乳的骆驼，通过标准程序收集 153 份驼乳样品，以确定驼乳的产量和组成。研究结果表明，泌乳前期、中期、后期乳糖含量保持稳定，并无显著变化（$P>0.05$），乳糖含量与其他报道的结果一致（Konuspayeva 等，2009；Meiloud 等，2011；Musaad 等，2013；Babiker 等，2014；Abdalla 等，2015）。Khaskheli 等（2005）发现驼乳乳糖含量较低，而且其测定值低于先前的研究报道（Siboukeur，2007；Alwan 等，2014）。驼乳乳糖的含量变化不如蛋白质和脂肪等的变

化显著，而且单峰驼（Wangoh 等，1998）的乳糖含量变化要比双峰驼（Zhang 等，2005）的显著。

采集阿联酋不同地区的 70 峰单峰驼乳样品，测定其组成。该研究在无菌条件下将驼乳样品分成 3 部分，第 1 部分储存在 4℃条件下，第 2 部分储存在 7℃条件下，第 3 部分储存在 25～30℃条件下，其后分别在不同的时间内检查驼乳样品的乳糖含量。结果表明，储存温度与时间不同时驼乳乳糖含量变化较为明显（表 2-47）。

表 2-47 储存温度与时间不同时驼乳乳糖含量

时间	4℃	7℃	25～30℃
第 1 天	4.41%	4.41%	4.41%
第 2 天	—	—	3.34%
第 3 天	—	—	3.28%
第 7 天	—	4.05%	—
第 15 天	—	3.63%	—
第 21 天	3.26%	—	—
第 42 天	2.68%	—	—

Dowelmadina 等（2014）研究了饲养体系、品种、胎次、泌乳阶段对苏丹单峰驼乳成分的影响。该研究选择了在 2 个不同的饲养体系中，来自 3 个不同本土品种（半集约化系统品种 Kenana 和传统游牧系统品种 Nefidia、Butana）的 120 峰健康母驼的驼乳样品。驼乳样品分别来自 5 个胎次（1～5 胎次）和 4 个泌乳阶段。结果表明，驼乳乳糖含量的变化与饲养体系、品种、胎次、泌乳阶段等因素有关（表 2-48）。

表 2-48 不同饲养模式、品种、胎次、泌乳阶段驼乳中的乳糖含量（%）

胎次	泌乳阶段（月）	Kenana	Butana	Nefidia
1～2	1～2	4.60 ± 0.06^{a}	4.54 ± 0.11^{a}	4.71 ± 0.13^{a}
	4～6	4.43 ± 0.12^{a}	3.69 ± 0.23^{b}	4.97 ± 0.09^{a}
	7～9	4.34 ± 0.08^{a}	3.59 ± 0.23^{b}	4.90 ± 0.13^{a}
	≤10	4.45 ± 0.11^{a}	4.07 ± 0.11^{a}	5.17 ± 0.23^{a}
3	1～2	4.43 ± 0.13^{a}	4.85 ± 0.09^{a}	4.83 ± 0.09^{a}
	4～6	4.39 ± 0.08^{a}	4.64 ± 0.13^{a}	4.67 ± 0.09^{a}
	7～9	4.18 ± 0.13^{a}	4.48 ± 0.13^{a}	4.57 ± 0.13^{a}
	≤10	4.62 ± 0.10^{a}	3.90 ± 0.09^{a}	5.04 ± 0.10^{a}
4	1～2	4.38 ± 0.13^{a}	5.79 ± 0.16^{a}	5.11 ± 0.09^{a}
	4～6	4.35 ± 0.23^{a}	3.89 ± 0.26^{b}	4.24 ± 0.10^{a}
	7～9	4.50 ± 0.16^{a}	3.70 ± 0.23^{b}	4.82 ± 0.08^{a}
	≤10	4.98 ± 0.23^{a}	4.33 ± 0.09^{a}	3.79 ± 0.10^{b}

（续）

胎次	泌乳阶段（月）	Kenana	Butana	Nefidia
5	1～2	3.59 ± 0.27^{b}	5.78 ± 0.23^{a}	3.69 ± 0.13^{b}
	4～6	4.49 ± 0.23^{a}	5.07 ± 0.23^{a}	5.07 ± 0.16^{a}
	7～9	4.45 ± 0.23^{a}	4.39 ± 0.13^{a}	4.68 ± 0.13^{a}
	≤10	3.30 ± 0.27^{b}	5.04 ± 0.23^{a}	3.59 ± 0.16^{b}

注：同列上标相同小写字母表示差异不显著（$P>0.05$），不同小写字母表示差异显著（$P<0.05$）。

Wafa 等（2014）采集了苏丹喀土穆州 3 个饲养管理体系不同的骆驼养殖场的 43 峰健康母驼的驼乳样品（$n=220$），评估了饲养体系（集约化、半集约化、放牧＋补饲）、泌乳阶段（早期、中期、晚期和末期）和胎次（1～7）对产乳量和化学成分的影响。乳糖含量情况如下：半集约化养殖的养殖场 4.67%±0.42%、泌乳初期 4.75%±0.42%、第 5 胎 4.71%±0.52%（表 2-49）。最后得出结论，即饲养体系、泌乳阶段和胎次对驼乳的乳糖含量有影响，与 Dowelmadina 等（2014）的研究结果一致。

表 2-49　不同饲养模式、泌乳阶段和胎次条件下驼乳乳糖含量

饲养模式	乳糖含量	泌乳阶段（月）	乳糖含量（%）	胎次	乳糖含量（%）
集约化	4.43 ± 0.48^{b}	1～3	4.75 ± 0.42^{a}	1	4.48 ± 0.52^{a}
半集约化	4.67 ± 0.42^{a}	4～6	4.61 ± 0.4^{ab}	2	4.56 ± 0.52^{ab}
放牧＋补饲	4.47 ± 0.43^{b}	7～9	3.3 ± 0.31^{bc}	3	4.48 ± 0.43^{a}
均值	4.59 ± 0.45	≥9	3.22 ± 0.29^{c}	4	4.54 ± 0.41^{ab}
		均值	3.32 ± 0.33	5	4.71 ± 0.52^{b}
				6	4.53 ± 0.33^{ab}
				7	4.32 ± 0.27^{a}
				均值	4.59 ± 0.45

注：同列上标相同小写字母表示差异不显著（$P>0.05$），不同小写字母表示差异显著（$P<0.05$）。

2. 低聚糖　研究发现，驼乳和驼初乳都含有低聚糖，其中野生双峰驼乳及其初乳低聚糖含量更高。目前，已经从双峰驼初乳中检测出 3 种中性低聚糖和 7 种酸性低聚糖，从双峰驼常乳中检测出 2 种中性低聚糖和 1 种酸性低聚糖，从巴氏杀菌单峰驼乳产品中检测出了 2 种中性低聚糖和 5 种酸性低聚糖（Alhaj 等，2018）。因此，饮用驼乳不仅有利于提高人体免疫力、促进人体健康，驼乳还可能成为人体低聚糖的主要来源。

驼乳中的低聚糖发挥各种生物活性，可以调节免疫系统。驼乳寡糖参与多种保护和生理作用，包括免疫调节和抑制婴儿胃肠道中的病原体黏附。人乳寡糖（human milk oligosaccharides，HMOs）具有许多功能，包括作为益生元刺激肠道有益细菌的生长，作为抑制病原体结合的受体类似物，以及促进出生后大脑发育的物质。驼乳可提高智力，可治疗心脏病，可预防癫痫的发生，也可以治疗肠道出血性疾病。在中东和蒙古，驼乳主要为婴儿生长发育提供营养。在蒙古国，发酵的驼乳可被用于治疗孕妇水肿和作为抗吸湿剂。在印度，驼乳被应用于治疗水肿、黄疸、肺结核、哮喘、贫血等疾病。目前，已证实慢性肝炎患者经驼乳治疗后肝功能有所改善。

在该研究中，通过 Kobata 和 Ginsburg 的方法，用化学降解、化学转化，各种一维、二维核磁共振光谱及质谱分析等多种方法，从驼乳中分离出的新驼乳寡糖，其结构说明游离寡糖是继乳糖和脂质后乳中第 3 种含量丰富的固体成分。驼乳寡糖不仅对婴儿的肠道有益，而且还有许多其他功能，包括刺激生长、作为抑制病原体结合的受体类似物和促进出生后大脑发育的物质。

十、微生物

一般来说，新鲜驼乳中的微生物主要是细菌、酵母菌等，其中最常见的是乳酸菌。从健康骆驼乳房刚挤出的驼乳中微生物数量极少，但是挤乳过程中受挤乳环境和挤乳器具等各种因素的影响，会增加乳中的微生物数量和种类。

（一）驼乳中微生物的来源

微生物及其代谢产物对生态环境及对其他生物造成的毒性作用称为微生物污染。微生物污染的毒性作用主要包括 3 个方面：一是微生物大量繁殖，与其他生物争夺营养物质和生存空间；二是微生物通过一定途径侵染其他生物；三是微生物通过代谢活动产生并释放大量有毒产物，以此破坏生态环境和杀伤其他生物。

1. 内源性污染 凡是作为食品原料的动植物体，由于本身带有的微生物而造成的食品污染称为内源性污染，也称第 1 次污染。一般包括以下 2 类微生物。第 1 类是非致病性和条件性致病性微生物。在正常条件下，这些微生物寄生在动物体的某些部位，如消化道、呼吸道里的大肠杆菌、梭状芽孢杆菌等。当动物在屠宰前处于不良条件时，包括长时间运输、过劳，以及天气过热、过冷而导致机体抵抗力下降等，这些不良状态都会使微生物侵入机体的组织器官，甚至侵入肌肉中，造成肉品的污染，在一定条件下，会使肉品发生腐败变质，甚至引起食物中毒。第 2 类主要是致病性微生物，也就是在动物生活过程中，被致病性微生物感染，而在它们的某些组织器官中，存在病原微生物。如沙门氏菌、炭疽、布鲁氏菌、结核杆菌、口蹄疫、禽流感等，这一类病原微生物在感染机体后，被感染的畜产品可能含有这些相应的微生物。例如，结核病牛所产的牛乳当中，可能会检出结核杆菌；禽类感染沙门氏菌后，沙门氏菌就可以通过血液侵入卵巢中，可能导致在鸡蛋中出现沙门氏菌。

2. 外源性污染 食品在生产加工、运输、储存、销售、食用过程中，通过水、空气、人、动物、加工设备及包装材料等发生的微生物污染称为外源性污染，也称第 2 次污染。

（1）水污染 水既是食品的原料或配料成分，也是清洗、冷却、冰冻等食品生产加工过程中不可缺少的物质。设备、环境及工具的清洗也需要大量用水，各种天然水源（地表水和地下水）不仅是微生物的污染源，也是微生物污染食品的主要介质。自来水是天然水净化消毒后供饮用的，正常情况下含菌量较少，但若自来水管出现漏洞、

管道中压力不足或暂时变成负压时，则会引起管道周围环境中的微生物渗漏进入管道中，使水中的微生物数量增加。生产所用的水如果被生活污水、医院污水等污染，就会使微生物数量骤增，水中不仅含有细菌、病毒、真菌、钩端螺旋体，还可能含有寄生虫，用这种水进行食品生产会造成严重的微生物污染，甚至可能导致其他有毒物质污染。所以水的卫生质量与食品的卫生质量密切相关，食品生产用水必须符合饮用水标准。

（2）空气污染　空气中的微生物可能来自土壤、水、人及动植物的脱落物和呼吸道、消化道的排泄物等。人体的痰沫、鼻涕与唾液的小液滴中含有病原微生物，它们可随着灰尘、水滴的飞扬、沉降而污染食品，人在讲话或打喷嚏时，距人体 1.5m 的范围内是直接污染区，因此不应使食品直接暴露在空气中。

（3）人及动物接触污染　从事食品生产的人员，如果不经常清洗身体、衣帽，会有大量的微生物附着，通过皮肤、毛发、衣帽与食品接触而造成污染；食品在加工、运输、储存及销售过程中，如果与鼠、蝇、蟑螂等直接或间接接触，同样会造成微生物污染。

（4）加工设备及包装材料污染　食品生产加工、运输、储存过程中所用的各种机械设备及包装材料，在未经消毒或灭菌前，会带有不同数量的微生物而污染食品，使用未经消毒灭菌的设备越多，造成微生物污染的机会也越大。已经消毒灭菌的食品，如果使用的包装材料未经灭菌处理，则会造成食品的二次污染。

肯尼亚的一项研究阐述了驼乳从牧场到生产加工过程中微生物的最初状态及在此过程中的变化。66%的骆驼牧场中的驼乳样品微生物数量均小于 10^5 CFU/mL，结合肯尼亚标准局对原料驼乳的微生物可接受标准（Kebs，1976），用于生产加工的原料驼乳微生物数量不得超过 10^6 CFU/mL。由此可见，在骆驼牧场，驼乳的污染程度低于可接受的驼乳加工验收标准。

在驼乳集散地和驼乳市场中心，微生物数量超过驼乳原料验收的微生物数量标准。这与驼乳采集后的处理有关。首先，对于采集的驼乳，由于牧场设施简陋及运输条件较差，生驼乳暴露在室温中 12～48h 才能从骆驼牧场运输到驼乳集散地。在此期间，由于室温是大多数微生物生长繁殖的适合温度，加之驼乳可作为其生长的极好的培养基，因此驼乳中的微生物数量将会急剧上升。此外，在边远地区，驼乳加工和销售处于高度分散的状态，大多数驼乳都要经过许多中间处理人员，这容易使驼乳暴露于不卫生的环境，从而增加了其受污染和掺假的风险。

驼乳在牧场中受到的污染较少，可能是由于未经过任何处理避免了设备的污染。骆驼乳房容易受到球菌群的侵袭，从而出现乳腺炎，继而球菌进入驼乳中污染驼乳。驼乳的球菌感染率为 42%（表 2-50）（Younan，2001；Guliye，2002）。

表 2-50　生驼乳中的主要微生物群

参数	样品数	G^+ve 球菌	G^-ve 杆菌	G^+ve 杆菌	孢子	Y 和 M
牧场	107	45（42%）	58（54%）	2	1	1
散装	52	12（23%）	28（54%）	7	3	2

（续）

参数	样品数	G^+ve 球菌	G^-ve 杆菌	G^+ve 杆菌	孢子	Y 和 M
市售	59	10	32（54%）	7	6	4
总菌落数	218	67	118	16	10	7

注：G^+ve，革兰氏阳性菌；G^-ve，革兰氏阴性菌；Y 和 M，分别为酵母菌和霉菌。

大肠菌群和孢子在从农场到市场过程中，其数量出现了大幅度上升。大肠杆菌占细菌总数比例较高，这与 Abee 等（1995）的研究结果相一致。大肠杆菌数量随着时间的推移会超过驼乳中其他微生物的数量。这主要是因为大肠杆菌可以通过变换生存策略来适应生存环境。这些生存策略主要包括适应温度波动、耐酸性和益生菌素（如大肠杆菌素）的生产，以及形成复杂的模式（如菌落），以抵抗其生存环境中的不利条件，尤其是酸性环境。

革兰氏阴性杆菌（Gram-negative bacilli，GNR）主要分离菌株包括假单胞菌属和黄杆菌属。一般来说，这些菌株常见于人和动物身上以及土壤、植物和水中，根据 Christina 和 Bromley（1983）以及 Wolfgang 和 Gunter（1988）的报道，它们被归为环境微生物。粪大肠菌群（大肠杆菌和产气肠杆菌）的出现可能是驼乳在市场运输过程中处理不卫生造成的（表 2-51）。

表 2-51　驼乳生产链中分离到的微生物菌群（n=218）

参数	样品数	大肠杆菌	产气肠杆菌	微球菌	假单胞菌	黄杆菌	酵母菌/霉菌
牧场	107	0	0	15	4	4	4
散装	52	31	29	0	1	0	0
市售	59	26	16	0	0	0	0

驼乳生产链中的肠道沙门氏菌出现率为 13%，以牧场驼乳的出现率最高（表 2-52）。这种病原体的来源可能是骆驼、土壤、水和牧民，牧民和骆驼可能是健康的，但他们可能会持续地在环境中释放病原体，从而病原体会进入其他可传播途径，如水、土壤、乳和设备等。

表 2-52　驼乳生产链中的沙门氏菌

生产链	n
环境（土壤、水、粪便）	31
牧场（乳腺因素）	120
加工	19
市场	26
合计	196

埃塞俄比亚的一篇报道评估了埃塞俄比亚索马里州地区法芬区沿市场链的驼乳中的总细菌含量。这项研究从 Gursum（47.1%）和 Babile（52.9%）地区共收集 126 份

生驼乳样品，其中包括乳房（14.7%）、挤乳桶（29.4%）和市场（55.9%）3个抽样水平，分析驼乳样品的总细菌计数（total bacteria count，TBC）和大肠杆菌计数（CC）。结果显示，108份（85.7%）生驼乳样品表现出细菌污染，受污染驼乳样品的总平均TBC和CC分别为（4.75±0.17）logCFU/mL和（4.03±0.26）logCFU/mL。Gursum地区的TBC数量从乳房处乳样到市场水平乳样表现出上升趋势，明显高于Babile地区（$P<0.05$）。

从污染的生驼乳样品中分离出的细菌类型包括：葡萄球菌属（89.8%）、链球菌属（53.7%）、大肠杆菌（31.5%）、克雷伯菌属（5.6%）、肠杆菌属（5.6%）和沙门氏菌属（17.6%）（图2-14）。葡萄球菌属在市场水平上的驼乳显示最高的出现率，而大肠菌群则从乳房水平驼乳样到市场水平驼乳样上呈上升趋势。

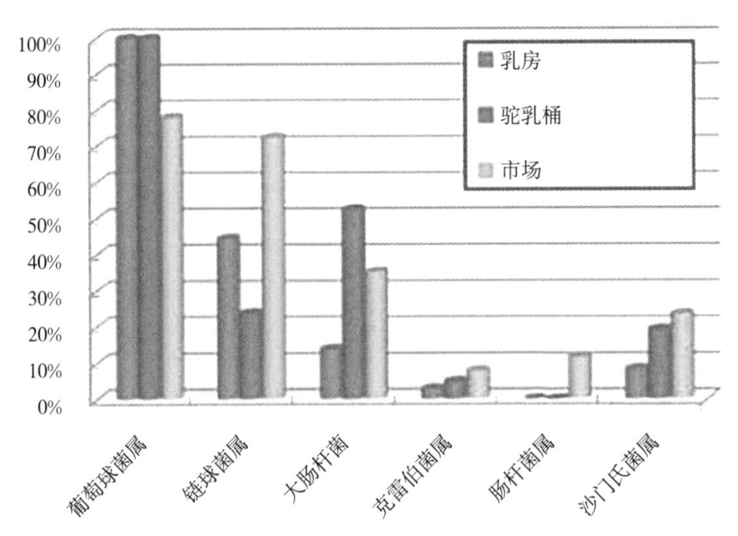

图2-14　生驼乳中的微生物的总百分比

大部分生驼乳样品被不同的细菌污染，其污染程度明显不同。然而，目前还未规范关于驼乳的微生物检测标准，因此采用欧盟（EU）微生物限量标准（TBC≤1×10^5 CFU/mL和CC≤10^2 CFU/mL）对生驼乳样品（European Union，EU，2004）进行评估。

研究中31.5%的生驼乳样品被大肠杆菌污染，这与苏丹Bahrei地区报道的39.13%的驼乳污染率（Elhaj等，2014）是一致的，原因可能是受骆驼自身、挤乳器、驼乳容器和挤乳环境等因素的影响使驼乳样品被污染。此外，研究表明，沙门氏菌属也是驼乳感染的常见细菌之一，这一结果与2007年El-Zine MG的报道结果一致。Elhaj等（2014）报道，肠道中驼乳沙门氏菌的发病率为13%，如果生驼乳不进行任何热处理，这些大量存在的有害微生物将危害消费者的身体健康。

（二）驼乳中的有益微生物

1. 乳酸菌　乳酸菌单独或与酵母菌混合应用于食品发酵工业，尤其在乳制品加工方面，如酸牛乳、酸马乳和干酪等起着重要作用。同时，还用于食品工业中的食品酿造和食品储存，发酵肉制品、发酵果蔬制品和青贮饲料当中。乳酸菌不仅可以提高食品营养价值，还可以改善食品风味。发酵食品在发酵过程中有多种微生物参与，将原料中的蛋白质分解为氨基酸和多肽，将脂肪分解为短链的挥发脂肪酸和酯类物质，微生物的代谢产物与原料分解产物共同形成了发酵食品特有的风味和质构特征品质。据报道，益生菌对发酵产品的香气、质地和酸度起主要作用，而且在改善消化性质、抗腹泻方面起主要治疗作用，并发挥一定的抗菌活性。

2. 球菌

（1）肠球菌属（*Enterococcus*） 革兰氏阴性菌，兼性厌氧，适宜生长温度为10～45℃。化能异养，可发酵糖类，终点pH为4.2～4.6（Jans，2012）。发酵产物主要为L（+）乳酸。因此，肠球菌作为一种乳酸菌被广泛应用于食品行业（Abushelaibi，2018）。驼乳中的肠球菌主要有鸡肠球菌（*E. galinarum*）、鸟肠球菌（*E. avium*）、粪肠球菌（*E. faecalis*）、屎肠球菌（*E. faecium*）。

（2）乳球菌属（*Lactococcus*） 革兰氏阳性菌，兼性厌氧，最适宜生长温度为30℃。乳酸链球菌（*L. lactis*）广泛存在于乳制品和植物产品中，是发酵工业中常用的发酵剂之一，对人和动物无致病性，是公认安全的食品级微生物（generally regards as safe，GRAS）。

（3）明串球菌属（*Leuconostoc*） 革兰氏阳性菌，兼性厌氧，化能异养，可发酵糖类，最适温度为20～30℃。驼乳中以肠膜明串球菌为主。研究证实，肠膜明串球菌能发酵糖类产生多种酸和醇，具有高产酸能力、抗氧化能力和颉颃致病菌等能力。研究证明，生驼乳是乳酸菌的丰富来源之一（Khedid，2009），这为分离鉴定具有独特表型的优势菌株提供更多选择（Drici，2010）。

埃及的研究人员研究了从阿拉伯驼乳中分离的乳酸菌的益生菌潜力。该研究通过使用API-20STREP鉴定系统鉴定得到11个革兰氏阳性菌，如屎肠球菌、肠球菌、气球菌、乳酸乳球菌、植物乳杆菌。通过测定益生菌潜力，结果表明（图2-15），所有的分离株都显示出对伤寒沙门氏菌、大肠杆菌的抑菌特性。此外，所有的分离株都显示出对胃pH（3.0）的抗性，对0.3%胆汁盐浓度的耐受性，并且所有分离物都未出现溶血现象。

3. 杆菌 孙天松等（2006）对新疆和蒙古国地区传统发酵驼乳中乳酸菌的组成结构进行研究，发现乳杆菌为优势菌属（77%），瑞士乳杆菌为优势菌种。对埃塞俄比亚发酵驼乳乳酸菌多样性的研究发现，以乳酸杆菌科和肠杆菌科为主，分离出乳酸链球菌（*Lactococcus lactis*）、植物乳杆菌（*Lactobacillus plantarum*）、乳酸片球菌（*Pediococcus acidilactici*）、产共轭亚油酸瘤胃细菌（*Streptococcus infantarius*）等菌株（Angelina，2017）。从突尼斯骆驼乳中筛选177种菌株，对其中的20株乳酸菌菌株、14株发酵乳杆菌（*Lactobacillus fermentum*）、6株植物乳杆菌（*Lactobacillus plantarum*）的耐受力进行了测定。所有菌株均未显示黏蛋白降解或溶血活性，且都对单核细胞增生李斯特菌，金黄色葡萄球菌和大肠杆菌具有抗菌活性，其中18株菌株可以抑制沙门氏菌。

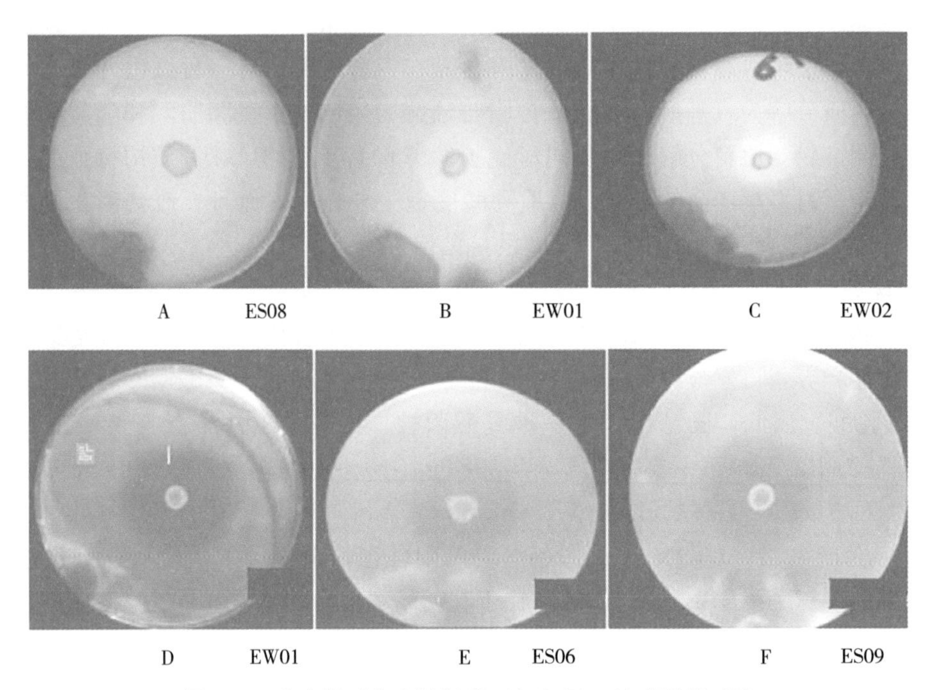

图 2-15 分离株对伤寒沙门菌（A 和 B)、流感弧菌（C）和大肠杆菌（D 至 F）的琼脂斑点颉颃作用

Shynar（2014，2015）对哈萨克斯坦的驼乳和发酵驼乳样品进行微生物鉴定，得到 109 株球菌、17 株杆菌和 12 株酵母菌。该团队在 2015 年继续对发酵驼乳中乳酸菌的多样性进行研究，鉴定出乳球菌属、乳杆菌属、明串珠菌属和肠球菌属。摩洛哥一项研究（Maha，2016）对驼乳中微生物的种类和相对准确的微生物数量范围进行了较为详细的分析，其中获得的乳酸菌数与 Bekeloum 等（2003）报道的同一地区的驼乳样本数据是一致的。

内蒙古农业大学吉日木图教授的团队采用 Illumina Miseq 测序技术测定了内蒙古阿拉善（Alxa)、苏尼特（Sonid）和新疆（Xinjiang）自然发酵驼乳中微生物菌群结构和多样性。结果发现，3 组发酵驼乳微生物群落丰度和种群存在差异，其中苏尼特发酵驼乳微生物群落丰度和种群差异性较大，细菌多样性高。这可能是 3 个不同地区不同品种双峰驼自然发酵驼乳中营养成分的差异导致了菌群多样性和丰度的不同。

该试验中，共鉴定出 4 个细菌门，分别为厚壁菌门（Firmicutes)、变形菌门（Proteobacteria)、放线菌门（Actinobacteria)、拟杆菌门（Bacteroidetes）等。26 个样品均存在相对丰度较高的菌门为厚壁菌门和变形菌门。由此可知，3 个地区双峰驼自然发酵驼乳的优势菌门均为 Firmicutes 和 Proteobacteria，绝对优势菌门为 Firmicutes。该结果与 Xu 等（2015）和 Liu 等（2015）以高通量测序技术——焦磷酸测序分别对中国新疆地区和西藏地区的自然发酵乳制品中的乳酸菌多样性分析结果一致。Nakibapher（2018）对传统发酵乳制品中的细菌群落结构进行分析发现，主要优势菌门是 Firmicutes 和 Proteobacteria。Angelina（2017）对埃塞俄比亚自然发酵驼乳中乳酸菌特性和发酵菌株的筛选结果表明，Firmicutes 和 Proteobacteria 为主要的菌门。

科水平上共得到了 16 个细菌科，相对含量最高的前 10 个细菌科为乳杆菌科（Lactobacillaceae）、链球菌科（Streptococcaceae）、乙酰杆菌科（Acetobacteraceae）、肠杆菌科（Enterobacteriaceae）、明串珠菌科（Leuconostocaceae）、未分类的乳杆菌目（unclassified-o-Lactobacillales）、粪肠球菌科（Enterococcaceae）、鼠尾草科（Moraxellaceae）、假单胞菌科（Pseudomonadaceae）和双歧菌科（Bifidobacteriaceae）。其中，阿拉善发酵驼乳中含量大于 1% 的细菌科有 Lactobacillaceae（87.08%）、Acetobacteraceae（8.37%）、Streptococcaceae（1.03%）、Enterobacteriaceae（1.71%）。苏尼特发酵驼乳中含量大于 1%的细菌科有 Lactobacillaceae（46.60%）、Streptococcaceae（28.08%）、Acetobacteraceae（10.32%）、Enterobacteriaceae（6.40%）、Leuconostocaceae（4.66%）和 unclassified-o-Lactobacillales（1.08%）。新疆发酵驼乳中含量大于 1%的细菌科有 Lactobacillaceae（63.04%）、Streptococcaceae（22.84%）、Leuconostocaceae（4.81%）、Enterobacteriaceae（4.55%）、Acetobacteraceae（1.72%）和 Enterococcaceae（1.32%）。由此可见，阿拉善发酵驼乳的主要优势菌科是 Lactobacillaceae 和 Acetobacteraceae，而苏尼特和新疆发酵驼乳的主要优势菌科均为 Lactobacillaceae 和 Streptococcaceae，只是相对含量不同。3 个不同地区双峰驼发酵驼乳的绝对优势菌科是 Lactobacillaceae。

在属水平上共得到了 24 个菌属，其中丰度最高的前 15 个细菌属分别是乳杆菌属（*Lactobacillus*）、乳球菌属（*Lactococcus*）、醋酸杆菌属（*Acetobacter*）、明串珠菌属（*Leuconostoc*）、链球菌属（*Streptococcus*）、肠杆菌属（*Enterobacter*）、柠檬酸杆菌属（*Citrobacter*）、未分类的乳杆菌目（unclassified-o-Lactobacillales）、肠球菌属（*Enterococcus*）、假单胞菌属（*Pseudomonas*）、不动杆菌属（*Acinetobacter*）、双歧杆菌属（*Bifidobacterium*）、拉乌尔菌属（*Raoultella*）、未分类的属（unclassified-f-Streptococcaceae）和巨型球菌属（*Macrococcus*）。阿拉善发酵驼乳的主要优势菌属是 *Lactobacillus* 和 *Acetobacter*，苏尼特和新疆发酵驼乳的主要优势菌属均为 *Lactobacillus* 和 *Lactococcus*。其中，*Lactobacillus* 为绝对优势菌属。

大量研究表明，发酵乳制品中含有丰富且复杂的细菌。Oki（2014）对蒙古国传统发酵乳中细菌多样性进行分析，得到 3 个门 21 个细菌属，其中 *Lactobacillus* 为优势菌属。有研究以高通量测序技术对藏族自然发酵牦牛乳微生物群落进行多样性分析，结果表明，Firmicutes 为优势菌门，在属水平上 *Lactobacillus* 占优势。利用高通量测序技术对 Tarag（发酵乳制品）进行的细菌和真菌多样性的研究，分别得到 47 个细菌属和 43 个真菌属。其中，*Lactobacillus* 为优势菌属，同时也发现了 *Lactococcus*、*Acetobacter* 等菌属。Nakibapher（2018）对传统发酵乳制品细菌群落结构进行测定，细菌属水平以 *Lactococcus*、*Acetobacter* 和 *Lactobacillus* 为主要菌属。

4. 酵母菌　酵母菌（*Saccharomyce*），单细胞高等真菌类微生物，兼性厌氧。Shynar（2015）对哈萨克斯坦的驼乳和发酵驼乳样品以 16s rRNA 方法进行了微生物鉴定。共分离出12株酵母菌，鉴定得到单孢哈萨克斯坦酵母（*Kazakhstania unispora*）、酿酒酵母（*Saccharomyces cerevisiae*）、马克斯克鲁维酵母（*Kluyveromyces marxianus*）等酵母菌。Maha（2016）对摩洛哥驼乳中的微生物进行检测发现，酵母菌平均数量为3.1×10^{6} CFU/mL，霉菌平均数量为1.6×10^{5} CFU/mL。对于乳类来说，酵母菌和霉菌的数量达到这样一个水平是相当罕见的，因为天然乳中pH环境并不适合酵母菌和霉菌生长，而对细菌生长有利，适于各种细菌的生长存活（Pitt和Hocking，1997）。

Abdelgadir（2008）等鉴定了传统发酵驼乳制品Gariss中的两组酵母菌，分别是马克斯克鲁维酵母和东方伊萨酵母。同时，研究表明，马克斯克鲁维酵母和东方伊萨酵母构成了Gariss的主要酵母菌群。Abdelgadir（2008）报道，马克斯克鲁维酵母和东方伊萨酵母总计数的平均数量分别为33～88 CFU/mL和12～67CFU/mL。Gariss中的酵母菌数量很高，表明它可能在驼乳发酵过程中起重要作用。

在驼乳发酵制品Suusac中，Lore等（2005）从传统的Suusac样品中分离出约30种酵母，鉴定出克鲁斯氏念珠菌（*Candida krusei*）、帚状地霉（*Geotrichum penicillatum*）和胶红酵母（*Rhodotorula mucilaginosa*）。克鲁斯氏念珠菌是Suusac的主要酵母菌群，其中约50%的克鲁斯氏念珠菌被分离出来。Frazier和Westhoff（2001）报道，克鲁斯氏念珠菌已被用于乳品发酵，以维持乳酸菌的活性，并延长其寿命，这意味着克鲁斯氏念珠菌和乳酸菌在Suusac生产中存在共生作用。另外，Jay（1992）观察到克鲁斯氏念珠菌由于其独特的蛋白水解活性而对可可豆发酵过程中产生的风味起着至关重要的作用。由此推测，克鲁斯氏念珠菌有可能在Suusac的风味发展中扮演类似的角色。此外，从Suusac中也分离出了与Suusac的风味和香气有关的青霉菌和毛霉菌。

在传统驼乳制品舒巴特（Shubat）中，Rahman等（2009）分离出15种酵母，包括马克斯克鲁维酵母、单孢卡氏菌（*Kazachstania unispora*）、假丝酵母（*Candida ethanolica*）。其中，单孢卡氏菌是Shubat的主要酵母菌群。另外，哈萨克斯坦研究表明，在Shubat中发现了5种酵母菌种。其中，哈萨克斯坦单胞菌、酿酒酵母和乳酒假丝酵母（*Candida kefyr*）占主导地位。更罕见的是，此篇研究分离出了不常见的酵母菌种——酒香酵母（*Brettanomyces*）和地丝菌属酵母菌（*Galactomyces geotrichum*）。

（三）传统发酵驼乳方法

1. Gariss Gariss是一种通过半连续或补料分批发酵制成的全脂酸奶，是一种比较粗糙的野外发酵方法，发酵过程可以持续数月（Dirar，1993；Mirghani，1994；Abdelgadir，2008）。

先前的研究发现，Gariss细菌总数的平均数量为7.3～8.7CFU/mL（Hassan，2008；Abdelgadir，2008）。链球菌和乳酸杆菌的平均数量分别为7.3～8.4CFU/mL和7.8～8.7CFU/mL（Abdelgadir，2008）。相比较而言，Hassan等（2008）检测到了含量较低的链球菌和乳酸杆菌，这可能是由于Gariss样品的来源和取样时间的不同所致。

Gariss 中好氧嗜温菌平均数量介于 7.11～8.36CFU/mL；Hassan 等（2008）在 Gariss 中没有检测到大肠菌群，而 Sulieman 等（2007）的一项研究显示，Gariss 中存在的大肠菌群的平均数量介于 3.2～3.5CFU/mL。

2. Suusac Suusac 也是通过半连续或分批发酵的过程制备的发酵驼乳制品。Lore 等（2005）从传统 Suusac 样品中分离出 45 个乳酸菌，分别鉴定为曲乳杆菌、曲柄乳杆菌、唾液乳杆菌、乳酸菌。据报道，Suusac 的优势菌为肠系膜菌，肠系膜菌占 24%，另一较为优势菌种为植物乳杆菌，占 16%。除此以外，还研究了不同生产方式 Suusac 的微生物数量，结果表明，传统方式制备的 Suusac 和实验室生产的 Suusac 的微生物总数分别为 9.03CFU/mL 和 9.15CFU/mL，大肠菌群总数量为 1.0CFU/mL。实验室生产的 Suusac 中酵母菌和霉菌数量高于传统方式制备的 Suusac。

3. Shubat Shubat 是一种半连续或补料分批发酵的自制发酵驼乳，传统上用生驼乳或稀释的驼乳制备。Shubat 还可以通过添加起始培养物来改善口感，如干酪乳杆菌、嗜热链球菌和接种于乳中的发酵酵母（Kuliev，1959）。

Shubat 中总乳酸菌平均数量介于 6.8～7.6CFU/mL（Rahman，2009）。此外，在 Shubat 样品中检测出酵母的存在，其平均数量介于 4.3～4.7CFU/mL，没有检测到霉菌和大肠菌群（Rahman，2009）。

第二节 驼乳的理化性质

驼乳是一类含有脂肪乳化分散相和水性胶体连续相的复杂的胶体分散系。其物理性质与水相似，但是由于在连续相中含有蛋白质、乳糖和盐等多种溶质及分散有乳化性或胶体性的物质，其理化性质有了较大变化。驼乳的理化性质在驼乳品工业中十分重要。驼乳的物理性质参数对加工工艺和设备的设计具有重要意义（如热导率），可用来测定驼乳中特定成分的含量（如相对密度的测定可评估非脂乳固体含量），评价乳品在加工过程中的生化变化（如酶凝的变化）。由于驼乳的样品采集、分析方法、泌乳期、骆驼品种及饲喂条件的不同，不同研究人员所报道的驼乳的理化性质差异较大。

一、密度与相对密度

乳的相对密度测定以 15℃为标准，即 15℃时一定体积乳的重量与同体积同温度水的重量之比。液体相对密度可以反映食品的浓度和纯度。在正常情况下，各种液体食品都有一定的密度范围。当这些液体食品中出现掺杂、脱脂、浓度改变时，均可出现密度的变化。因此，测定密度或相对密度可初步判断液体食品质量是否正常及其纯净程度。中国双峰驼与世界各地单峰驼乳密度及相对密度参数值见表 2-53。

表 2-53　中国双峰驼与世界各地单峰驼乳密度及相对密度参数值

种类	数据来源	密度（g/cm^3）	相对密度
单峰驼	EI-Erian（1979）	—	1.028～1.038
	El-Agamy（1986）	—	1.043
	El-Agamy（1994）	—	1.050
	Farah（1993）	—	1.025～1.032
	Khanna 和 Rai（1993）	—	1.030
	Wangoh（1997）	—	1.028～1.033
	lqbal（1999）	—	1.030
	Laleye（2008）	1.029	—
	Ayadi 等（2009）	1.018～1.038	—
	Z Farah（2011）	1.026～1.035	—
	Babiker（2014）	1.013～1.047	—
	Nurseitova（2014）	1.030～1.032	—
	Yoganandi Jaydeep（2014）	—	1.029
	Maha Alaoui Ismaili（2016）	1.026	—
双峰驼	吉日木图（2006）		
	阿拉善驼	—	1.022～1.034
	戈壁红驼	—	1.024～1.036
	野驼	—	1.038～1.040
	赵电波（2006）	—	1.028～1.045
	朱敖兰（2008）	—	1.034
	罗晓红等（2014）	—	1.028～1.045
	徐敏等（2014）	—	1.035
	Zhao（2015）	1.028～1.040	—
	董静（2016）	—	1.030～1.034
	张梦华等（2016）	—	1.029～1.035
	古丽巴哈尔·卡吾力等（2017）	—	1.202

驼乳的密度及相对密度的集中度很高，介于 1.013～1.047、1.028～1.202（表 2-54）。研究发现，影响驼乳相对密度的主要因素是脂肪和无脂干物质的含量，脂肪含量减少和无脂干物质含量增加都会使乳相对密度增加（赵电波，2006）。此外，马乳、驼乳、驴乳及牛乳的相对密度分别为 1.031、1.202、1.000、1.029，其结果均具有显著性差异（$P<0.05$）（古丽巴哈尔·卡吾力等，2017）。因此，可用乳间相对密度的差异初步判断乳是否正常及其纯净程度。

二、酸度与酸碱缓冲性能

驼乳，通常是白色不透明液体，味甜，少数微咸，气味的改变与饲料和饮用水有关，由于乳蛋白分子中含有较多的酸性氨基酸和自由羧基，且受磷酸盐等酸性物质的影响，所以乳是偏酸性的。一般情况下，乳中的自然酸度与其组成成分，如酪蛋白、白蛋白、柠檬酸盐、碳酸盐和二氧化碳有关。目前世界各地报道的单峰驼乳的 pH 及酸度指标见表 2-54，中国各地报道的双峰驼乳的 pH 及酸度指标见表 2-55。

世界各地驼乳的 pH 为 6.00～6.91，单峰驼乳的 pH 为 6.00～6.91，双峰驼乳的 pH 为 6.23～6.79。Ohri 和 Joshi（1961）研究发现，驼乳挤出 2h 后酸度下降 0.03%，6h 后上升到 0.14%，同时发现在 30℃条件下驼乳在 8h 后变酸，而牛乳在 3h 内变酸。Yagil 等（1984）报道，牛乳在 30℃条件下储藏 48h 后变酸，而驼乳在同样的条件下保存 7d 不变酸。董静等（2016）对驼乳理化指标的月变化和季节变化规律进行研究，其中在月变化中，酸度以 3—5 月和 9—10 月较低，最低酸度为 0.15～0.17；在季节变化中春季的酸度最低，冬季气温最低，酸度最高。

表 2-54　世界各地报道的单峰驼乳的 pH 及酸度指标（%，以乳酸计）

资料来源	pH	酸度
Wangoh（1997）	—	0.13～0.16
Mehaia（1995）	6.61	0.14
Sawaya（1984）	6.49	0.13
Lehia（1989）	—	0.15
Mehaia 和 Al-Kanhal（1989）	6.50	0.13
Elamin 和 Wilcox（1992）	—	0.15
Farah（1993）	6.56～6.70	—
Gorban 和 Izzeldin（1997）	6.00～6.79	—
Mehaia（1995）		
Majaheim	6.61～6.68	0.14～0.15
Wadah	6.61～6.68	0.13～0.15
Hamra	6.61～6.68	0.13～0.15
Raghvendar（2004）	6.30～6.60	0.154
SalwaBornaz（2009）	6.51～6.57	0.15～0.16
Javaid（2009）	6.65～6.66	—
GaukharKonuspayeva（2010）	6.13～6.91	—
Farah（2011）	6.20～6.50	—
Ansaikhan（2011）	6.53～6.77	—
Babiker 等（2014）	—	0.16～0.22
YoganandiJaydeep（2014）	—	0.141～0.147
MahaAlaoui（2016）	6.47	0.19～2.72
Raghvendar（2017）	6.24～6.60	0.09～0.15

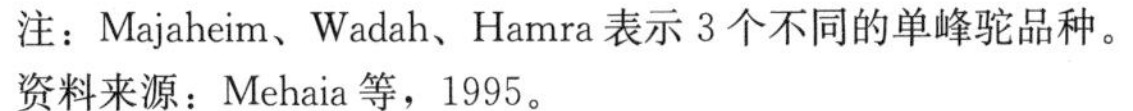
注：Majaheim、Wadah、Hamra 表示 3 个不同的单峰驼品种。
资料来源：Mehaia 等，1995。

表 2-55 中国各地报道的双峰驼乳的 pH 及酸度指标（%）

资料来源	pH	酸度
赵电波（2006）	6.31～6.53	0.17～0.24
吉日木图（2006）	—	—
阿拉善双峰驼	6.23～6.40	0.16～0.18
戈壁红驼	6.26～6.44	0.16～0.19
野骆驼	6.29～6.31	0.16～0.19
朱敖兰（2008）	6.55	0.33
Bai YH（2009）	6.31～6.53	0.17～0.24
罗晓红等（2014）	6.35～6.79	0.17～0.23
徐敏等（2014）	6.35～6.59	0.18～0.23
Zhao D（2015）	6.37～6.57	0.17～0.20
董　静（2016）	—	0.17～0.19
古丽巴哈尔·卡吾力等（2017）	—	0.04

缓冲能力是乳的重要特征，即维持加酸或加碱后 pH 不变的能力。pH 缓冲力可抑制溶液中［H^+］的变化。乳的缓冲性能力以缓冲指数 dB/dpH［1L 乳 pH 变化 1 个单位所需酸或碱的物质的量］表示，它是滴入乳中的强酸或强碱的物质的量（mol）对溶液 pH 绘制的曲线的斜率，可按下式计算：

$$\frac{dB}{dpH}=\frac{\text{加入酸或碱的体积}\times\text{溶液的物质的量}}{\text{样品的平均体积}\times\text{pH 的变化}}$$

乳中主要含有可溶性磷酸钙、柠檬酸盐和二碳酸等盐类，同时还有多种蛋白质、氨基酸侧链等有效缓冲成分，所以乳是一种缓冲体系，对酸碱具有一定的缓冲能力。

当乳先用酸酸化时，驼乳最大的缓冲作用发生在 pH 近似 4.4 处，dB/dpH 为 0.083，同时驼乳在酸化过程中 pH 近似 4.9 处出现另一个缓冲峰，dB/dpH 为 0.051（图 2-16），这可能是由于胶体磷酸钙、天冬氨酸和谷氨酸残基及柠檬酸盐综合作用的结果；而牛乳最大的缓冲作用发生在 pH 近似 5.1 处，dB/dpH 为 0.042（图 2-17）。Park 等（2006）研究认为，乳的强抗 pH 变化的性质与乳中总氮的含量有关。另有研究报道，缓冲溶液的缓冲能力与缓冲成分的含量密切相关。赵电波（2006）研究表明，内蒙古阿拉善双峰驼乳蛋白质及钙的含量比牛乳高，而驼乳的缓冲能力较牛乳强，与之相符。缓冲蛋白分子的理化专一性和立体构型的差异在滴定媒介中会导致暴露不同的 H^+，而影响其缓冲性。酪蛋白胶粒是乳胶体系统的主要影响因素，决定乳的稳定性，就胶粒大小而言，阿拉善双峰驼乳中的酪蛋白与牛乳存在差异。本次研究结果表明，阿拉善双峰驼乳中含有大量的直径较大的酪蛋白胶粒，且平均直径是牛乳酪蛋白的 2 倍多，阿拉善盟双峰驼乳比牛乳有较高的缓冲能力，出现第 2 个缓冲峰可能是因为其酪蛋白胶粒直径比牛乳大。Kappeler 等（1998）研究认为，驼乳较其他食用畜乳中具有较高含量的β-酪蛋白和较低含量的κ-酪蛋白。阿拉善盟双峰驼乳与牛乳的缓冲差异性是否与β-酪蛋白和κ-酪蛋白的含量有关，需要进一步证实。阿拉善盟双峰驼乳由 pH 6.6 滴定到 pH 2.0 时消耗 8.8mL 0.5mol/L HCl，而牛乳消耗 6.8mL，所以与牛乳相比，驼乳对酸具有更强的缓冲性。这一特性对于胃溃疡的患者来说，食用驼乳可以起到辅助治疗的作用。

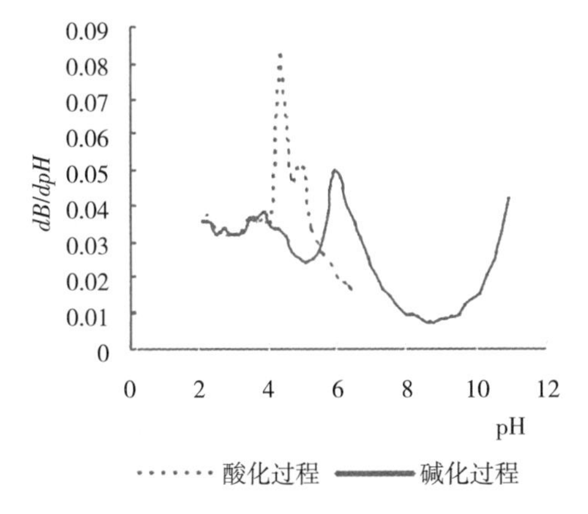

图 2-16　驼乳先酸化后碱化的缓冲曲线

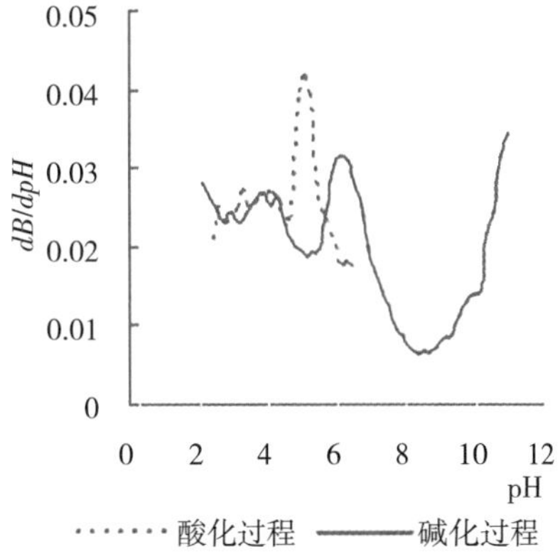

图 2-17　牛乳先酸化后碱化的缓冲曲线

当乳样先用碱碱化，后用酸进行返回滴定时，在酸化过程中驼乳最大缓冲作用发生在 pH5.0 处，dB/dpH 为 0.047。同时，驼乳在碱化过程中 pH 近似 7.0 处出现另一个缓冲峰（图 2-18）；牛乳最大的缓冲作用发生在 pH 近似 5.4 处，dB/dpH 为 0.032（图 2-19），这表明驼乳与牛乳缓冲物质的组成不同。乳样碱化后用酸返回滴定时曲线形状相近，与在滴定曲线上观察不到“弧形线”一致。由于往前和返回滴定曲线的不一致性，因此采用返回滴定方式比双向滴定更能反映乳的缓冲特性。另外，通过绘制 dB/dpH-pH 曲线可以更有效地确定滴定过程中缓冲能力的变化。

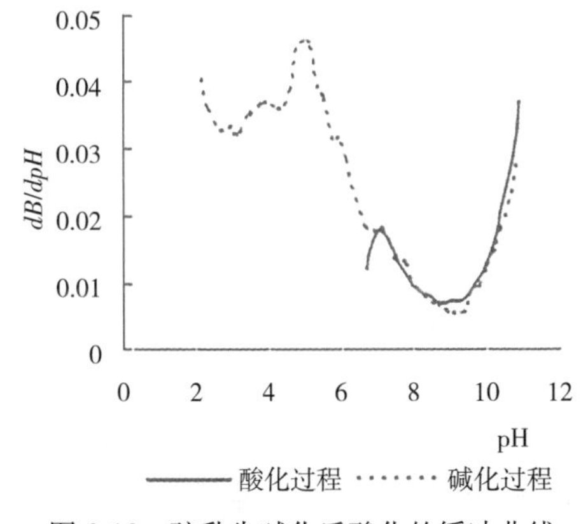

图 2-18　驼乳先碱化后酸化的缓冲曲线

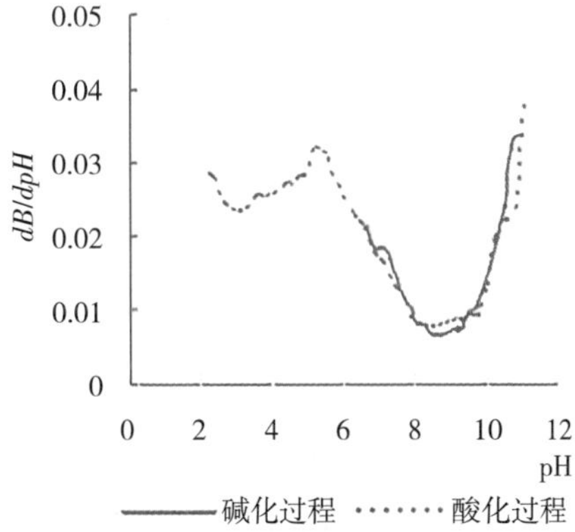

图 2-19　牛乳先碱化后酸化的缓冲曲线

驼乳的缓冲作用可以影响驼乳干酪生产加工过程中的 pH 变化速率，进而影响其诸多理化性质。赵电波（2006）认为，驼乳在往前和返回滴定过程中的曲线是不一致的，可能与驼乳中胶体磷酸钙的变化有关。由于乳中含有蛋白质、磷酸盐、碳酸盐和柠檬酸盐等诸多缓冲物质，而这些物质在不同产乳畜及不同泌乳阶段乳中的含量有一定的差异，所以测定驼乳的缓冲性能有助于全面认识驼乳的构成，从而为开发利用驼乳及其制品提供科学的依据。

三、黏度与表面张力

（一）黏度

黏度在乳品加工方面有重要意义。正常的乳其黏度在20℃时为1.5～2mPa·s，乳的黏度随温度升高而降低。

阿拉善双峰驼泌乳2h的乳样黏度为24.66mPa·s，显著高于12h至90d的样品黏度（$P<0.05$），这主要与干物质含量有关；Yoganandi（2014）对巴基斯坦的5个卖场的驼乳（每个卖场采集25个样品）进行了鉴定，得出其黏度介于1.34～1.86mPa·s（Javaid，2009）。而单峰驼乳的黏度为1.77mPa·s。

在乳的成分中，脂肪及蛋白质对黏度的影响最为显著。脂肪的作用在很大程度上取决于脂肪球的聚集。驼乳的高黏度可能归因于小絮状物颗粒。随着乳中含脂率及乳固体的含量增高，黏度也相应增高。初乳、末乳的黏度都比常乳高。此外，在加工中，黏度受脱脂、杀菌、均质等操作的影响。

（二）表面张力

乳的表面张力与乳的起泡性、乳浊状态、微生物的生长发育、热处理、均质作用及风味等有密切关系。测定表面张力的目的是为了鉴别乳中是否混有其他添加物。

驼乳表面张力为（57.97～58.81）$\times 10^{-5}$ N/cm，略高于奶牛乳及水牛乳。酪蛋白、乳清蛋白及蛋白质-磷脂复合物均为乳中表面张力的抑制剂，其中蛋白质-磷脂复合物抑制作用最强，它们显著降低了牛乳的表面张力（Watson，1958）。因此，驼乳的表面张力较高可能是因为其脂肪与蛋白含量较低。

驼乳的表面张力随温度上升而降低，随含脂率下降而增大。对于骆驼类动物，发现表面活性剂与水分子的内聚能在前800s内能更有效地降低表面张力。也可以得出结论，酸乳清即使在90℃也保持了柔韧性和界面性质。然而，对于甜乳清来说，在70℃和90℃热处理30min后，蛋白质的张力活性降低。乳清蛋白在空气水界面的表面张力变化不仅与乳清的pH有关，而且与热处理后可溶性蛋白质的变性能力有关。Lajnaf和Palmade（2017）对3种乳蛋白混合物的气泡性和界面性质进行的研究结果表明，在所有的驼乳和牛乳混合物中，β-酪蛋白的量较高，得到最大的泡沫。蛋白质吸附层主要受β-酪蛋白分子存在的影响，β-酪蛋白分子可能是界面上最丰富的蛋白质，并且最有效地降低界面性质。

四、流变学特性

研究流变的流变性时，按照剪切应力和剪切速率的关系，可以把流体分为牛顿型流体和非牛顿型流体。非牛顿型流体又分为时间依赖型流体和非时间依赖型流体。对于非时间依赖型的假塑性流体，可以用幂定律来表示其剪切应力和剪切速率的关系。食品流变学是在流变学的基础上发展起来的，以弹性力学和流变力学为基础，主要应用线性黏弹性理论，研究食品在小范围形变内的黏弹性及变化规律。测定食品的流变性对于鉴别、控制食品的质量、设计、改善相关加工设备具有重要意义。

酸乳是一种凝胶型食品，流变学特性对于其有重要意义。酸乳的流变学特性指的是酸乳的流动和形变随时间和力的变化而表现出的性质，常用来描述和评价酸乳的质地，如弹性、黏性和硬度等。此外，酸乳的流变学特性也被认为与其自身食品的质结构有关，反映了酸乳的感官品质。从20世纪80年代开始，国内外学者研究发现其黏度与其非脂乳固体和脂肪含量、发酵剂的种类、培养温度有关，还与酸乳在加工过程中搅拌、冷却、储运有关。其中，发酵剂的种类影响很大。一般采用应力扫描分析弹性模量（G'）与黏性模量（G''）的大小关系分析酸乳的流变学性质。其中，弹性模量（G'）的大小体现的是体系受外力作用时发生形变程度，黏性模量（G''）的大小体现的是体系受外力作用时阻碍体系发生形变的特性。当$G'>G''$时，发酵乳的弹性形变大于黏性形变，呈现出一定的刚性行为；当$G'<G''$时，发酵驼乳的弹性形变小于黏性形变，呈现出一定的流体性质。对5组经过不同热处理的发酵驼乳样品进行应力扫描，5种发酵驼乳样品均表现出$G'>G''$，两种模量的大小基本保持不变，这说明样品的凝胶网络结构未在此应力作用下导致的形变中遭到破坏，仍具有较强的弹性，表现出固体行为；而随着应力的逐渐增大，当应力大小超过临界值时，G'和G''开始减小，样品的凝胶网络结构由慢慢流动到凝胶结构出现部分崩塌，此时样品表现出流体行为（熊磊，2016）。5组经过不同热处理的发酵驼乳样品，在应力扫描过程中，G'和G''的变化程度和变化速率不一样。90℃，2s处理的样品具有最广的线性黏弹区，表明经过该条件热处理后，发酵驼乳仍具有较为坚固的凝胶网络结构。

五、光学性质

乳是一个复杂的胶体分散系，其中分散的脂肪球、酪蛋白胶粒、乳清蛋白在溶有各种溶质的溶液中，不仅可吸收几个波段的光，而且可产生散射。乳中核黄素可在470nm（使乳清呈黄色）处有强的吸收，并可在530nm处激发荧光。胡萝卜素（存在于脂肪球中）可在460nm处有吸收光，这一色素也是脂肪呈黄色的物质。在紫外区，蛋白质中的芳香族氨基酸残基（酪蛋白和色氨酸）在近280nm处有强的吸收，在340nm处有部分紫外辐射线激发荧光，测定这一荧光的强度可定量测定乳蛋白含量。乳脂肪在220nm处有2个吸收峰。乳脂肪和酪蛋白胶粒可散射光，通过散射光强和透射光强可测定乳中脂肪含量和脂肪球大小的分布，主要是测定其浊度，即以吸光度或关系度来表示。乳的表面散射和吸收光特性在很大程度上反映了乳的外观视觉特点。

驼乳的折射率为1.342 3，略低于奶牛乳折射率（1.345 9）及水牛乳折射率（1.346 4）。乳的折射率主要取决于乳中固形物。驼乳的折射率较低可能是因为其所含有的 SNF（非脂乳固体）含量较低。

驼乳黄油的折射率为 1.453 0，在 Agamy（2006）报告的范围内（1.449 0～1.471 4）。然而，它高于 Orlov 和 Servetnik-Chayala（1984）报道的折射率的值（1.449 0）。观察到的较高的 RI 值可能是由于在驼乳脂中长链脂肪酸（C_{14}～C_{18}）的比例较高。

六、热学性质

冰点是生乳的主要理化指标之一，纯水的冰点为 0℃。乳中含有一定浓度的可溶性乳糖和氯化物等，其冰点较纯水低。单峰驼乳的冰点为－0.519～－0.517℃，低于牛乳的冰点－0.56～－0.51℃，两者冰点的差异可能与驼乳中盐或者乳糖含量高有关（Jaydeep，2014）。叶东东等（2017）以双峰驼乳为研究对象，针对某驼乳加工企业全年收购驼乳的质量检验记录，调查驼乳冰点的分布，分析驼乳冰点和化学成分间的关系。结果发现，驼乳冰点的分布范围较广，分散度较高，全年平均冰点主要集中在－0.68～－0.56℃，但各月之间差异较大，其中 3 月有 17.7％的驼乳样本冰点＞－0. 560℃，5 月有 16.59％的驼乳样本冰点＜－0.680℃；受骆驼季节性繁殖特性和草场质量周期性变化的影响，驼乳化学成分在一年内发生显著性变化并对冰点产生重要影响。Javaid（2009）对巴基斯坦 5 个卖场的驼乳（每个卖场采集 25 个样品）进行了鉴定，其冰点为－0.440～－0.551℃。

七、电学性质

（一）电导

乳不是电的良导体，但由于乳中含有电解质而具有导电性。乳的电导与其成分，特别是氯离子、铁浓度和乳糖的含量有关。阿拉善双峰驼分娩后第 30 天和第 90 天时的乳样的电导率分别为 $0.400\times10^4\mu S/cm$ 和 $0.547\times10^4\mu S/cm$。患乳腺炎时乳中 Na^+、Cl^- 等离子增多，电导上升。一般电导超过 0.06S，即可认为骆驼出现病态。

（二）电势

乳中含有很多具有氧化还原作用的物质，如维生素 B_2、维生素 C、维生素 E、酶类、溶解态氧、微生物代谢产物等。乳中进行氧化还原反应的方向和强度取决于这类物质的含量。氧化还原电位可反映乳中进行的氧化还原反应的趋势。氧化还原电位是衡量电极反应趋势的参数和判断氧化还原反应是否进行的依据。一种物质的还原电位越大，表明它越容易还原，即该物质越容易从其他物质获取电子，并将其他物质氧化，本身是越强的氧化剂。在 25℃下，乳与空气相平衡，且 pH 6.6～6.7 时，乳的氧化还原电位 Eh 为＋0.23～＋0.35V。在 pH 约为 10 时氧化还原电位是＋0.20，而 pH3.5 时氧化还原电位为＋0.395。

乳与乳制品的氧化还原电位直接影响着其中微生物生长状况和驼乳成分的稳定性，降低其乳品的氧化还原电位可有效抑制需氧菌的生长繁殖，显著降低乳品中易氧化营养成分的氧化分解，如脂肪的氧化分解。因此，在生产实践中，可通过脱除乳品中溶氧的含量、调整乳品中氧化或还原性物质的含量比例和改变这些成分的存在状态来达到降低氧化还原电位的目的，从而延长乳品的保质期，如乳品的真空包装或充氮包装；酸乳的乳酸菌发酵降低乳品的氧化还原电位而延长了保质期。有关驼乳平衡时氧化还原电位的资料缺乏，其原因主要是驼乳中大多数的氧化还原反应达到平衡是个缓慢的过程，且一些是不完全可逆的，导致测定困难、数据缺乏，有待于进一步研究。

八、酶凝性质

由于将驼乳制成干酪的技术要比其他畜乳困难，所以牧民大多是直接食用驼乳或是食用自然发酵的驼乳。大多数研究结果表明，用驼乳制成干酪时主要的技术难题是如何使驼乳凝结。掌握驼乳的酶凝特性及影响驼乳凝结的因素，为合理开发利用驼乳及其制品提供了科学依据。

目前，世界上关于驼乳的酶凝性报道很少，尽管偶有报道，但是大多研究者报道的结论相互矛盾。有些研究者认为，除非驼乳与奶牛乳、山羊乳和水牛乳等其他家畜乳混合，否则不能被凝乳酶凝结。而有些研究者认为，只要使用大剂量的凝乳酶，也可以使驼乳凝结，用商用凝乳酶粉（活力 1∶100 000）对 10 峰骆驼不同驼乳样进行研究的结果表明，使用同样剂量的凝乳酶，驼乳的凝集时间是牛乳的 2～3 倍。

Salwa（2010）对驼乳、牛乳、山羊乳和母羊乳进行了物理化学特性和理化性质的比对发现，驼乳浊度的变化与其他三类乳的变化完全不同。驼乳显然不能形成真正的凝乳结构。事实上，由酶法引起的凝结不会产生凝乳，而形成缺乏硬度的薄片。此外，胶束状态的突然消失是单峰驼乳极端脆弱和无法转化为乳制品的可能原因之一（Attia 等，2001）。

影响驼乳凝乳的因素有以下 3 点：

（1）温度　由图 2-20 可知，在相同酶用量及乳样 pH 相同（6.65）的条件下，在 25～40℃时，随温度的升高，驼乳和牛乳的酶凝时间都表现出减少的趋势，但是驼乳的酶凝时间较牛乳长。

（2）酶浓度　Ramet（1987）用不同浓度的凝乳酶溶液研究了索马里驼乳的酶凝特性，结果表明，驼乳的酶凝时间是牛乳的 2～3 倍，通过增加凝乳酶浓度，酶凝时间逐渐降到一个稳定值。但驼乳和牛乳的酶凝时间仍有差异，且驼乳凝块的韧性较低。要使驼乳和牛乳具有相同的凝乳速度，驼乳中需加入的凝乳酶是牛乳所用凝乳酶的 4 倍。

（3）pH 和离子强度　乳的凝结也受 pH 和离子强度的影响。降低驼乳的 pH 和增加 Ca^{2+} 浓度都能缩短凝乳时间。Mehaia（1989）研究表明，当驼乳的 pH 由 6.6 降到 5.6 时，凝乳时间明显缩短。Ramet（1987）利用 $CaCl_2$ 和 $Ca(H_2PO_4)_2$ 来增加驼乳中 Ca^{2+} 浓度，研究 Ca^{2+} 浓度对凝乳时间的影响，结果表明，驼乳和牛乳的凝结时间都减

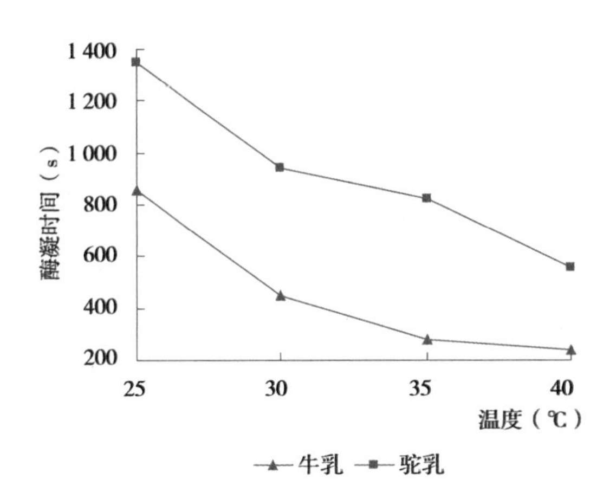

图 2-20　驼乳与牛乳酶凝时间随温度变化的曲线

少，在限量范围内，随盐量的增加，凝结时间连续减少，钙盐的加入量在每 100L15g 时，能缩短一半的凝乳时间，且不会增加干酪的苦味。尽管改变 pH、升高温度和增加 Ca^{2+} 浓度对驼乳和牛乳的影响是一致的，但驼乳与牛乳的凝乳时间仍有差别。

九、乙醇稳定性

乙醇稳定性是人们常用来检测乳新鲜度的主要指标。当乳酸败时，由于酪蛋白胶粒所带的净电荷数减小，在乙醇的脱水作用下，酪蛋白胶粒稳定性大大降低，出现絮状沉淀，用这种方法在检验乳新鲜度方面取得较好效果，已广泛应用于乳品工业中。其中，混合相同体积的乳样（2mL）和乙醇溶液（水/乙醇 10%、20%、30%、40%、50%、60%、70%、80%、90%、100%），室温下以不能使乳产生凝集的最大乙醇浓度作为乳的乙醇稳定性。双峰驼乳的乙醇稳定性（75%±2.0%）稍低于牛乳的乙醇稳定性（77%±2.0%），这可能与两者的钙含量不同有关（驼乳中钙的含量高于牛乳）。

在驼乳与牛乳样中加入 NaCl、KCl 后，乙醇稳定性显著下降（$P<0.01$）（图 2-21、图 2-22）。当驼乳中加 NaCl、KCl 的浓度为 10%时，乙醇稳定性下降到 49%，而对照为 75%，这可能与离子平衡有关。Horne 和 Parker（1983）研究指出，牛乳中加入 NaCl 后最大乙醇稳定性降低。Horne 和 Muir（1990）在研究乳蛋白的乙醇和热稳定性时认为，HPO_4^{2-} 是 Ca^{2+} 有效的多价螯合剂，升高 pH 会降低游离 Ca^{2+} 的水平，因此会增加乳的乙醇稳定性（图 2-23）。在研究 pH 对驼乳和牛乳乙醇稳定性的影响时发现，当 pH 为 6.0～7.6 时，随 pH 的升高，牛乳和驼乳的乙醇稳定性均升高（图 2-24）。在 pH 6.0～6.8 时，驼乳的乙醇稳定性高于牛乳；当 pH 为 6.8～7.6 时，牛乳的乙醇稳定性高于驼乳，但是从曲线总的上升趋势看，牛乳的乙醇稳定性高于驼乳。这可能与两者酪蛋白的组成有关，其机理有待于进一步研究。驼乳乙醇稳定性受热处理的影响有显著降低趋势（$P<0.05$）（杨洁等，2013）。随着温度的升高和热处理时间的延长，驼乳的乙醇稳定性有逐渐降低的趋势（图 2-25）。温度越高，乳的乙醇稳性越低。热处理时间越长，乙醇稳定性随着时间的延长显著降低（$P<$

0.05)。温度对乳样胶体的亲水性有影响，这可能是升高温度使驼乳胶体的亲水能力发生变化，从而导致其稳定性的降低。

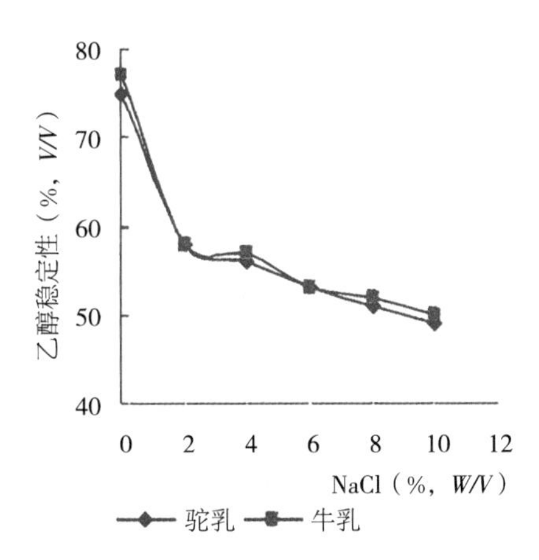

图 2-21 Na^{+} 对乳样乙醇稳定性的影响

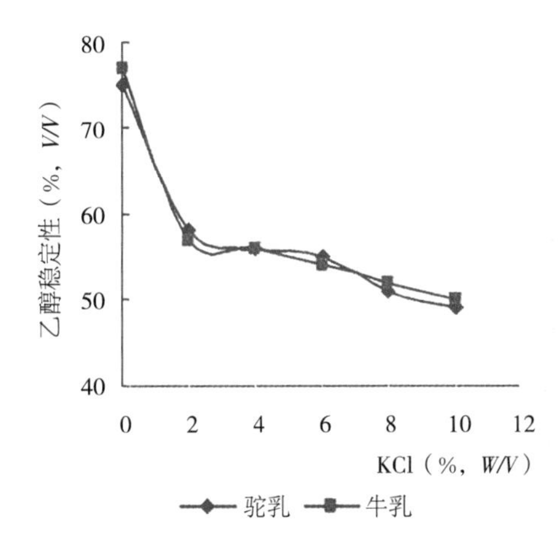

图 2-22 K^{+} 对乳样乙醇稳定性的影响

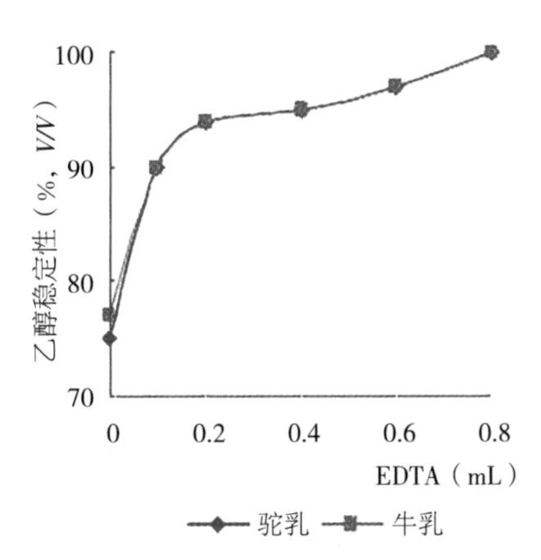

图 2-23 Ca^{2+} 对乳样乙醇稳定性的影响

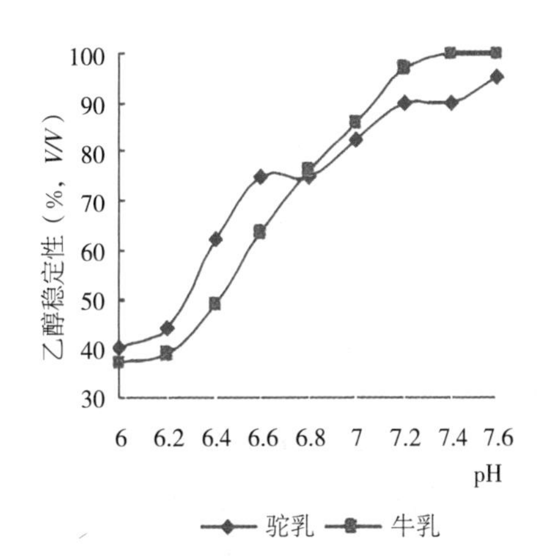

图 2-24 pH 对乳样乙醇稳定性的影响

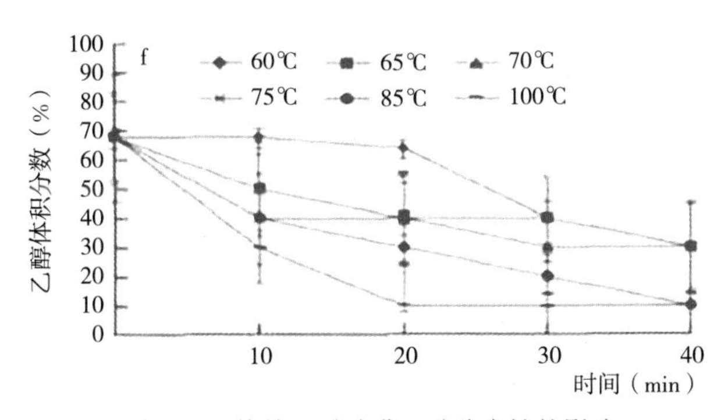

图 2-25 热处理对驼乳乙醇稳定性的影响

驼乳的理化性质、营养成分的组成及其比例都与牛乳有区别，所以驼乳原料乳的检验指标及其加工工艺条件都与牛乳不尽相同。如果按照牛乳乙醇阳性乳的标准来检验鲜驼乳，将有50%以上的鲜驼乳被视为乙醇阳性乳。除此之外，驼乳的乙醇稳定性

还受骆驼的品种、饲养条件、地域等因素的影响。一般乳酸度越高，乳的热稳定性就越低，乙醇稳定性值越高，乳就越新鲜。所以原料驼乳的初级检验标准可以定为：滴定酸度≤29°T，乙醇稳定性值≤50%。

乳是一种多分散相的胶体体系，其中蛋白质（酪蛋白）对其稳定性起着关键作用。而pH对其胶体稳定性有重要影响，在有乙醇存在的情况下，乙醇可能脱去乳中酪蛋白胶粒表面的水化层，加剧了pH的影响。豆智华（2013）对鲜驼乳储存温度、时间与其微生物指标及各种螯合剂和乙醇稳定性之间的关系进行了研究，试验中pH为6.0～6.2时，驼乳的乙醇稳定性显著增加（$P<0.05$）。可能是pH影响蛋白质的电荷性质，酪蛋白胶粒表面吸附膜的带电情况会受到影响，所以胶体的稳定性也会受到极大的影响。并且，提高pH会降低游离Ca^{2+}的水平，从而增加了乳的乙醇稳定性。驼乳的乙醇稳定性随着其中游离Ca^{2+}浓度增大而降低。试验中，焦磷酸钠和磷酸氢二钠可以显著提高驼乳体系的pH（$P<0.05$）。磷酸二氢钠、磷酸氢二钠、乙二胺四乙酸二钠和柠檬酸钠能够明显提高驼乳的乙醇稳定性。而驼乳的乙醇稳定性与焦磷酸钠的浓度呈负相关。这些螯合剂有效地螯合了胶体Ca^{2+}，使得Ca^{2+}从酪蛋白胶束上脱离下来，减少胶束间聚集的可能性，尤其是在乙醇存在时，酪蛋白胶束更容易发生聚集，因而提高了乳的乙醇稳定性。

十、起泡性质

乳泡沫是胶体系统，其中气泡通过由乳成分构成的基质整合和稳定（Dickinson，2003）。用于乳泡沫生成的表面活性剂主要是蛋白质，其特征在于它们能够：①在空气/水界面吸收，导致表面张力降低。②在定向后在界面处扩散。乳蛋白的起泡行为由其结构、组成和物理特征决定，如氨基酸序列组成、物质的量、三级结构、表面电荷和疏水性（Borcherding，2008）。乳蛋白可分为两大类，具有非常不同的表面流变性质：柔性酪蛋白和球状乳清蛋白。柔性酪蛋白没有三级结构，包括α_{S1}-、α_{S2}-、β-和γ-酪蛋白。而球状蛋白的特点是含有二硫桥和三级结构（Marinova等，2009；Seta等，2014）。因此，柔性蛋白在界面处的构象可以比在界面上吸附后仍保持其分子形状的球状物更容易改变它们的构象（Dickinson等，2001；Rouimi等，2005）。

乳清蛋白在乳的起泡性和泡沫稳定性中起关键作用，这是由于它们的界面性质与其结构密切相关。它们的结构在很大程度上取决于化学环境和受到的热处理。在接近60℃的热处理后，在中性pH和低离子强度下，β-乳球蛋白（β-Lg）从其天然二聚体结构解离为天然单体。Kazmierski和Corredig（2003）说明在78℃下发生热变性，能够进行硫醇/二硫化物交换反应，从而形成聚集体。对于α-乳白蛋白（α-La），观察到不同的热变性行为，因为这种单体金属蛋白在中性pH下具有乳清蛋白变性的最低温度。在此温度下，尽管它含有4个二硫桥，但是由于缺乏游离巯基其不会发生聚集。据研究，在65℃形成的聚集体显示平均重均分子量（Mw）为1.6×10^{6} g/mol，而在85℃形成的聚集体显示更大的聚集体，平均 Mw 为 4.5×10^6g/mol。在 85℃下硫醇/二硫化物才开始交换反应，主要由被认为最具有活性的 $C_6\sim C_{120}$ 二硫键形成。随后，游离巯基形成分子间二硫键结合的聚集体。乳清起泡特性取决于 pH、蛋白质组成和它们在热处理后的变性程度。无论加热温度如何，乳清溶液都具有 β-Lg 和 α-La 等电点（pH 为 4～5）的最佳起泡性。

以 70℃和 90℃下热处理 30min 对从鲜牛乳和鲜驼乳获得的酸性和甜性乳清的起泡及界面性质的影响分析得知，在 70℃下热处理 30min 提高了牛乳和驼乳清的发泡性能，而泡沫的稳定性仅在酸性驼乳清中大幅度提高（图 2-26）。酸性乳清与两种乳的甜性乳清相比，得到最大的起泡性和泡沫稳定性。该试验证实了驼乳清独特的发泡特性，并强调了热处理后蛋白质组合物及其在酸性或甜味条件下的变性状态的重要性。

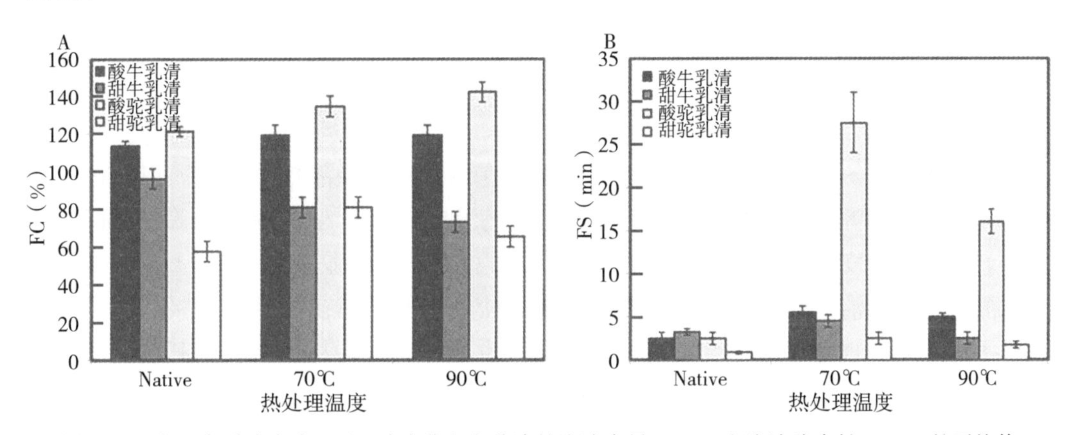

图 2-26 在蛋白质浓度为 5g/L 时驼乳和牛乳清的泡沫容量（FC）和泡沫稳定性（FS）的平均值

Lajnaf 和 Palmade（2017）以 3 种乳蛋白质混合物，牛乳 α-乳白蛋白-β-酪蛋白（M1）、驼乳 α-乳白蛋白-β-酪蛋白（M2）和 β-乳球蛋白-β-酪蛋白（β-酪蛋白），研究驼乳和牛乳蛋白的发泡特性。该项研究的最大亮点是：从驼乳中纯化驼乳 α-乳白蛋白和 β-酪蛋白。研究了驼乳和牛乳蛋白混合物的起泡和界面特性。β-酪蛋白主要影响蛋白质混合物的起泡和界面性质。图 2-27A：与 α-乳白蛋白和 β-乳球蛋白相比，β-酪蛋白能产生更好的泡沫，达到约 130％的 FC 值。此外，发现 β-乳球蛋白的涂层气泡优于 α-乳白蛋白。然而，骆驼和牛 α-乳白蛋白之间没有显著差异。柔性 β-酪蛋白和球形 β-乳球蛋白的起泡特性不仅依赖于蛋白质结构，而且依赖于 pH，当 β-酪蛋白浓度为 0.1wt％时，当 pH 高于 7 时，发泡性能更好。然而，在酸性 pH（4～5）下，由于蛋白质之间静电排斥的进一步减弱，β-乳球蛋白比 β-酪蛋白发泡得更好。图 2-27B：β-酪蛋白比牛乳 β-酪蛋白的稳定性高，达到 1 200s，驼乳酪蛋白对应值为 660s。发现 β-酪蛋白的 FS 值显著高于 β-乳球蛋白（FS＝450s）和 α-乳白蛋白。在这项研究中获得的结果表明，与球状蛋白质 α-乳白蛋白和 β-乳球蛋白相比，β-酪蛋白显示出最高的发泡性质。此外，对于牛乳和驼乳蛋白混合物，发泡性和泡沫稳定性体系随着蛋白质混合物中的 β-酪蛋白量的改变和增加而改变和增加。

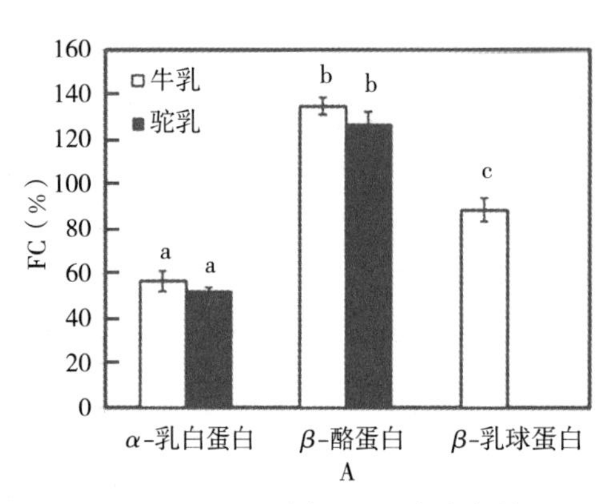

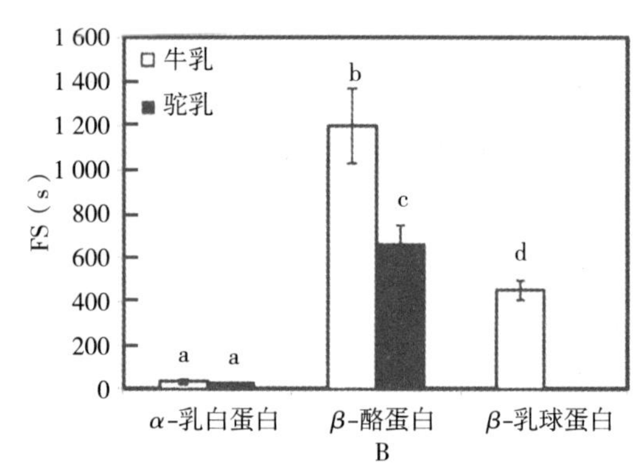

图 2-27　泡沫容量（FC）（A）和泡沫稳定性（FS）（B）

注：a、b、c代表差异显著。

十一、热稳定性

实际生产中热处理是用于抑制生鲜乳中潜在的致病菌及腐败微生物，以及破坏乳中内源性酶、外源性酶，如纤溶蛋白酶、脂肪酶及嗜冷菌产生的耐热酶等，从而达到提高乳制品质量安全、延长货架期的目的。乳的 pH、蛋白胶束结构、α-CN 组成，及其他酪蛋白、乳清蛋白含量、非蛋白氮含量、盐类平衡等诸多因素会直接或间接导致其热不稳定，并且随加热程度不同，变化规律也不尽相同，从而对乳及其制品的感官品质和产品稳定性造成影响。乳中酪蛋白的多态性、酸碱度、非蛋白氮的组成和含量及蛋白与蛋白之间的相互作用等因素同样也会影响乳的热稳定性。同时，乳成分还影响乳中无机盐的平衡及蛋白质之间的相互作用，而无机盐的平衡及蛋白质之间的相互作用也可影响乳热稳定性。

（一）热处理对驼乳中氮分布的影响

由表 2-56 可知，未经加热处理的驼乳中 NCN/TN 的比例为 23.7%，与牛乳没有明显差异，63℃加热处理条件下驼乳中 NCN/TN 为 21.7%，而牛乳为 22%，当在 80℃和 90℃加热处理条件下驼乳中 NCN/TN 分别为 17.7%和 15%，而相应的处理条件下牛乳中 NCN/TN 分别为 11%和 9.7%，表明驼乳中 NCN 受加热温度的影响较牛乳小。不同加热处理条件下驼乳中 NPN/TN 为 6.0%，NPN 含量每 100g28～32mg，近似于牛乳中 NPN/TN 6.1%～6.2%，每 100g32～34mg 的变化范围，表明驼乳中 NPN 的含量不受加热温度的影响。未经加热处理和 63℃加热处理条件下的驼乳中 WPN/TN 的比例分别为 17.7%和 15.1%，与牛乳差异较小，在 80℃和 90℃加热处理条件下驼乳中 WPN/TN 分别为 8.4%和 9.1%，而相应的处理条件下牛乳中 WPN/TN 分别为 4.6%和 3.6%，驼乳中 WPN/TN 显著高于牛乳；不同加热条件处理下牛乳中 WPN 的变性率几乎是驼乳的 2 倍，这表明驼乳中乳清蛋白比牛乳具有较高的热稳定性。

表 2-56　不同加热温度对牛乳和驼乳中氮的影响（%）

样品处理	NCN/TN		NPN/TN		WPN/TN		WPN 变性比例	
	牛乳	驼乳	牛乳	驼乳	牛乳	驼乳	牛乳	驼乳
未加热	23	23.7	6.2	6.0	17.2	17.7	—	—
63℃/30min	22	21.7	6.0	6.0	15.8	15.1	8.3	14.7
80℃/30min	11	17.7	6.0	6.0	4.6	8.4	73	33.3
90℃/30min	9.7	15	6.1	6.0	3.6	9.1	79	48.3

注：TN，总氮；NCN，非酪蛋白氮；NPN，非蛋白氮；WPN，乳清蛋白氮。
资料来源：Farah，1986。

（二）热处理对驼乳清蛋白的影响

以牛乳作对比，乳样在 63℃、80℃和 90℃加热 30min，利用 SDS-PAGE 方法检测乳清蛋白的变化，研究热处理对驼乳清蛋白的作用（Farah，1986）。最短的时间和最低的温度组合是 63℃/30min，该组合并不能使驼乳清蛋白变性。随加热温度的升高驼乳清蛋白的变性程度增大，80℃/30min 远超出了巴氏消毒的范围，驼乳清蛋白的变性率为 30%～35%，90℃时驼乳清蛋白的变性率 47%～51%，而牛乳为 70%～81%。这表明驼乳清蛋白较牛乳有更强的热稳定性。图 2-28 的电泳图谱可以证实，巴氏杀菌温度条件下，电泳图谱上看不出乳清蛋白的变化，从图谱带上分析，在 80℃条件下牛乳清蛋白中免疫球蛋白、血清白蛋白消失；β-乳球蛋白（A、B）和 α-乳白蛋白在 90℃条件下才消失。电泳显示驼乳清蛋白只有在 90℃条件下才能看到明显的热效应。

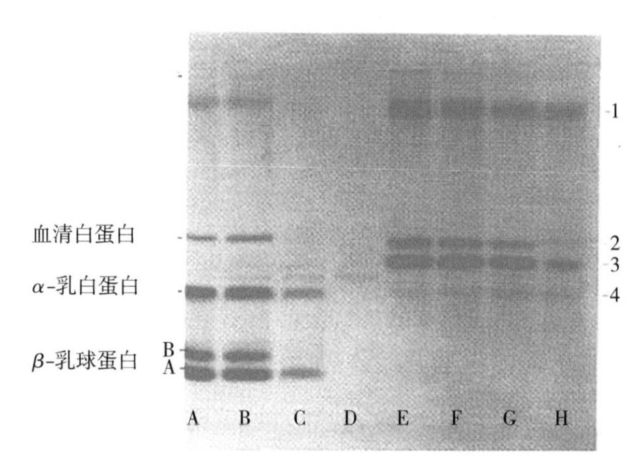

图 2-28　不同加热条件下驼乳和牛乳清蛋白电泳图谱

注：A、B、C、D 分别表示牛乳未加热、63℃、80℃和 90℃；E、F、G、H 分别表示驼乳未加热、63℃、80℃和 90℃。

在 70℃加热驼乳和牛乳 2h 会产生沉积物（Ayadi，2013）。电泳图谱表明，在 90℃加热驼乳后，α-乳白蛋白（α-La），骆驼血清白蛋白（CSA）和 κ-酪蛋白条带减少。在 70℃加热牛乳后，牛血清白蛋白（BSA）从电泳模式中消失，而 β-乳球蛋白（β-Lg）和 α-La 条带仅在 90℃消失。驼乳的 DSC 热谱图显示（图 2-29），驼乳蛋白的变性温度为（77.8±1.3）℃，比牛乳蛋白（81.7±0.4）℃低。杨洁等（2013）的研究

结果趋势与其相同，65℃处理对驼乳的白蛋白和乳酸脱氢酶（35ku）以及 α-乳白蛋白没有明显影响。但在这个热处理水平上，出现了 F1（32ku）和 F2（26.9ku）2 个蛋白质条带，这 2 个条带随时间的增加而越来越深。70℃和 75℃热处理对驼乳蛋白的影响较显著，乳铁蛋白和白蛋白的含量呈线性下降的趋势（$P<0.05$），F1 和 F2 蛋白含量显著增加（$P<0.05$）。85℃和 100℃热处理时，乳铁蛋白、白蛋白和 α-乳白蛋白的条带都开始变淡，F1 和 F2 条带随时间的增加和温度的升高越来越深。乳酸脱氢酶的条带没有明显变化，说明其热稳定性很高。白蛋白和乳铁蛋白的条带变淡，说明这 2 个蛋白的热稳定性较低。F1 和 F2 的条带越来越深，是热稳定性较差的蛋白变性后产生的一些片段。

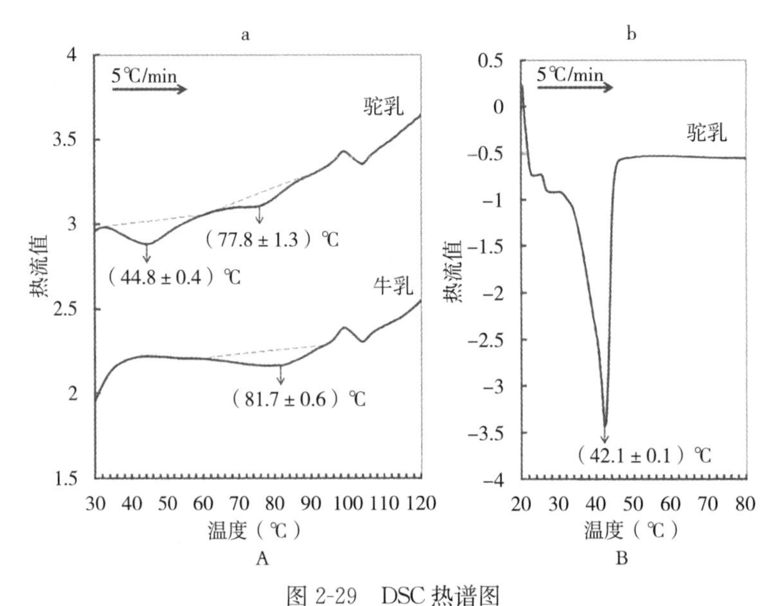

图 2-29 DSC 热谱图

注：在（A）驼乳和牛乳以及（B）驼乳脂肪以 5℃/min 加热期间记录的差示扫描量热曲线。

（三）驼乳的热凝性

驼乳的热凝性是指驼乳在灭菌或杀菌处理时抵抗凝胶的能力。其评价方法是将乳样放置在油浴中，利用蛋白质出现凝絮或凝固的时间来表示驼乳的热凝性，即热凝固时间（heat coagulation time，HCT）。为了详细研究驼乳对高温处理的耐受能力，需研究热凝时间。牛乳广泛使用的凝结温度是 130℃或 140℃。有研究表明，由于驼乳在 140℃条件下 HCT 太短（<1min=无法分析）。因此，根据 Dawies（1996）的方法，温度定为 100℃、120℃和 130℃，pH 调整到 6.5～7.1。由图 2-30 可知，温度为 100℃时驼乳的 HCT 最初是增加的，在 pH 为 6.4～6.7 时处于稳定状态，随 pH 的增加 HCT 逐渐增加。驼乳加热到 120℃和 130℃时在任一 pH 条件下都极不稳定，2～3min 内即凝固。当温度为 130℃，由图 2-30 可知，牛乳的 HCT 在 pH 6.7 时最大，pH6.8 时 HCT 最小，pH>6.9 时热稳定性增加。像牛乳这样具有明显最大稳定性和最小稳定性的曲线称为 A-型。牛乳大多表现 A-型，也有部分其他乳表现 B-型（无最大、最小）

(Farah 和 Atkins，1992)。

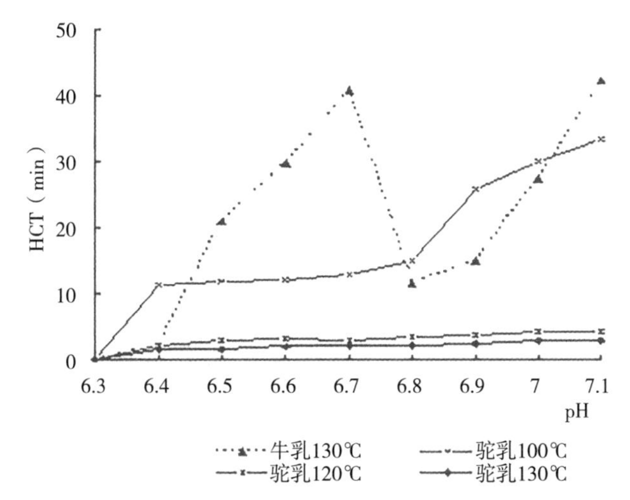

图 2-30　驼乳和牛乳的热凝固时间与 pH 关系曲线
(资料来源：Farah 和 Atkins，1992)

第三章 驼乳加工处理与品质特性

CHAPTER 3

第一节　热处理对驼乳品质的影响

一、乳的热处理

热处理是乳制品加工中非常重要的环节，也是乳品生产中最常见、最基本的加工处理方法。热处理旨在杀灭乳中部分（主要是病原菌和腐败菌）或全部微生物，破坏酶类，延长产品的保质期，同时尽可能地保持乳产品的品质。目前，常见的热处理方式有巴氏灭菌、低温长时灭菌、高温短时灭菌、超高温瞬时灭菌法等（朱永红，2006）。根据采用的温度不同，驼乳热处理的方法主要分为巴氏灭菌和高温灭菌等。

（一）热处理对驼乳的影响

作为食物，驼乳在干旱和半干旱地区普遍存在。骆驼即使在高温、干旱、缺乏草场、缺水等极端恶劣的条件下也能生存并且生产优质驼乳。现今驼乳已经吸引了研究人员的注意，在过去几十年，许多研究者研究了驼乳的组合物、化学特性。近年来，有研究者研究了驼乳的化学成分、性能和其加工产品。由于大部分驼乳是由骆驼饲养员手动挤出，有被感染的危险，因此灭菌尤为重要。一般认为，驼乳加热会破坏存在于乳中的重要活性成分和有益成分，在几种动物模型中，乳清蛋白对化学物质诱导的癌症有延缓作用（Mal 等，2010）。

（二）驼乳保质期

Mohammed 等（2014）研究发现，在储存过程中原料乳和热处理的乳之间存在微生物数量的差异。此外，热处理的驼乳的保质期与原料乳比较，热处理减少了微生物的数量、延长了驼乳的保质期。此外，众所周知，热处理的原理是通过杀死致病微生物，来不断延长驼乳的保质期（Harding，1999），以提高乳制品的质量。对于总细菌、大肠杆菌、总酵母、霉菌、嗜冷菌和耐热性细菌数于储存周期开始时最小，然后数量稍微增加，直到存储期结束。此外，经过巴氏杀菌的驼乳产品的保存质量及效果也受温度的影响，由于热处理是用来杀死病原体和原料乳中耐热微生物（thermoduric）的，如果制冷效果差则可能影响巴氏杀菌乳的保质期（Harding，1999）。

二、热处理对微生物的影响

（一）巴氏灭菌对驼乳中微生物的影响

驼乳的货架期相比于其他动物乳的货架期更长，因为其成分中含有抗菌剂，如溶菌酶、乳铁蛋白和免疫球蛋白等。然而生驼乳中依然含有一些潜在的病原体（Yaqoob 等，2007；Shuiep 等，2007，2009）。

1. 溶菌酶的影响 溶菌酶（lysozyme）是一种特异性的作用于细菌细胞壁的水解酶，又称细胞壁溶解酶。溶菌酶是一种具有灭菌作用的乳蛋白。综合现有研究报告，驼乳相较于牛乳具有较高的溶菌酶含量，利用200份乳样分析研究驼乳的抗菌作用与其溶菌酶含量的关系，结果表明，有20份乳样抑制了6种病原菌中的一个或多个病原菌的生长，并且这20份具有抗菌作用的样品中溶菌酶含量高达648μg/dL，明显高于无抗菌作用的乳样中溶菌酶的含量（62.6μg/dL）。有研究利用SDS-PAGE对蛋清、牛乳和驼乳中溶菌酶进行检测，其结果表明，三者具有相似的迁移速率及迁移距离，三者中的溶菌酶具有相似的分子质量（Barbour，1984）。此外，还有研究表明，蛋清与驼乳中的溶菌酶具有相同的分子质量（Duhaiman，1988），G^+菌对驼乳溶菌酶更敏感（Duhaiman，1988），驼乳溶菌酶可抑制鼠伤寒沙门氏菌的生长，具有与卵清蛋白相同的抗菌谱，但与牛乳中溶菌酶的抗菌谱不同（Sayed等，1992）。Elagamy等（1996）研究表明，驼乳中溶菌酶分子质量为14.4ku，与牛乳中溶菌酶的分子质量相似；同时，研究还表明，驼乳中的溶菌酶对溶壁微球菌细胞壁的溶解能力较强。

2. 巴氏灭菌法 灭菌温度设定在62～65℃，保温时间30min，故又称为保温式灭菌。这种方法的灭菌效果一般只达到99%以内，对耐热性细菌、嗜热性细菌，以及孢子等的灭菌效果较差，同时乳中的酶并没有被完全钝化。巴氏灭菌法是一种热处理方法，是将乳品或液态乳制品在特定温度下加热一定时间，旨在将乳品或液态乳制品中任何有害微生物的数量（如果存在的话）减少到不会危害健康的水平，并且在整个热处理过程中要避免造成二次污染（Hattem等，2011）。它延长了乳品或液态乳制品的保存时间，并且仅仅在对乳品化学成分、物理状态和感官变化方面有很小影响的情况下有效地破坏生物体（结核分枝杆菌和立克次氏体）。

（二）超高温灭菌对驼乳中微生物的影响

1. 高温短时灭菌（HTST）法 随着灭菌理论研究的深入，人们发现灭菌的温度越高、时间越少，反而可以提高灭菌效果和保持产品的风味。因此，改进了巴氏灭菌的方法，完善了巴氏灭菌技术，即高温短时灭菌方法。它是在温度80～85℃、持续时间为10～15s的条件下加热驼乳，或在温度75～80℃、持续时间16～40s的条件下加热驼乳。这种方法可使除芽孢外的所有细菌都被杀死，大部分酶都被钝化。由于各国的法规不同，巴氏灭菌工艺在不同国家之间不尽相同，但是所有国家的一个共同要求是，热处理必须保证杀死不良微生物和致病菌，使得产品品质不被破坏。

Mohamed等（2014）研究了HTST处理的驼乳在储存过程中不同菌群计数的变化及在储存期间的原料和热处理的驼乳可滴定酸度（乳酸%）的变化（表3-1至表3-5）。

2. 超高温瞬时灭菌 用加热蒸汽将驼乳加热到135～150℃，保持4～15s的灭菌技术。灭菌后的产品在无菌环境中进行包装，以最大限度地减少产品在物理、化学及感官上的变化，这样生产出来的产品称之为UHT产品。驼乳可以通过110℃加热30min进行消毒，所有的孢子都可能被杀死，但这种长时间的高温会影响驼乳质量。UHT（在130℃加热30s或在145℃加热1s）可能是用来消毒驼乳的最佳方式。巴氏灭菌可能是改善驼乳保质期的可行的方法之一。

3. 常规灭菌法 温度为115~120℃、时间为15～20min的一种杀菌方法，可将乳中全部微生物杀灭。此方法通常用于炼乳的加工上或实验室生产样品中。

表 3-1 储存期间原料乳和热处理的驼乳细菌总数的变化（CFU/mL）

存储天数（d）	热处理		
	原料乳	LTLT 加热乳	HTST 加热乳
1	3.02×10^{10a}	9.4×10^{6a}	7.6×10^{6a}
5	3.2×10^{10b}	1.2×10^{7b}	1.2×10^{7b}
9		1.6×10^{7c}	1.5×10^{7c}
13		1.9×10^{7c}	2.07×10^{7c}
17		2.4×10^{7c}	2.4×10^{7c}

注：LTLT＝低温长时灭菌（63℃，30min）；HTST＝高温短时灭菌（72℃，15s）。同列上标相同小写字母表示差异不显著（$P>0.05$），不同小写字母表示差异显著（$P<0.05$）。表3-2至3-5注释与此表同。

表 3-2 储存期间原料乳和热处理的驼乳大肠杆菌数的变化（CFU/mL）

存储天数（d）	热处理		
	原料乳	LTLT 加热乳	HTST 加热乳
1	1.1×10^{7a}	4.2×10^{5a}	4.09×10^{5a}
5	1.4×10^{7b}	7.2×10^{5b}	7.09×10^{5a}
9	—	9.1×10^{5c}	8.7×10^{5c}
13	—	1.1×10^{6d}	1.2×10^{6d}
17	—	1.4×10^{6e}	1.4×10^{6e}

表 3-3 储存期间原料乳和热处理的驼乳酵母菌及霉菌数的变化（CFU/mL）

存储天数（d）	热处理		
	原料乳	LTLT 加热乳	HTST 加热乳
1	5.08×10^{5a}	1.1×10^{4a}	1.3×10^{4a}
5	6.2×10^{5b}	1.8×10^{4b}	2.3×10^{4b}
9	—	2.3×10^{4c}	3.4×10^{4c}
13	—	4.9×10^{4d}	5.7×10^{4d}
17	—	7.1×10^{4e}	7.06×10^{4e}

表 3-4 储存期间的原料乳和热处理的驼乳嗜冷菌数的变化（CFU/mL）

存储天数（d）	热处理		
	原料乳	LTLT 加热乳	HTST 加热乳
1	1.7×10^{8a}	6.7×10^{5a}	7.7×10^{5a}
5	2.05×10^{8b}	1.1×10^{6b}	1.1×10^{6b}
9	—	1.4×10^{6c}	1.4×10^{6c}
13	—	1.8×10^{6c}	1.9×10^{6c}
17	—	1.9×10^{6C}	2.07×10^{6C}

表 3-5 储存期间原料乳和热处理的驼乳耐热菌数的变化

存储天数 (d)	热处理		
	原料乳	LTLT 加热乳	HTST 加热乳
1	1.3×10^{8a}	6.2×10^{5a}	6.1×10^{5a}
5	1.8×10^{8b}	8.3×10^{5b}	8.3×10^{5b}
9	—	1.3×10^{6c}	1.4×10^{6c}
13	—	1.7×10^{6c}	1.7×10^{6c}
17	—	2.03×10^{6c}	2.03×10^{6c}

结果显示，与原料乳细菌总数 $3.02\times10^{10}\sim3.2\times10^{10}$CFU/mL（表 3-1）相比，经热处理的驼乳细菌总数较低（使用 LTLT 时为 $9.4\times10^{6}\sim2.4\times10^{7}$CFU/mL、HTST 时为 $7.6\times10^{6}\sim2.4\times10^{7}$CFU/mL）。生驼乳样品的细菌总数高于 Semereab 和 Molla（2001）及 Shuiep 等（2007）的报告。总计数高表明一些生驼乳的质量差，这可能是挤乳过程操作不当造成的（Shuiep 等，2007）。

由结果还可看出，经 LTLT 和 HTST 处理的驼乳中的大肠杆菌数量较低，分别为 $4.2\times10^{5}\sim1.4\times10^{6}$CFU/mL 和 $4.09\times10^{5}\sim1.4\times10^{6}$ CFU/mL，而原料乳样中的大肠杆菌数为 $1.1\times10^{7}\sim1.4\times10^{7}$CFU/mL（表 3-2）。原料乳样的大肠杆菌数高于以往报道，Benkerroum 等（2003）提到在一些驼乳样品中没有检测到大肠杆菌。此外，Semereab 和 Molla（2001）发现，半数以上的驼乳样品中大肠杆菌数低于 10CFU/mL。Khedid 等（2003）报告称，大肠杆菌是驼乳中最丰富的微生物，含量为（0～8）$\times10^{4}$ CFU/mL。Shuiep 等（2007）从喀土穆州收集的驼乳样品的平均大肠杆菌计数为 1.70×10^{7}CFU/mL。大肠杆菌数高可能是由于粪便污染、卫生条件差和乳腺炎感染所导致的（Murphy 等，2000）。

生驼乳样品的酵母菌和霉菌数（表 3-3）高于 Shuiep 等（2007）的报道。而研究人员在采集原料乳样的时候是用乙醇消毒后，直接从乳房采集样品，这可能是影响的因素之一。Njage 等（2011）报道了在原料乳从收集到加工过程中均存在酵母菌，且收集的骆驼原料乳样品中酵母菌的含量（300CFU/mL）低于从市场上收集的样品 [（5.0±1.5）log CFU/mL]。

嗜冷菌的计数值（表 3-4）很高，这可能是由储存条件所造成的。如表 3-5 所示，经过热处理的驼乳耐热菌数（LTLT 和 HTST 分别为 $6.2\times10^{5}\sim2.03\times10^{6}$CFU/mL 和 $6.1\times10^{5}\sim2.03\times10^{6}$CFU/mL）低于原料乳（$1.3\times10^{8}\sim1.8\times10^{8}$CFU/mL）。

热处理后的驼乳样品，其微生物测量值（细菌总数、大肠杆菌、总酵母菌和霉菌、嗜冷菌和耐热细菌）的平均值有所降低。有研究发现，巴氏灭菌驼乳的微生物含量低于生驼乳（Zubeir 等，2008）。此外，微生物含量显示细菌总数、大肠杆菌数、酵母菌和霉菌数、嗜冷菌数和耐热细菌数在储存期开始时最小，随后开始缓慢增加，直至储存期结束，增加速率缓慢可能是由于驼乳中存在抗菌因子（Agamy 等，1992）。

驼乳是苏丹游牧民族饮食中重要的组成部分，主要用于牧民食用，很少商用（Amin，1984）。只有解决了如何延长驼乳货架期的问题，驼乳才可以进行大规模生产。Eissa 等（2017）对苏丹骆驼进行研究，研究了不同热处理和储存期对驼乳细菌总数的影响（表3-6）。结果表明，不同热处理和储存期对驼乳细菌总数的影响显著（$P<0.05$）。

表3-6 不同热处理和储存期对驼乳细菌总数的影响

热处理	存储天数（d）	细菌总数（CFU/mL）
72℃、15s	0	1.08
	5	2.37
	10	2.88
	12	3.64
	14	3.91
标准误差	0.03	0.030
差异性		***
75℃、10min	0	0.59
	5	2.42
	10	2.86
	12	3.50
	14	3.87
标准误差	0.03	0.030
差异性		***
80℃、5min	0	0.26
	5	2.20
	10	2.72
	12	3.26
	14	3.83
标准误差	0.03	0.03
差异性		***
65℃、30min	0	0.99
	5	2.26
	10	2.83
	12	3.72
	14	3.08
标准误差	0.03	0.030
差异性		***

注：样本量$n=10$，*** $P<0.01$。

Mohamed等（2014）发现，LTLT和HTST两种热处理方法可以延长驼乳货架期。在冷藏温度下，原驼乳的货架期为7d，而热处理的驼乳货架期为20d。两种产品（原驼乳和热处理驼乳）呈现较长保质期的原因，可能是驼乳中含有抗菌剂（Agamy等，1992；Wernery等，2005）。此外，巴氏灭菌乳产品质量会受到一定的外界影响，虽然热处理可以杀死原乳中的病原体和嗜热微生物，但是如果冷藏条件很差也会影响巴氏灭菌乳的保质期（Harding，1999）。

Hassan等（2006）认为，热处理后会产生生物体的非完全破坏现象。Agamy等（1992）、Wernery等（2005）认为这可能是因为驼乳中存在保护因子。此外，Attia等（2001）认为，LTLT和HTST两种热处理之间没有显著差异，并提出对驼乳进行巴氏灭菌时需要更高的温度和更长的时间。热处理可以减少驼乳中微生物数量并延长其保质期。与其他牲畜乳相比，驼乳的保质期更长，更耐热。

人们除了以鲜驼乳和酸驼乳的形式饮用驼乳外，还可以通过巴氏灭菌、煮沸等灭菌和热处理后再饮用或保存。然而，这些处理对驼乳蛋白的营养特性和生物学活性均会产生一定影响。目前，我国驼乳加工业正处于起步阶段，由于驼乳的理化性质、营养成分的组成及其比例都有别于牛乳，所以驼乳原料乳的加工工艺条件都与牛乳不尽相同。目前，采用牛乳巴氏灭菌条件处理原料，但是由于驼乳与牛乳原料性质不同，驼乳在巴氏灭菌时，由于温度过高可能导致蛋白质变性，造成驼乳粉冲调性差，进而影响企业的正常生产。因此，确定驼乳的最佳灭菌条件已成为迫在眉睫的问题。杨洁等（2013）研究了热处理对新疆驼乳灭菌效果的影响（图 3-1）。

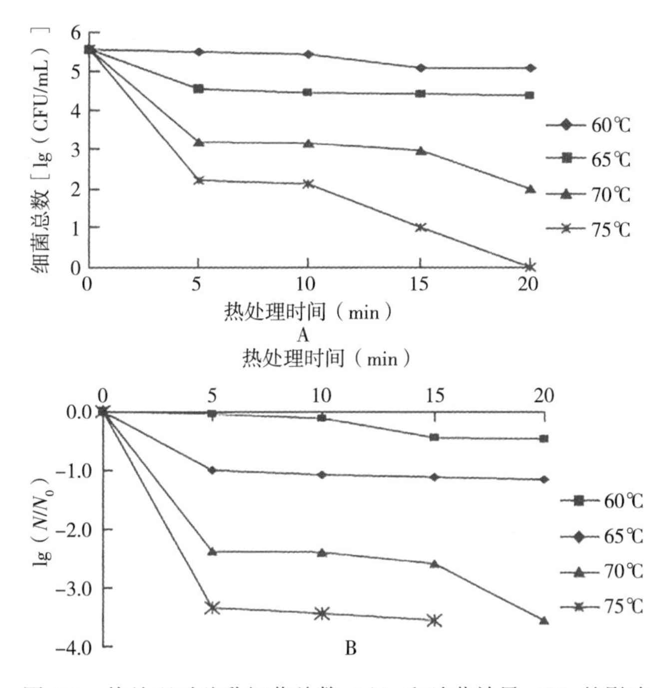

图 3-1 热处理对驼乳细菌总数（A）和杀菌效果（B）的影响

由图 3-1A 可知，样品经热处理，细菌总数随热处理温度和时间的不同而发生变化。热处理时间越长、温度越高，细菌总数越少。60℃热处理时，细菌总数无明显下降趋势。65℃热处理时，细菌总数在 0～5min 内有明显的下降趋势；70℃热处理时，在 0～5min、15～20min 内有明显下降趋势。在 75℃热处理时，0～5min、10～20min 内有显著下降趋势。在 75℃热处理时间分别为 5min、10min、15min 时，细菌总数分别减少 60.2%、61.9%、81.9%。由图 3-1B 可知，热处理对驼乳中微生物的杀菌分为 2 个阶段：热处理温度在 60℃和 65℃时，细菌总数没有显著下降的趋势（$P>0.05$）；而热处理温度在 70℃和 75℃时，驼乳中细菌总数显著下降（$P<0.05$）。随着热处理时间的延长和热处理温度的升高，对驼乳中细菌的杀菌效果显著增强。

乳酸菌（如嗜热链球菌和瑞士乳杆菌）可以在发酵过程中通过使用这些微生物生

成的三肽酶、内肽酶、氨基肽酶和二肽酶释放生物活性肽。Abeer 等（2017）研究了热处理、发酵和储存对酸驼乳抗菌性的影响。

抑制区测定法（孔扩散法）是测试常用食品抗菌剂的抗微生物活性的常用方法，所述生物活性肽在储存 15d 后对蜡状芽孢杆菌（ATCC 9639）、大肠杆菌（ACCT 8739）、鼠伤寒沙门氏菌（ACCT 25566）和金黄色葡萄球菌（ATCC 6538）的抑菌圈分别为 4mm、3mm 和 3mm。在 5℃，所有测试细菌菌株的抑菌圈直径均介于 0～5mm。在 80℃热处理 30min 和 90min，然后是大肠杆菌（ACCT 8739）和金黄色葡萄球菌（ATCC 6538）中的抑菌圈的直径显示蜡状芽孢杆菌（*Bacillus cereus*）（ATCC 9639）为最大值。然而，15d 后，在相同的热处理前提下，在大肠杆菌（ACCT 8739）和金黄色葡萄球菌（ATCC 6538）中发现抑制区。Mohanty 等（2014）报道，大肠杆菌（MTCC 82）、伤寒沙门氏菌（MTCC 3216）、蜡状芽孢杆菌（ATCC 10702）、鼠伤寒沙门氏菌（SB 300）、鸡肠炎沙门氏菌（P 125109）、金黄色葡萄球菌（MTCC 96）均被驼乳的生物活性肽所抑制。Samaržja（2015）和 Guzel 等（2011）发现，在发酵过程中，开菲尔颗粒中的细菌将蛋白质水解成驼乳中的生物活性肽。发酵过程中释放的低分子质量肽显示出最高的抑制效果。Galia 等（2009）报道，嗜热链球菌菌株能够从酪蛋白中释放出肽，这取决于它们的蛋白水解活性，其中一些被归类为抗菌肽。类似地，当 β-酪蛋白和 α_{s1}-酪蛋白用德氏乳杆菌保加利亚亚种水解时，乳酸菌 CRL 581 会水解出大量的肽。作为乳铁蛋白片段分离的乳铁蛋白显示出对变异链球菌、大肠杆菌、枯草芽孢杆菌和铜绿假单胞菌的抑制活性。这可能是由于生物活性肽在氧化代谢中起调节作用。此外，当释放过量的自由基时，它们氧化膜脂质、细胞蛋白质、酶和 DNA。

第二节　热处理对驼乳组成及理化性质的影响

一、驼乳的热变性动力学分析

热处理是乳品生产中最常见、最基本的加工处理方法。热处理的主要目的是杀灭乳中部分（主要是病原菌和腐败菌）或全部微生物，破坏酶类，延长产品的保质期。一般认为，加热驼乳会破坏驼乳中存在的重要活性成分和乳清蛋白。杀菌条件对原料乳的物理化学、微生物及生物化学特性有很大影响。如微生物的杀灭、蛋白质的变性、酶的钝化等都与热处理的时间和温度有密切关系。如果温度过高、时间过长，则受热变性的蛋白质就会增加，同时还会破坏原料乳中的盐类离子平衡。

（一）动力学方程反应级数及速率常数的确定

驼乳蛋白的热变性过程的速率方程如下式所示：

$$-dC/dt = kCn \quad (1)$$

式中，$-dC/dt$ 表示驼乳蛋白的变性速率；k 为变性速率常数；C 为任意驼乳蛋白的含量；n 为反应级效。

当 $n\neq1$ 时，对式（1）取对数，得 $-\ln(dC/dt)=\ln k+n\ln C$，积分后得，$(C_t/C_0)^{1-n}=1+(n-1)kC_0^{n-1}t$，设 $k'=kC_0^{n-1}$，上式则变为：

$$(C_t/C_0)^{1-n}=1+(n-1)k't \tag{2}$$

当 $n=1$ 时，上式则变为：

$$\ln(C_t/C_0)=-kC_0^{n-1}t=-k't \tag{3}$$

分别取 $n=0\sim2$，求不同温度下直线回归方程的相关系数（R^2），$n\neq1$ 时，依据式（2）做 $(C_t/C_0)^{1-n}$-t 图；$n=1$，依据式（3）作 $\ln(C_t/C_0)$-t 图，计算驼乳中各蛋白平均 R^2 值最大时的 n 值，作为速率方程的反应级数 n，并通过速率方程直线的斜率求出各驼乳蛋白的速率常数 k。

（二）驼乳蛋白热变性过程中 D 值和 Z 值确定

蛋白在不同温度不同热处理时间条件下，通过做 $\lg C_t$-t 图，可得相应的回归方程和相关系数及 D 值（表 3-7），根据回归方程斜率的倒数值计算 70～95℃时驼乳中蛋白热变性的损失 90%所需的时间 D 值；随后做 $\lg D_t$-t 图（图 3-2），依据回归方程斜率的倒数计算热敏感度值（Z）。随着加热温度的升高，D 值越小，使得 90%的蛋白变性所需的时间越短，说明蛋白质的耐热性越弱。通常来说，Z 值越高意味着对热处理的持续时间越敏感（表 3-8）。

表 3-7 驼乳蛋白在不同温度 $\lg C_t$-t 的回归方程和相关系数及 D 值

温度（℃）	回归方程	相关系数（R^2）	D 值（min）
70	$y=-0.006x-0.275$	0.985	166.667
75	$y=-0.010x-0.265$	0.978	100.000
80	$y=-0.021x-0.212$	0.969	47.619
85	$y=-0.025x-0.220$	0.979	40.000
90	$y=-0.057x-0.080$	0.973	17.544
95	$y=-0.068x-0.066$	0.978	14.706

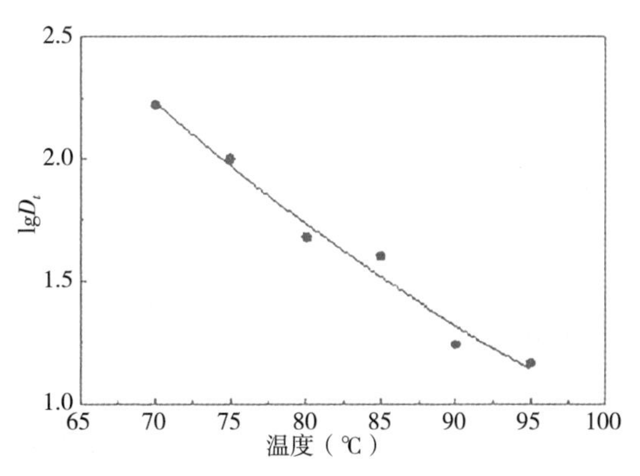

图 3-2 70～95℃加热条件下 $\lg D_t$-t 的关系图

表 3-8 驼乳蛋白热变性过程中的 D 值和 Z 值

温度（℃）	70	75	80	85	90	95
D 值（min）	166.67	100	47.62	40	17.54	14.71
Z 值（℃）	23.26					

（三）驼乳蛋白热变性过程中表观活化能的确定

驼乳蛋白变性过程中，温度与变性常数的关系可通过 Arrhenius 方程估算：

$$\ln k = \ln A - (Ea/\mathrm{R}) \cdot (1/T) \quad (4)$$

式中，k 为速率常数；A 为阿累尼乌斯常数；Ea 为反应的表观活化能；R 为理想气体常数［8.314J/（mol·k）］；T 为绝对温度。根据 $\ln k$-$1/T$ 作图，由直线的斜率可求得驼乳蛋白变性过程中的表观活化能 Ea。

采用 Arrhenius 方程，做驼乳蛋白在不同热处理温度下的 $\ln k$-$1/T$ 关系图（图 3-3）。

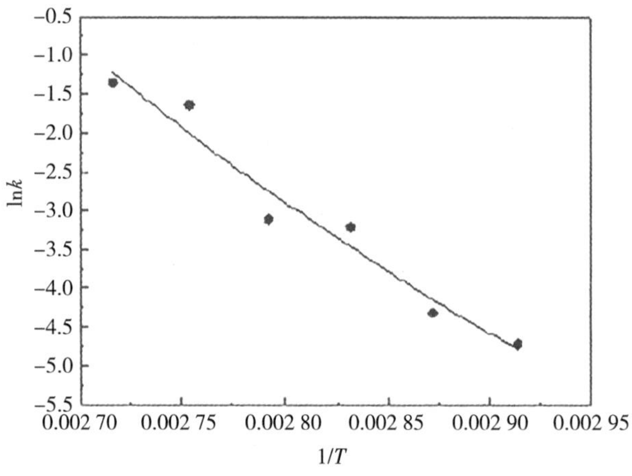

图 3-3 不同热处理温度下 $\ln k$-$1/T$ 关系图

（四）驼乳蛋白热变性过程中热力学参数的确定

在驼乳蛋白热变性反应过程中，其热力学参数为：

$$焓\ \Delta H\ (\mathrm{kJ/mol}) = Ea - RT \quad (5)$$

$$熵\ \Delta S\ [\mathrm{kJ/(mol \cdot k)}] = R\ [\ln A - \ln(K_B/h_p) - \ln T] \quad (6)$$

$$吉布斯自由能\ \Delta G\ (\mathrm{kJ/mol}) = \Delta H - T\Delta S \quad (7)$$

式中，K_B为玻尔兹曼常数（Boltzmann）：$1.380\,66 \times 10^{-23}$ J/mol；h_p 为普朗克常数（Planck）：$6.626\,08 \times 10^{-34}$ J·s。

二、驼乳的热稳定性

评价乳的热稳定性是指乳在灭菌（或杀菌）处理时抵抗凝胶的能力。热处理的目的主要是为了公共卫生上的杀菌和灭菌、酶的破坏，同时也是为了更好地储存。但是，乳的热处理在杀菌的同时也会对乳的化学组成及理化性质产生影响，如加热会改变脂肪中脂肪酸的种类和比例，温度过高造成蛋白质的失活，对驼乳的酸度、pH 等都会造成相应的影响。

三、热处理对驼乳脂肪及脂肪球的影响

乳脂是乳中脂肪和类脂的总称，其中 97%～99%为乳脂肪，还有约 1%的磷脂和少量甾醇、游离脂肪酸等。乳脂肪比较稳定，属非热敏成分，100℃以上温度加热时，并不会发生化学变化；但是热处理会使乳脂肪的物理特性发生很大的变化，特别是脂肪球的大小会由于聚集而变化。

（一）乳脂肪的生物化学变化

众多研究的报道表明单峰驼乳中脂肪含量为 2.20%～5.50%，双峰驼乳中脂肪含量为 5.65%～6.39%。三酰甘油酯是脂肪中重要的脂类化合物，占所有脂类化合物的 96%（Gorban 等，2001），同时也有少量的二酰甘油、单酰甘油、胆固醇、胆固醇脂、游离脂肪酸和磷脂。有研究表明，未经热处理的牛乳中 90%以上的乳脂肪球的直径为 1～8μm（Keenan 等，1995），而未经热处理的驼乳脂肪球直径为 1～5μm，近 50%的脂肪球大小为 2～3μm（Farah，1993）。

乳脂肪比较稳定，一般条件下的热处理并不会对乳脂肪产生显著的不良影响。当乳脂肪在高温下加热时，会形成少量过氧化物、过氧化氢、羟基成分和羟基脂肪酸。煎炸等剧烈的热处理，可以将醇酸转变为内酯，产生浓郁、良好的风味，这主要与乳脂肪的变化有关。

（二）脂肪球膜的变化

乳中大部分脂肪以各种尺寸的小球状态存在，表面的薄层为脂肪球膜。该膜是脂肪悬浮于乳中的乳化剂，直到近年来驼乳的脂肪球膜才受到重视。相关研究显示，单峰驼乳中主要的乳脂肪球膜蛋白质为脂肪酸合酶、黄嘌呤氧化酶、嗜乳脂蛋白、乳凝集素和脂肪分化相关蛋白，而相关研究已经证实牛乳中含有这些蛋白质。此外，液质联用法可鉴定出与驼乳脂肪球膜相关的蛋白质。有学者对驼乳及其他动物乳脂肪球大小进行了研究，结果表明，脂肪球直径为 2.31～3.93μm，且驼乳脂肪球膜厚于其他动物乳（Knoess，1986）。

热处理期间，驼乳脂肪球膜会发生变化。乳在加热期间通常需要搅拌，同时会产生泡沫。由于加热乳中的脂肪球是液态的，所以搅拌可能会引起脂肪球大小的变化，而这一过程与结合和破坏作用有关；在直接 UHT 处理中会发生明显的乳脂肪破坏作用。泡沫可能会引起一些膜物质的脱落，脱脂乳的蛋白质发生吸附作用而代替脱落的膜物质。当加热温度低于 135℃时，随着加热温度的升高，乳脂肪球膜由于吸附了变性的乳清蛋白，其直径会增大。但当加热温度超过 135℃时，会导致脂肪球膜破裂和脂肪

球变形。脂肪球膜破裂还会引起游离脂肪的形成，出现“析油”和“奶油塞”，导致产品品质的劣变。

（三）热处理对驼乳脂肪含量变化的影响

乳脂肪是驼乳中主要的营养物质之一，其含量占乳的2.2%～6.39%。乳脂肪热稳定性比较高，这就使得灭菌时的热处理不会对其产生很大的影响。总体来看，驼乳能够承受常规的热处理。

Hassan等（2015）研究了热处理对3种驼乳成分（脂肪、蛋白质和乳糖）的影响。该研究于2009年2—4月进行，采集了喀土穆大学骆驼研究中心（Camel Research Center，CRC）的9峰母驼的驼乳样品。将驼乳样品在无菌条件下分成3组，第1组作为对照（原乳），第2组加热至63℃（30min），第3组加热至118℃（15min），检查样品的脂肪含量。分析结果显示，原料乳样品的脂肪含量为3.67%±0.05%；在63℃加热30min时，乳中脂肪含量为3.45%±0.017%。很明显，脂肪含量减少了0.22%，两组脂肪含量具有显著性差异（$P<0.05$）。高温处理（118℃、15min）的样品脂肪含量为3.66%±0.05%。

通过差示扫描量热法（differential scanning calorimetry，DSC）测量冻干驼乳粉及其主要成分的热稳定性。该研究所用的巴氏灭菌驼乳（60℃、30min）由Royal Court Affairs提供，生驼乳采集自当地正常采食骆驼。驼乳于实验室冷冻干燥机中进行冷冻干燥（−40～20℃，100Pa）。所有冻干样品均在空气密封罐中保持相对湿度11.3%的条件下平衡，并在密封罐内放置盛有饱和氯化锂盐溶液的烧杯（为了确保盐溶液的饱和状态，确保在烧杯底部有一层盐晶体），平衡需要4周。将样品储存在−20℃直至差示扫描量热法试验开始。DSC用于测量冷冻干燥的全脂驼乳粉和巴氏灭菌驼乳的其他成分的玻璃化转变及熔化。

热分析的程序与Rahman等（2010）所运用的类似。将置于密封铝盘中的10mg样品以5℃/min冷却至−90℃，并保持10min。然后从−90～250℃（全脂和脱脂驼乳通过硫酸铵和乳糖的乳清蛋白沉淀）或−90～200℃（酪蛋白和乳清蛋白通过乙醇、奶油、脂肪沉淀）以一定速率（10℃/min）扫描。检测乳糖时，初始运行的温谱图线并没有显示任何变化，因此难以通过该方法追踪玻璃化转变。第2批试验进行：将置于密封铝盘中的10mg样品以5℃/min冷却至−90℃，并保持10min。然后以10℃/min的速率从−90℃扫描到130℃（为了转变成非晶态）并退火0.1～5min。在不同的预定时间退火后，样品再次以5℃/min冷却至−90℃，然后以10℃/min的速率升温至250℃。从温谱图中确定玻璃化转变（温谱图线的变化）和脂肪熔化或固体熔化（吸热峰）特征。玻璃化转变的特征在于其初始点、中点和终点，以及位移时比热的变化。熔融峰的特征在于初始最大斜率和峰值点以及过渡过程中的焓。除全脂和脱脂驼乳粉外，所有试验均获得3～6个重复的平均值和标准偏差。

在比较驼乳分离成分的特征之前，对全脂和脱脂驼乳粉进行了热特性分析。图3-4显示了冷冻干燥的全脂驼乳粉的DSC温图谱。温谱图中显示了3个吸热峰（图3-

4 中标记为 A_1、A_2和 B）和 3 个在低温下的峰——2 个位移峰（标记为 G_1和 G_2）和非脂肪固体熔化后的峰（标记为 C）。低温下的 2 个位移峰是由于脂肪的熔化（在提取的脂肪的 DSC 温谱图中显而易见），并且较大的峰可表明乳粉中的非脂肪固体的熔化。第 1 个脂肪熔化峰起始温度为 10℃，终止温度为 29℃，而第 2 个脂肪熔化峰的起始温度为 34℃终止温度为 46℃。由于非酶促褐变，在固体熔化后形成了更有序的结构（Vuataz，2002）。乳糖-β-乳球蛋白模型混合物在水活度为 0.11 的情况下，在吸热融化后研究者也观察到形成了更有序的结构（Thomas，2004）。由于驼乳中的成分不同，低温下的 2 次变换可视为玻璃化转变。在－16℃时观察到第 1 次玻璃化转变，在 31℃时观察到第 2 次玻璃化转变。Jouppila 和 Roos（1994）报道，全脂牛乳粉的玻璃化转变温度为 62.0℃，相对湿度（relative humidity，RH）为 11.5%。他们观察到了脂肪的熔化峰值，以及乳的玻璃化转变是由于乳糖的玻璃化转变而发生的一次转变。然而，他们没有追踪其过渡过程。Fernandez 等（2003）测得相对湿度在 11%时储存的全脂牛乳粉的起始玻璃化转变温度为 61.0℃，这与单独使用乳糖进行试验所得到的结果相同。该研究与 Jouppila 和 Roos（1994）的观点相同，即全脂牛乳粉脂肪熔化吸热，从而阻碍玻璃化转变。由于这个原因，早期的研究报告中普遍认为，在热分析之前需要将乳粉脱脂（Jouppila，1994；Fernandez，2003；Silalai，2010）。在该研究中，由于其组分之间复杂的相互作用，难以追踪全脂或脱脂乳粉的不同组分的玻璃化转变。

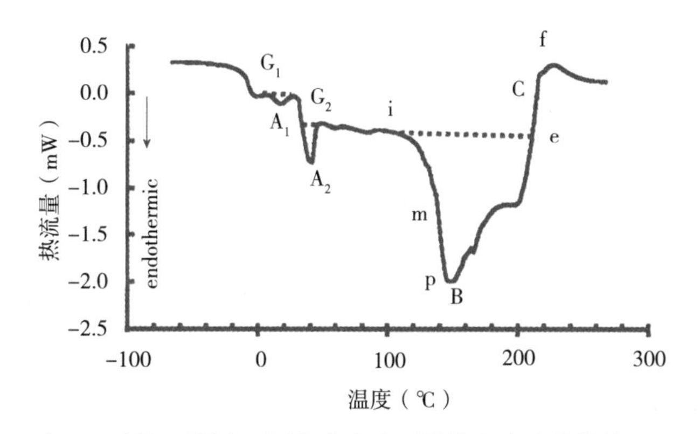

图 3-4 在 11.3%相对湿度下平衡的冷冻干燥的全脂驼乳粉的 DSC 温谱图

G_1. 第 1 次玻璃化转变 G_2. 第 2 次玻璃化转变 A_1. 第 1 次脂肪熔化 A_2. 第 2 次脂肪熔化 B. 固体熔化 i. 起始 m. 最大斜率 p. 峰值 e. 结束 C. 结构形成 f. 结构形成结束

图 3-5 为冻干脱脂驼乳粉的 DSC 温谱图（与全脂驼乳粉相似），没有脂肪的熔融峰。在 38℃时观察到玻璃化转变开始，固体熔化开始于 70℃。Jouppila 和 Roos（1994）观察到脱脂牛乳粉的玻璃化转变温度为 58.0℃（储存在相对湿度为 11.5%的条件下），与本研究中观察到的值相比，相对较高。随着含水量的增加，值变小。此外，他们发现，由于乳糖的快速结晶，无法确定试验中脱脂牛乳粉玻璃化转变是在相对湿度 85.8%条件下发生的。脱脂牛乳粉在 44℃开始玻璃化转变，最终温度为 57℃（每 100g 样品中含水量为 5.1g）（Vuataz，2002）。另有研究检测到玻璃化转变

起始温度为 38.3℃（每 100g 样品中含水量为 5.8g）（Fitzpatrick，2006），类似于 Rahman（2012）研究中观察到的值。

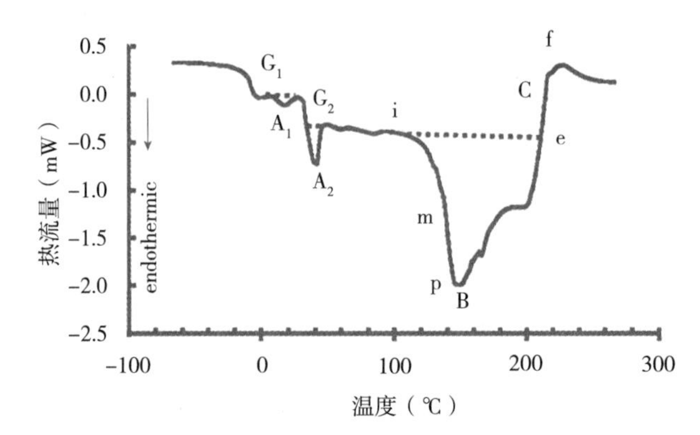

图 3-5　在 11.3%相对湿度下平衡的冻干脱脂乳粉的 DSC 温谱图

G_1. 第 1 次玻璃化转变　G_2. 第 2 次玻璃化转变　B. 固体熔化　i. 起始　m. 最大斜率　p. 峰值　e. 结束　C. 结构形成　f. 结构形成结束

乳是一种多组分混合物，很难追踪不同组分的热特性。乳粉的热特性受脂肪和乳糖含量的影响非常显著。考虑到这种复杂性，需要分离不同的驼乳成分并测量它们的 DSC 温谱图。之前也有研究使用该方法以避免复杂混合物中组分的干扰或相互作用。例如，之前报道的脱脂枣椰子粉和无油干鱼肉（Sablani，2007）的热特性。

在低温下较宽的峰是不同组分的脂肪酸熔化导致的，较为尖锐的峰是驼乳中含量较高的特定类型的脂肪酸熔化导致的（图 3-6）。在驼乳奶油中也观察到类似的特征，区别在于其重叠的几个吸热峰更宽（在图 3-7 中标记为 A_1 和 A_2）。脂肪的熔化从－5℃时开始，在第 2 个峰值后在 52℃结束。与－5℃下开始熔化的纯脂肪相比，驼乳奶油中脂肪的熔化温度为－12℃。熔化温度的降低可能是由于奶油中蛋白质含量的影响。Karray 等（2008）也观察到一个具有相似特征的较宽峰和较高温度下的一个较尖锐峰。他们指出，较宽的吸热峰显示出不同脂肪酸或结合牢固的脂肪和蛋白质的几个吸热峰是重叠的。Attia 等（2000）研究了驼乳脂肪的脂肪酸谱，观察了短链和长链脂肪酸，2 种主要类型分别为 C_{14}（13%）和 C_{16}～C_{18}（80%）。

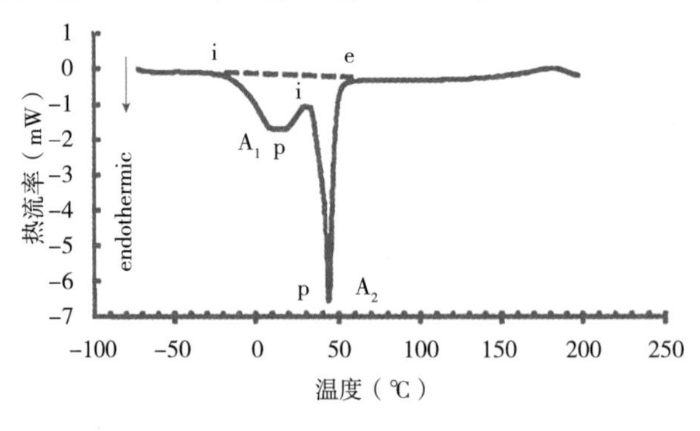

图 3-6　驼乳脂肪的 DSC 温谱图

A_1. 第 1 次脂肪熔化　A_2. 第 2 次脂肪熔化　i. 起始　p. 峰值　e. 结束

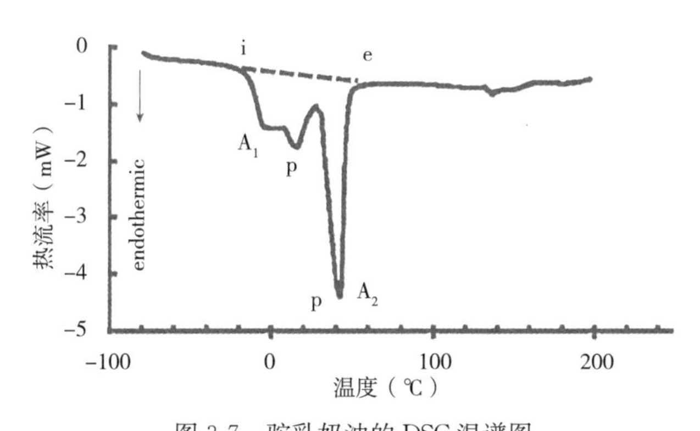

图 3-7 驼乳奶油的 DSC 温谱图

A_1. 第 1 次脂肪熔化 A_2. 第 2 次脂肪熔化 i. 起始 p. 峰值 e. 结束

研究发现，驼乳脂肪的熔化开始于－26℃左右，在 43℃左右结束；平均熔化热为 79.2J/g（Ruegg 等，1991）。驼乳脂肪，熔化结束温度在 44℃左右，而牛乳脂肪则在 39℃（Attia 等，2000）。牛乳脂肪在 1℃时出现较宽的峰，并在 41℃结束，峰值出现在 21℃（Hu 等，2009）。脂肪融化的不同范围可能是由于脂肪酸的组成不同导致的（Ruegg，1991；Attia 等，2000）。有研究指出，乳脂主要由三酰基甘油组成，其链长与饱和度不同是导致乳脂的熔点范围从约－40℃到 40℃变动的原因（Hu 等，2009）。

此外，还有学者对不同的热处理对驼乳的组成和化学性质的影响进行了研究（Hattem，2011）。其研究发现，驼乳样品在 63℃、80℃和 90℃下热处理 30min，72℃下热处理 15s 条件下与原料乳对比，脂肪含量不受热处理的影响（表 3-9）。

表 3-9 不同热处理对驼乳中脂肪含量的影响

成分	原料乳	热处理			
		63℃、30min	80℃、30min	90℃、30min	72℃、15s
脂肪（%）	3.2±0.189[a]	3.2±0.189[a]	3.2±0.189[a]	3.2±0.189[a]	3.2±0.189[a]

注：同行上标相同小写字母表示差异不显著（$P>0.05$），不同小写字母表示差异显著（$P<0.05$）。

四、热处理对驼乳蛋白的影响

加热过程可改变乳蛋白的结构，从而导致蛋白质功能的变化（Li 等，2013）。而乳中的一些免疫活性化合物在巴氏灭菌后数量减少。高强度的热处理可影响乳清蛋白的功能特性和溶解度。蛋白质功能的丧失可能是由于加热过程中发生的 2 个反应所引起的。首先，蛋白质在加热过程中可以被糖基化修饰。其次，这些已经变性的蛋白质在加热过程中可能进一步聚集，导致蛋白质功能丧失。这些过程对蛋白质功能的影响并不相同。例如，糖基化对过敏性很重要（Taheri 等，2009）。而变性和聚集对免疫功能非常重要，如乳铁蛋白和免疫球蛋白（Levieux 等，2006）。乳蛋白组分中的许多结构修饰都是由加热的时间、温度和速率决定的。研究表明，酪蛋白和乳清蛋白都参与热处理过程中出现的蛋

白质聚集情况，而这一情况主要是由分子间二硫键的形成引起的（Manzo 等，2015）。蛋白质热变性是导致二硫键连接的乳蛋白聚集的主要反应步骤。未折叠的蛋白质中的半胱氨酸残基的巯基可在疏水连接的蛋白质聚集体中引发巯基二硫化物交换反应。

Felfoul 等（2016）利用 LC-MS/MS 法对鲜驼乳和 80℃、60min 热处理后的驼乳蛋白质组进行鉴定，发现经 80℃、60min 加热的驼乳中，未检测到骆驼 α-乳白蛋白（alpha-lactalbumin，α-La）和肽聚糖识别蛋白（peptidoglycan recognition protein，PGRP），且骆驼血清白蛋白（camel serum albumin，CSA）含量显著降低。而牛乳经过 80℃、60min 加热后牛血清白蛋白则完全消失。这说明骆驼血清白蛋白的热稳定性高于牛血清白蛋白。利用蛋白质组学技术检测经过冷冻、巴氏灭菌（62℃、30min）和喷雾干燥后的牛、骆驼和山羊的乳清蛋白质的变化，结果发现，冷冻、巴氏灭菌或喷雾干燥后，乳清蛋白含量显著下降，这可能是由于在样品制备过程中通过 pH 调节和超速离心去除了蛋白聚集物所致。

热处理会使乳发生高度复杂的美拉德反应，这会极大地影响其成分（包括乳清蛋白）的结构和性质。这种反应通常发生在乳糖和乳蛋白的赖氨酸残基之间，导致形成大的高分子质量聚集体。Hicham 等（2017）研究了加热温度（室温 63℃和 98℃）对驼乳清蛋白的影响。初步的二维凝胶电泳结果显示，室温条件下的鲜驼乳与加热温度为 63℃的样品之间的蛋白质相似度很高，而与加热温度为 98℃的样品之间的蛋白质相似度最小。随后对这些蛋白质进行鉴定，结果显示，热处理后的驼乳蛋白主要由 61%的酶、20%的结合蛋白、10%的细胞黏附蛋白、5%的免疫反应蛋白、2%的转运蛋白和 2%的其他蛋白组成。并发现与鲜驼乳相比，63℃和 98℃热处理后的样品，共有 80 个蛋白质斑点减少，折叠变化有显著差异。蛋白质是热敏感的，尤其是酶，在高温下易变性。因此，中等和较高的热处理温度（63℃和 98℃）使得 68%的蛋白质斑点消失，其中酶 61%的与线粒体酶有关的斑点，如细胞色素 P45011B2 线粒体斑点和琥珀酸脱氢酶细胞色素 B560，在 98℃的样品中完全消失。此外，发现经 63℃和 98℃热处理后，有 8 个蛋白质斑点的丰度增加，且在 98℃时折叠变化更大。结果表明，98℃热处理对驼乳清蛋白有显著影响，部分蛋白完全消失，但在 63℃热处理 60min 后，乳清蛋白仍保持一定的稳定性。温度从 63℃升高到 98℃，驼乳清蛋白的变性程度明显增加。鲜驼乳和 63℃热处理驼乳清蛋白质丰度的变化介于 15%～61%，鲜驼乳与 98℃热处理驼乳清蛋白质丰度的倍数变化介于 79%～98%。通过 SDS-PAGE，发现单个驼乳清蛋白的热变性不如牛乳清蛋白明显；需要对驼乳进行更强的热处理，以获得与牛乳清蛋白相同的变性程度。超过 63℃的热处理导致乳清蛋白的球状结构展开，并发生变性。这些非天然结构随后可以与其他未折叠单体形成聚集体，或与其他类型的蛋白质分子形成聚集体，这是美拉德反应的一个特征。

五、热处理对驼乳盐类的影响

盐类是构成人体组织和维持正常生理功能的必需元素，虽然乳中的有机盐和无机盐在量上相对较少，但对乳具有非常重要的影响。驼乳中含有丰富的钙、磷、钠、钾、镁、铁、铜、锌等无机盐，含量均高于人乳。其中，铁、钙、镁、钾、钠含量较高，分别是人乳的 5 倍、2 倍、3 倍、3 倍、4 倍。据已有研究可知，加热几乎对除碳酸盐和磷酸钙之外的其他盐类没有影响。

六、热处理对驼乳维生素的影响

维生素是维持动物正常生命过程所必需的一类有机物质，需要量少，但是对维持健康十分重要。大多数维生素，机体不能合成或合成量不足，不能满足机体的需要，必须从食物中获得。人体对维生素的需要量很小，但一旦缺乏就会引发相应的维生素缺乏症。驼乳中几乎含所有已知的维生素，如维生素 A、维生素 B_1、维生素 B_2、维生素 B_6、维生素 B_{12}、维生素 C、维生素 D、维生素 E、烟酸、泛酸等。驼乳水溶性维生素中除生物素外，含量均高于牛乳，尤其是烟酸和维生素 C 含量最为丰富。这对于缺乏蔬菜和水果供应的沙漠地区极其重要，因此驼乳成为这些地区居民维生素 C 的主要来源。由于驼乳维生素 D 含量比牛乳高，在儿童生长发育过程中，对骨骼的形成起非常重要的作用，所以每天饮用 500mL 驼乳就可以满足人体维生素 D 的需要。

在驼乳的营养成分中占有重要地位的维生素对温度十分敏感，在加热时，大部分维生素会被破坏。加热工艺对于驼乳营养价值的影响，还可以通过维生素的损失来判断。脂溶性维生素 A、维生素 D 和维生素 E 以及复合维生素核黄素是热稳定性相对较好的，只有在灭菌和长时间加热时，维生素 A、维生素 E 和维生素 B_2 含量才会有所降低。而水溶性维生素，如维生素 B_1、维生素 B_6、维生素 B_{12}、叶酸和维生素 C 对热都很敏感，加热时极易损失。

（一）维生素 A

在驼乳的常规加工条件下，维生素 A 是相对稳定的。100℃以下加热（如巴氏灭菌）几乎对乳中维生素 A 的含量没有影响；若高于 100℃，则维生素 A 会部分损失。相对于热敏感，维生素 A 的光敏感性更高，乳粉等固态乳制品颗粒表面积大，会加速维生素 A 的损失。

（二）维生素 D

有文献记载，驼乳的维生素 D 含量为 640～692IU/L，高于牛乳 20～30IU/L。因此，驼乳可以成为补充维生素 D 的理想饮品，并且长期饮用驼乳可以避免因维生素 D 水平降低而引起的各种疾病及其病症的进一步发展。例如，可减缓因维生素 D 的缺乏而导致类风湿性关节炎的免疫紊乱加重的情况，也可以降低心血管疾病的死亡率。并且对多种恶性肿瘤也有抑制作用。乳制品或人造奶油是维生素 D 的重要膳食来源，在未强化的驼乳制品中维生素 D 的含量相对较低。维生素 D 在储存期和多数乳品加工条件下相对稳定。

（三）维生素 E

高温是影响驼乳中维生素 E 的重要因素之一，100℃以下维生素 E 相对稳定；高温处理时会受到破坏。驼乳加工过程中氧化作用也会破坏其中的维生素 E。暴露在光、热和碱性条件下，会加速驼乳中维生素 E 的氧化损失。氧化前体物、脂类氧化酶或微量元素的催化剂（如 Fe^{3+}、Cu^{2+}）也会加速这一反应，氧化前体物会增加游离物的生成，促进维生素 E 的氧化作用。

（四）维生素 C

研究人员通过对不同畜乳中维生素含量的测定，发现驼乳中维生素 C 的含量高于牛乳，驼乳的含量约为牛乳 3 倍，为人乳的 1.5 倍。100mL 驼乳与等量牛乳的维生素 C含量分别为 3.8mg/mL 与 1.0mg/mL。此外，研究发现，驼乳的抗病毒和抗菌作用能抑制肺结核杆菌的繁殖，对肺结核的治愈具有明显的辅助疗效，如果长期服用会使驼乳的清肺功能发挥得更好。

有学者研究了巴氏灭菌对驼乳中维生素 C 浓度的影响（Wernery 等，2005）。该研究在 2 个月的时间内于迪拜的中央兽医研究实验室采集了 10 峰骆驼的 50 份驼乳样品，并通过 HPLC 分析样品在巴氏灭菌前后的维生素 C 浓度。图 3-8 显示了驼乳经巴氏灭菌前后维生素 C 浓度之间具有极好的相关性（$R^2=0.96$），结果表明，新鲜驼乳和巴氏灭菌后驼乳样品的平均维生素 C 浓度分别为 40.9mg/dL 和 38.4mg/dL，虽然巴氏灭菌导致驼乳中维生素 C 浓度的统计学数据显著降低，但这种减少幅度很小，仅相当于减少了全部维生素 C 含量的 6.1%。此研究表明，巴氏灭菌对驼乳中维生素 C 的破坏率很低，这对维生素来源稀缺的干旱和半干旱国家的消费者来说非常有益。然而，早前对不同热处理条件对驼乳中维生素 C 和维生素 B_2 含量的影响的研究结果显示（Mehaia，1994），驼乳中的维生素 C 含量［（24.9±2.75）mg/kg］比牛乳高，而维生素 B_2 含量［（0.56±0.11）mg/kg］比牛乳少。在 63℃、80℃、90℃、100℃下加热驼乳 30min，会导致维生素 C 分别损失约 27%、4%、41%、5%，而维生素 B_2 则分别损失约 53%、7%、67%、7%。用 LTLT 法对驼乳进行巴氏消毒，使驼乳中维生素 C 减少约 27%，而用 HTST 法对驼乳进行巴氏消毒时可减少驼乳中维生素 C 的破坏（15%的损失率）。驼乳中的维生素 C 比牛乳中的热敏感度更高、更易损失，而热处理对驼乳和牛乳中维生素 B_2 的破坏程度较低。

七、热处理对驼乳酶的影响

（一）乳过氧化物酶

驼乳过氧化物酶的分子质量为 78ku，而牛乳为 72.5ku（Elagamy 等，2000）。驼乳中 LPS 系统能抑制 G^+ 菌，并能杀死 G^- 菌，但对螺旋病毒无抑制作用。驼乳过氧化物酶与牛乳过氧化物酶具有相同的抗菌机制，均在 SCN^- 和 H_2O_2 存在的条件下发挥抗

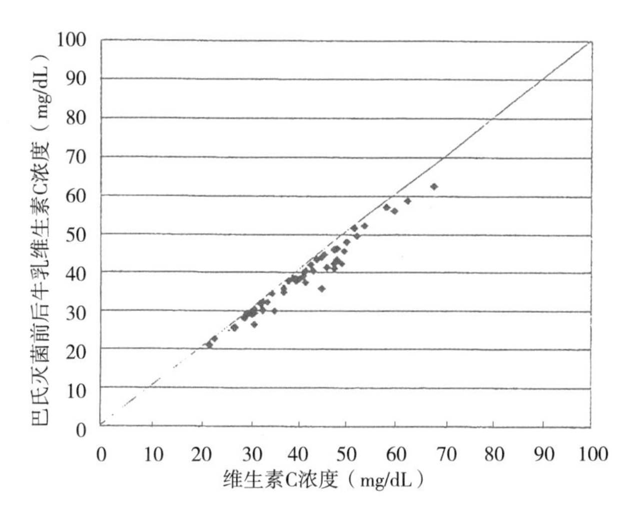

图 3-8　巴氏灭菌前后牛乳维生素 C 浓度（mg/dL）的分散图（对角线代表完全相关和一致）

菌作用。有研究在 67～73℃时建立了基于动力学和热力学的一级动力学模型，研究驼乳和牛乳中乳过氧化物酶耐热性的差异（Tayefi-Nasrabadi 等，2011）。该研究所采用的新鲜驼乳与牛乳均来自 Khorkhor，并在分析了其总蛋白质（IDF，1993）、脂肪物质（ISO，1976）、灰分含量（AOAC，1995）和干物质量（IDF，1970）后将乳分成若干份（50mL）储存在－20℃条件下备用。通过使用 2 470$M^{-1}cm^{-1}$的消光系数，在 450nm 处跟踪邻苯三酚的 H_2O_2依赖性氧化来检测乳过氧化物酶活性（Pruitt 等，1990）。通过在不同温度（67℃、69℃、71℃和 73℃）下将等份的驼乳与牛乳经恒温水浴孵育 60min 并在冰中短暂冷却后测量它们在室温下的活性来研究乳过氧化物酶的热稳定性。

该研究中使用的驼乳和牛乳成分分别为：总蛋白质（3.4%、3.1%）、脂肪（4.2%、3.5%）、灰分（1.33%、0.71%）、干物质（12.14%、11.82%）。热处理对驼乳和牛乳中乳过氧化物酶的酶活性的影响分别见图 3-9A、图 3-9B。乳过氧化物酶变性程度随温度和处理时间的增加而增加。线性回归分析显示，残余乳过氧化物酶活性与每个温度的处理时间的相关系数（R^2）很高（表 3-10）。这些结果表明，驼乳和牛乳中乳过氧化物酶的热失活为单相失活模式。这些结果与 Marin 等（2003）、Trujillo 等（2007）和 Tayefi-Nasrabadi、Asadpour（2008）分别对奶牛乳、山羊乳和水牛乳的乳过氧化物酶的研究结果一致。牛乳过氧化物酶活性在 69℃以下下降非常缓慢，而在 71℃时，酶的失活率显著增加（表 3-10）。例如，在 67℃时，37min 内乳过氧化物酶活性降低至 50%（$t_{1/2}$=37），而在 71℃时，仅需 4.4min 的处理便可导致相同的失活率。驼乳中，67℃和 71℃热处理下将乳过氧化物酶活性降低 50%所需的时间分别为 8.1min 和 1.68min。这些结果表明，与牛乳过氧化物酶相比，驼乳过氧化物酶对温度升高和热处理持续时间的延长更为敏感。通过乳过氧化物酶活性和活性保留率（A/A_0）随时间变化的半对数坐标图计算乳过氧化物酶的 10 倍减少时间（D 值）和传热系数（k 值），进一步证实该结果。与牛乳相比较，随着温度的升高，驼乳过氧化物酶的 D 值和 k 值分别降低和增加。D 值显著降低表明，与牛乳相比，驼乳过氧化物酶具有潜在的热变性。

表 3-10　驼乳和牛乳热处理中乳过氧化物酶失活的动力学参数

温度（℃）	驼乳				牛乳			
	D 值 (min)	R^2	$t_{1/2}$ (min)	k 值 ($\times10^{-2}$/min)	D 值 (min)	R^2	$t_{1/2}$ (min)	k 值 ($\times10^{-2}$/min)
67	17.24	0.91	8.1	13.35	116.27	0.93	37	1.96
69	7.30	0.98	4.45	31.51	31.05	0.99	13.75	7.3
71	3.16	0.91	1.68	72.81	9.78	0.91	4.4	23.78
73	2.09	0.99	1.08	100.1	6.77	0.90	2	100
Z（℃）	6.426	0.98	—	—	4.7	0.95	—	—
E_a (kJ/mol)	349.04	0.98	—	—	634.56	0.99	—	—

注：$t_{1/2}$，原始活动衰退 50%所需的时间；R^2，相关系数；D，十进制缩减时间；k，速率常数；Z，将 D 值减少 1 个对数周期所需的温度；E_a，激活能量。

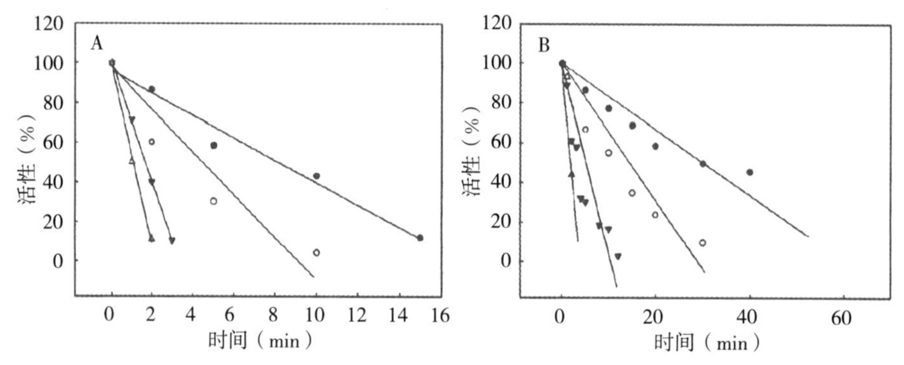

图 3-9　热处理对驼乳（A）和牛乳（B）过氧化物酶活性的影响随着不同温度下处理时间的变化而变化

注：67℃、69℃、71℃、73℃分别用●、○、▼、△表示，活性表示为初始活性的百分比。

对于所研究的温度范围，驼乳和牛乳过氧化物酶的热敏感度值（Z）分别为 6.42℃和 4.7℃。在这项研究中，牛乳过氧化物酶的 Z 值与 Barrett 等（1999）和 Griffiths（1986）报道的值非常接近，分别为 5.1℃和 5.4℃。通常，高 Z 值意味着对热处理持续时间更为敏感（Barrett 等，1999）。因此，驼乳过氧化物酶的 Z 值较高，表示驼乳过氧化物酶对热处理的持续时间比牛乳的更敏感。

表 3-11 为驼乳和牛乳热处理中乳过氧化物酶之间的焓（ΔH），熵（ΔS）和吉布斯自由能（ΔG）等热力学参数的比较。驼乳过氧化物酶的焓变化值低于牛乳的值。可以认为，由于活化能值较低，驼乳过氧化物酶在热处理中可能不如牛乳稳定（Hendrix 等，2000）。在驼乳中，发现乳过氧化物酶的熵（ΔS）变化约为＋722kJ/mol，比牛乳低。驼乳和牛乳中乳过氧化物酶的熵变化为正值，这意味着在热变性期间没有发生聚集反应（Anema，1996）。

表 3-11 驼乳和牛乳热处理中乳过氧化物酶失活的热力学参数

温度（℃）	驼乳			牛乳		
	ΔG（kJ/mol）	ΔH（kJ/mol）	ΔS（kJ/mol）	ΔG（kJ/mol）	ΔH（kJ/mol）	ΔS（kJ/mol）
67	100.90	346.22	721.52	106.33	631.73	1 545.30
69	99.07	346.20	722.60	103.23	631.72	1 545.27
71	97.27	346.18	723.58	100.48	631.70	1 544.25
73	96.69	346.17	721.02	96.95	631.68	1 545.48

注：ΔG，吉布斯自由能的变化；ΔH，焓变化；ΔS，熵的变化。

（二）溶菌酶

Elagamy 等（2000）报道单峰驼乳中溶菌酶的含量为每 100mL 132μg，其含量是奶牛乳的 4.9 倍，水牛乳的 11 倍。研究人员对 200 份乳样进行分析，研究了驼乳的抗菌作用与其溶菌酶含量的关系，结果表明，有 20 份乳样抑制了 6 种病原菌中的一个或多个病原菌的生长；并且这 20 份具有抗菌作用的样品中溶菌酶含量高达每 100mL 648μg，明显高于无抗菌作用的乳样中溶菌酶含量（每 100mL 62.6μg）。综合现有研究报道，驼乳溶菌酶的含量比牛乳更高。

Elagamy 等（2000）进行了热处理对驼乳中保护性蛋白（溶菌酶、免疫球蛋白超基因族和乳铁蛋白）影响的研究。分别将骆驼、奶牛和水牛脱脂乳样品加热到 65℃、75℃、85℃及 100℃，并保持 30min，结果表明，将 3 种乳在 65℃下处理 30min，对溶菌酶和乳铁蛋白没有显著影响，但免疫球蛋白超基因族显著性失活。奶牛乳和水牛乳免疫球蛋白超基因族在 75℃处理 30min 后完全失活，而驼乳 69%的免疫球蛋白超基因族失活。3 种乳中的乳铁蛋白在 85℃处理 30min 全部失活；而在此条件下，驼乳、奶牛乳、水牛乳中溶菌酶的失活率分别为 56%、74%和 82%。由此可知，驼乳中保护性蛋白的耐热性显著高于（$P<0.01$）奶牛乳和水牛乳。这些保护性蛋白耐热能力的强弱顺序为：溶菌酶>乳铁蛋白>IgGs。

（三）其他酶类

Wernery（2006）和 Lorenzen 等（2011）研究了新鲜驼乳和巴氏灭菌驼乳中碱性磷酸酶（alkaline phosphatase，ALP）、γ-谷氨酰转肽酶（γ-glutamyl transpeptidase，GGT）、乳过氧化物酶（lactoperoxidase，LPO）、脂肪酶（lipase，LIP）和亮氨酸芳基酰胺酶（leucine aryl amidase，LAP）的活性，希望能找到适合的热处理指示剂来验证巴氏灭菌的有效性。结果显示，在经巴氏灭菌驼乳中检测到的残留活性表明，ALP、GGT 和 LIP 不适合作为标记物。新鲜驼乳中的 LAP 活性太低，且数据变化太大而不能作为标记物。整体看来，LPO 最适合作为验证巴氏灭菌有效性的指示剂。

八、热处理对驼乳物理性质的影响

人们除了以鲜驼乳和酸驼乳的形式饮用驼乳外，还可以通过巴氏消毒、煮沸等灭

菌和热处理后再饮用或保存。然而，这些处理对驼乳蛋白的营养特性和生物学活性均会产生一定影响。热处理对牛乳中成分的影响已被广泛研究，但热处理对驼乳影响的研究却很少。

（一）酪蛋白胶体的变化

在低于90℃的热处理中酪蛋白的体积变化很小，UHT灭菌后胶体体积增加。研究表明，经140℃、10min热处理后，酪蛋白胶体直径增加，胶体粒子的分布范围缩小。pH也影响受热酪蛋白的半径。加热时pH由6.7变化为6.9，胶体平均直径增加；但pH继续上升至7.2，胶体半径减小。加热过程中从酪蛋白中解离的小颗粒物质明显增加。在高温情况下，κ-酪蛋白从酪蛋白胶体上解离出来，解离量与加热的温度、时间、酪蛋白浓度、可溶性盐、pH密切相关。高温加热使酪蛋白胶体的表面电势减小，这与加热过程中κ-酪蛋白的水解酪蛋白、α-酪蛋白、β-酪蛋白的脱磷酸化，pH的降低与磷酸钙的沉淀有关。热处理（pH 6.8、140℃、15min）也降低了酪蛋白的水合作用。

（二）酪蛋白和乳清蛋白的相互作用

90℃的热处理使得变性的乳清蛋白和酪蛋白聚合，这种结合程度及其类型与热处理的强度有关。在缺少β-乳球蛋白的情况下，α-乳白蛋白很难在加热过程中与酪蛋白胶体结合。变性乳清蛋白在90～140℃、pH＜6.7的条件下络合于胶体表面；在pH7.3时加热，乳清蛋白不与酪蛋白结合，胶体大部分解离。浓缩乳中乳清蛋白和酪蛋白胶体的结合少于非浓缩乳。

（三）皮膜的形成

当驼乳在45℃以上加热时，即在液面形成一层皮膜。随时间延长，此膜厚度将有所增加。有研究认为，膜的形成是由于在水分不断蒸发的促进下，乳液与空气接触界面层的蛋白质不断浓缩，从而导致胶体不可逆转地凝结，形成了薄膜。开始形成这种膜的干物质中，乳脂肪占70%以上，蛋白质含量为20%～25%，其中以乳清蛋白居多。加热时不断搅拌可以防止皮膜形成。

（四）加热对驼乳形成乳石的影响

在高温加热或煮沸驼乳时，在与驼乳接触的加热面上，常出现有结焦物，这就是乳石。乳石的形成不仅影响加热面的传热效率、杀菌和蒸发水分的效果，而且会造成乳固体的损失。形成的乳石还阻碍驼乳在管道中流动，严重时将导致设备无法正常工作。驼乳在超滤和反渗透膜上形成的沉积层会影响过滤的速率。乳石的主要成分是蛋白质、脂肪和无机盐类，无机物中主要是磷和钙，其次为镁。乳石的形成过程中先形成磷酸钙的晶核，然后在此基础上，由以蛋白质为主的乳固形物的不断沉淀而形成。乳石形成的主要原因是：驼乳酸度高易形成乳石。细菌作用后变酸的驼乳结垢速度加剧，产驼后第10周的乳形成乳石的情况最少，泌乳后期的乳形成乳石的情况最多。新鲜驼乳不易形成乳石，而冷却 24h 的驼乳乳石形成量不超过新鲜乳的 50%。低温储存乳可以减少沉淀的产生。浓缩乳结垢的速率高于一般驼乳。设备表面光洁度高不易形成乳石。加热时表面空气泡的存在可以加速乳石的形成，这是因为空气泡附近的表面温度过高。驼乳脱气后可以减少乳石的形成。驼乳与加热蒸汽间温度差大时会促进乳石形成。驼乳的流速大，形成乳石的机会则少。乳石会增加仪器的清洗难度，沉淀物中会有大量微生物生长，因此如果不去除，将达不到消毒的目的。蛋白质可用热碱溶液溶解，磷酸钙可用弱酸或钙螯合剂，如 EDTA-Na 溶解。而去除脂质，并使沉淀物悬浮时必须使用洗涤剂。

（五）加热对 pH 的影响

在加热过程中两类盐类体系的变化会引起驼乳 pH 改变。鲜驼乳中含有 CO_2 200mg/L，在静置期间大约有 50%会散失，在加热过程中会进一步散失。这会引起滴定酸度的减小和 pH 的上升。在加热期间胶态磷酸钙的形成，会更多地补偿 CO_2 的散失。pH 的变化可以按照下列方式描述：

$$3Ca^{2+} + HPO_4^{2-} \xleftrightarrow{冷却} Ca_3(PO_4)_2 + 2H^+$$

受到中等程度的热处理时，冷却过程中该反应是可逆的；但是在更为强烈的热处理之后，这种反应变得部分可逆。

杨洁等（2013）研究加热温度和时间与驼乳相对密度、滴定酸度、pH、黏度、乙醇稳定性、乳糖含量和总蛋白质含量的关系，采用 SDS-PAGE 检测每个热处理水平驼乳蛋白质的变性程度。结果显示，热处理对驼乳的相对密度、黏度、折射率、pH 以及滴定酸度都没有显著影响（$P>0.05$），但对驼乳的乙醇稳定性有显著影响（$P<0.05$）。驼乳的酸度是由于微生物的作用而升高的，热处理不会对它的酸度有明显影响。pH 的大小是由溶液中氢离子的浓度决定的，由于驼乳是一个具有缓冲的体系，热处理不会对其产生显著影响。随着温度的升高和热处理时间的延长，驼乳的乙醇稳定性有逐渐降低的趋势。温度越高，驼乳的乙醇稳性越低。热处理时间越长，乙醇稳定性随着时间的延长显著降低（$P<0.05$）。温度对乳样胶体的亲水性有影响，这可能是升高温度使驼乳胶体的亲水能力发生变化，从而导致其稳定性的降低（范淳等，1994）。

Desouky 等（2013）研究了不同热处理对驼乳制成的浓缩酸奶（labneh）的化学流变学和微观结构特性的影响。样品分为 63℃、85℃和 95℃热处理 30min 的驼乳制成的浓缩酸奶，对照样品为以 72℃下巴氏灭菌 15s 的驼乳制成的浓缩酸奶。化学组成检测结果显示，85℃和 95℃热处理 30min 的驼乳所制备的浓缩酸奶样品，其总固形物、蛋白质和脂肪含量显著增加，而乳糖含量则随着驼乳热处理温度的增加而降低。而到第 9 天时，pH 从 4.90 降低至 4.78，且可滴定酸度（乳酸百分比计）从 0.82%增加至 1.02%。与对照组相比，酸度和 pH 在最高热处理（95℃、30min）条件时差异显著。表观黏度随热处理时间的延长呈线性增加，随储存时间的延长而增加。对照样品的脱水指数高于其他处理组，且随着储存时间的延长（9d），该指数降低。扫描电子显微镜（scanning electron microscope，SEM）结果显示，高温处理的浓缩酸奶样品的蛋白质基质似乎比对照相对更为密集。

在这些处理中，酪蛋白胶束主要通过颗粒间的连接形成较小的空隙链，而不是通过颗粒融合成大聚集体。然而，对照样品则显示出比试验处理更开放、松散，且密度更低的蛋白质网络。最终结果表明，95℃下热处理30min对驼乳浓缩酸奶的理化性质、质地和感官性质具有显著影响。Elhamid等（2017）研究了热处理和发酵释放驼乳中的生物活性肽的可能性。将驼乳在80℃加热30min、60min、90min和120min，测定乳样的物理性质和生物活性。结果表明，热处理和发酵过程中，pH（$P<0.01$）显著降低。7d后pH分别为4.55、4.42、4.41和4.42。pH降低是由保加利亚乳杆菌和嗜热链球菌两种嗜热同型发酵乳酸菌的缔合生长引起的乳糖发酵的结果。由于抗菌剂的存在，驼乳酸化缓慢。

（六）加热对驼乳起泡性的影响

温度与起泡的形成和稳定有直接关系。鲜驼乳在30℃时起泡性最好，黏度也最稳定，温度太低或太高均可降低驼乳蛋白的起泡性。黏度对驼乳蛋白的稳定性影响很大，黏度大的物质有助于泡沫的形成和稳定。pH对蛋白泡沫的形成和稳定影响很大。蛋白在pH为6.5～9.5时形成泡沫的能力很强但不稳定。Lajnaf等（2017）研究了热处理时不同温度（70℃或90℃、30min）和不同pH（4.3或6.5）条件对驼乳中纯化的α-乳白蛋白的起泡性能的影响。结果表明，与牛乳α-乳白蛋白相同，驼乳α-乳白蛋白在酸性pH下热处理后的界面性质比中性条件下热处理后的低。

加热处理使乳糖产生甲酸等有机酸，也会影响乳的pH。加热时，pH由6.7变为6.9，此时酪蛋白直径增加，pH继续上升至7.2，酪蛋白直径开始减小。热处理改变了驼乳α-乳白蛋白溶液的起泡性及其在空气和水界面展开的能力。在中性pH下，发现热处理改善起泡性，而在酸性pH（4.3）下，起泡性减弱。由于在低pH条件下蛋白质聚集水平较高，因此在pH 4.3下热处理后泡沫更稳定。热处理也引起α-乳白蛋白表面电荷的变化，这些结果也证实了加热的驼乳α-乳白蛋白溶液在酸性pH下的聚集显著。研究表明，经140℃、10min热处理后，酪蛋白胶体直径增加，胶体粒子分布范围缩小。Lajnaf等（2017）在温度为70℃和90℃，加热30min，及在一定的pH下对鲜驼乳进行热处理，对α-乳白蛋白的起泡界面的影响进行了研究。乳清的这种变化由乳清蛋白pI（4.9～5.2）决定，其中蛋白质被发现携带最低的负电荷，与zeta电位测量结果一致。

就驼乳而言，Mellema和Isenbart（2014）报道，乳清蛋白加热和酸化相结合导致了广泛的聚集。由此产生的聚集体表面活性较低，表面竞争较少，但因蛋白质之间较大的相互作用可以形成更稳定的界面膜。pH和温度影响从驼乳纯化的驼乳清蛋白的起泡和界面性质。我们在这里表明，在酸性条件下，驼乳α-乳白蛋白溶液的起泡性最高，在接近其有效等电点20℃时，阴性基团的质子化降低了蛋白质的静电排斥，并且随着其螯合钙的释放而引起部分变性。这种泡沫状态增强了蛋白质的起泡特性。

将新鲜驼乳样品分成 4 份，分别在 72℃（15s）、75℃（10min）、80℃（5min）和 65℃（30min）的温度下加热（表 3-12），经巴氏灭菌后的样品在 7℃分别储存 0d、5d、10d、12d、14d，检测样品的 pH。统计学分析显示，不同热处理和不同储存时间对 pH 没有显著影响（Murray 等，2004）。之后，对样品 pH 进行检测，统计分析表明，本研究中 pH 对驼乳不同热处理和不同储存时间没有显著影响，但热处理和储存时间对细菌总数有显著（$P<0.05$）影响，本研究中样品 pH 对驼乳不同热处理和不同储存时间没有显著影响（Eissa 等，2017）。

表 3-12　热处理对驼乳与驼乳清理化性质的影响

热处理温度（℃）	处理时间	理化性质变化	资料来源
60、65、70、75、85 和 100	10min、20min、30min 和 40min	对乙醇稳定性有显著影响	杨洁等（2013）
100 和 120	30s	pH 及含水量降低	Hougaard 等（2010）
63、85 和 95	30min	酸度和黏度增加，pH 降低	Desouky 等（2013）
70 和 90 处理发酵驼乳清	30min	中性环境起泡性降低，酸性环境起泡性更易降低且稳定	Lajnaf 等（2017）
80	30min、60min、90min 和 120min	pH 显著降低	Elhamid 等（2017）
72、75、80 和 65	15s、10min、5min 和 30min	pH 没有显著影响，菌落总数影响明显	Eissa 等（2017）
140 处理发酵驼乳	10min	酪蛋白胶体直径增加	Dickinson（2003）

第三节　合格驼乳的监管要求

骆驼是荒漠、半荒漠地区的主要畜种，驼乳是我国特种乳资源，其含有蛋白质、乳糖、低聚糖、不饱和脂肪酸、矿物质和 B 族维生素、维生素 C、维生素 E 等多种营养成分，还富含乳铁蛋白、免疫球蛋白、乳过氧化物酶和溶菌酶等保护性蛋白（萨仁图娅等，2015），独特的营养构成使其比牛乳更容易消化吸收，而且保健功能也优于牛乳，是沙漠中游牧民族的主要食物。驼乳具有抗氧化、保肝、抗炎、抗菌等作用；驼乳还有其他潜在的治疗特性，如抗肿瘤、抗糖尿病、抗高血压和保护肾，适合自闭症和对牛乳过敏的儿童食用（El-Hatmi 等，2007），在疟疾、黄疸、肝硬化、贫血、便秘和哮喘等疾病的治疗中有重要作用（吉日木图等，2016）。除此之外，驼乳中几乎不含 β-乳球蛋白，过敏原性较低，不仅对过敏体质有很好的改善作用，而且其营养构成非常接近人乳，越来越受到人们的关注，成为非常有发展前景的牛乳制品替代品。大多数驼乳在新鲜时饮用，但也有的在发酵后食用。生驼乳是驼乳制品的主要原料，发酵驼乳、驼乳粉是驼乳的主产品，由于驼乳开发和生产尚处于初级发展阶段，目前均无国家标准或地方标准。

一、术语和定义

（一）生驼乳

从符合国家有关要求的健康泌乳驼乳房中挤出的无任何成分改变的常乳，产驼羔后30d内的乳、应用抗生素期间和休药期间的乳汁、变质乳不应用作生乳。

（二）灭菌乳

1. 超高温灭菌驼乳 以生驼乳为原料，添加或不添加复原驼乳，在连续流动的状态下，加热到至少132℃并保持很短时间的灭菌，再经无菌灌装等工序制成的液体产品。

2. 保持灭菌驼乳 以生驼乳为原料，添加或不添加复原乳，无论是否经过预热处理，在灌装并密封之后经灭菌等工序制成的液体产品。

3. 巴氏灭菌驼乳 仅以生驼乳为原料，经巴氏灭菌等工序制得的液体产品。

（三）发酵驼乳

以生驼乳或复原驼乳为原料，经灭菌、接种发酵剂发酵后制成的pH降低的产品。

1. 酸驼乳 以生驼乳或复原驼乳为原料，经灭菌、接种嗜热链球菌和保加利亚乳杆菌（德氏乳杆菌保加利亚亚种）发酵等工艺制成的产品。

2. 风味发酵驼乳 以不低于80%生驼乳、复原驼乳为主要原料，全脂、部分脱脂或脱脂，添加其他原料，经灭菌、接种发酵剂发酵后pH降低，发酵前或后添加或不添加食品添加剂、营养强化剂、果蔬、谷物等制成的产品。

（四）驼乳粉

以生驼乳为原料，全脂、脱脂或部分脱脂，经灭菌、浓缩、干燥等工艺制成的粉状产品。

调制驼乳粉是以生驼乳或其加工制品为主要原料，添加其他原料，添加或不添加食品添加剂和营养强化剂，经干法工艺或湿法工艺加工制成的驼乳固体含量不低于70%的粉状产品。

（五）驼奶片

仅以生驼乳为原料，经加工制成的片状成型产品。

发酵驼奶片是以发酵驼乳为原料，经加工制成的片状成型产品。

二、规范性引用文件

与生鲜乳、发酵驼乳、驼乳粉等的感官要求、理化指标、微生物指标相关的标准有：《中国乳制品工业行业标准　生驼乳》（RHB 900—2017）、《中国乳制品工业行业标准　发酵驼乳》（RHB 902—2017）、《中国乳制品工业行业标准　驼乳粉》（RHB 903—2017）等。

三、指标要求

（一）感官要求

依据驼乳中所具有的挥发性物质对驼乳的气味、滋味等进行感官评定。与驼乳感官指标相关的标准有：《中国乳制品工业行业标准　生驼乳》（RHB 900—2017）、《团体标准　生驼乳》（T/CAAA 007—2019）、《团体标准　灭菌驼乳》（T/CAAA 008—2019）、《团体标准　巴氏杀菌驼乳》（T/CAAA 009—2019）、《中国乳制品工业行业标准　发酵驼乳》（RHB 902—2017）。具体检验方法：取适量试样于50mL烧杯中，在自然光下观察色泽和组织状态。闻其气味，用温开水漱口，品尝滋味（表3-13）。

表3-13　驼乳的感官要求

项目	生驼乳	发酵驼乳	风味发酵驼乳	驼乳粉	调制驼乳粉
色泽	呈乳白色或微黄色	色泽均匀一致，呈乳白色或微黄色	具有与添加成分相符的色泽	呈均匀一致的乳白色或微黄色	有应有的色泽
滋味、气味	具有乳固有的香味，无异味	具有发酵驼乳特有的滋味、气味	具有与添加成分相符的滋味和气味	具有纯正的驼乳香味	有应有的滋味、气味
组织状态	呈均匀一致液体，无凝块、无沉淀、无正常视力可见异物	组织细腻、均匀，允许有少量乳清析出	组织细腻、均匀，允许有少量乳清析出；具有添加成分特有的组织状态	干燥、均匀的粉末，无结块	干燥、均匀的粉末，无结块

（二）理化指标

驼乳产品的包装标签必须标明产品中脂肪、蛋白质、非脂乳固体的含量。驼乳中的酸度主要来源于乳酸菌将乳中的乳糖发酵分解成的乳酸。乳酸可降低胃的pH，促进乳蛋白质的消化吸收，抑制肠道内有害菌的生长，有益人体健康。生驼乳、灭菌驼乳、巴氏灭菌驼乳、发酵驼乳、风味发酵驼乳、驼乳粉、发酵驼乳粉以及驼奶片的理化指标分别符合《中国乳制品工业行业标准　生驼乳》（RHB 900—2017）、《团体标准　生驼乳》（T/CAAA 007—2019）、《团体标准　灭菌驼乳》（T/CAAA 008—2019）、《团体标准　巴氏杀菌驼乳》（T/CAAA 009—2019）、《中国乳制品工业行业标准　发酵驼乳》（RHB 902—2017）、《中国乳制品工业行业标准　驼乳粉》（RHB 903—2017）、《团体标准　发酵驼乳粉》（T/CAAA 012—2019）及《团体标准　驼奶片》（T/CAAA 013—2019）的规定（表3-14）。

表 3-14　生驼乳的理化指标

项目	指标	检验方法
相对密度（20℃/4℃）	≥1.027	GB 5009.2—2016
蛋白质（g，以 100g 生驼乳计）	≥3.5	GB 5009.5—2016
脂肪（g，以 100g 生驼乳计）	≥5.0	GB 5009.6—2016
非脂乳固体（g，以 100g 生驼乳计）	≥8.5	GB 5413.39—2010
杂质度（mg/kg）	≤4.0	GB 5413.30—2016
酸度（°T）	16～24	GB 5009.239—2016

生驼乳的相对密度要求与《食品安全国家标准　生乳》（GB19301—2010）的要求相同，均≥1.027（20℃/4℃），杂质度是指乳中含有的杂质的量，是衡量乳品质量的重要指标，主要是指乳品在生产及运输过程中带入的草、沙及灰尘等异物。《食品安全国家标准　生乳》（GB19301—2010）中规定生鲜乳的杂质度≤4.0mg/kg，与生驼乳的杂质度要求相同。生驼乳中蛋白质含量、脂肪含量均高于牛乳（牛乳中蛋白质≥2.8g/100g、脂肪≥3.1g/100g）。生乳中酸度是反应乳是否新鲜的指标，生驼乳中酸度要求高于国家标准中牛乳酸度（12～18°T）的规定（表 3-15）。

表 3-15　灭菌驼乳及巴氏杀菌驼乳的理化指标

项目	指标	检验方法
脂肪[a]（g，以 100g 生驼乳计）	≥4.0	GB 5009.6—2016
蛋白质（g，以 100g 生驼乳计）		
双峰驼乳	≥3.5	GB 5009.5—2016
单峰驼乳	≥3.4	
非脂乳固体（g，以 100g 生驼乳计）	≥8.5	GB 5413.39—2010
酸度（°T）	16～24	GB 5009.239—2016

注：[a]仅适用于全脂灭菌驼乳。

发酵驼乳酸度根据《食品安全国家标准　发酵乳》（GB 19302—2010）要求为≥70°T，发酵驼乳全脂脂肪含量、非脂乳固体和蛋白质含量要求均高于发酵乳要求（发酵乳中脂肪≥3.1g/100g、非脂乳固体≥8.1g/100g、蛋白质≥2.1g/100g）（表 3-16）。

表 3-16　发酵驼乳的理化指标

项目	全脂	部分脱脂	脱脂	检验方法
脂肪（g，以 100g 样品计）	≥5.0	0.6～4.0	≤0.5	GB 5413.39—2010
蛋白质（g，以 100g 样品计）		≥3.5		GB 5009.5—2016
非脂乳固体（g，以 100g 样品计）		≥8.5		GB 5413.39—2010
酸度（°T）		≥70		GB 5009.239—2016

风味发酵驼乳酸度和《食品安全国家标准　发酵乳》（GB 19302—2010）中的要求相同，均≥70°T。脂肪含量、蛋白质含量要求均高于《食品安全国家标准　发酵

乳》(GB 19302—2010)(脂肪≥2.5g、蛋白质≥2.3g,均以100g乳计)中的规定(表3-17)。

表3-17 驼乳粉的理化指标

项目	全脂	部分脱脂	脱脂	检验方法
脂肪(%)	≥31.0	6.0~28.0	≤5.0	GB 5413.39—2010
蛋白质(%)		≥非脂乳固体[a]的36%		GB 5009.5—2016
复原乳酸度(°T)		≤18		GB 5009.239—2016
杂质度(mg/kg)		≤16		GB 5413.30—2016
水分(%)		≤5.0		GB 5009.3—2016

注:[a]非脂乳固体(%)=100%-脂肪(%)-水分(%)。

驼乳粉的复原乳酸度、杂质度和水分与《食品安全国家标准 乳粉》(GB 19644—2010)要求相同,分别为≤18°T、≤16mg/kg、≤5.0%。脂肪含量、蛋白质含量要求均高于牛乳粉要求,分别为16.5%、≤5.0%(表3-18)。

表3-18 调制驼乳粉的理化指标

项目	全脂	部分脱脂	脱脂	检验方法
蛋白质(%)		16.5		GB 5009.5—2016
水分(%)		≤5.0		GB 5009.3—2016

发酵驼乳粉的理化指标见表3-19。

表3-19 发酵驼乳粉的理化指标

项目	指标	检验方法
脂肪(%)		
双峰驼	≥28	GB 5009.6
单峰驼	≥26	
蛋白质(%)		
双峰驼	≥非脂乳固体[a]的36%	GB 5009.5
单峰驼	≥非脂乳固体[a]的34%	
复原乳酸度(°T)	≤24	GB 5009.239
杂质度(mg/kg)	≤16	GB 5413.30
水分(%)	≤5.0	GB 5009.3

注:[a]非脂乳固体(%)=100%-脂肪(%)-水分(%)。

(三)微生物限量

乳中微生物主要来源于3个方面,一是乳房内部;二是挤乳和储存设备;三是在储运过程中受到污染。驼乳营养丰富,但极易被污染,使得细菌促成腐败变质,轻则引起肠炎、腹泻、结核,重则引发食物中毒,威胁生命安全。因此,需要对驼乳中微生物制订相应的标准,本节中生驼乳、灭菌驼乳、巴氏灭菌驼乳、发酵驼乳、风味发酵驼乳、驼乳粉、发酵驼乳粉以及驼奶片其微生物限量分别符合《中国乳制品工业行业标准　生驼乳》(RHB 900—2017)、《团体标准　生驼乳》(T/CAAA 007—2019)、《团体标准　灭菌驼乳》(T/CAAA 008—2019)、《团体标准　巴氏杀菌驼乳》(T/CAAA 009—2019)、《中国乳制品工业行业标准　发酵驼乳》(RHB 902—2017)、《中国乳制品工业行业标准　驼乳粉》(RHB 903—2017)、《团体标准　发酵驼乳粉》(T/CAAA 012—2019) 及《团体标准　驼奶片》(T/CAAA 013—2019) 的规定 (表 3-20)。

表 3-20　生驼乳的微生物限量

等级	指标	检验方法
菌落总数 (CFU/mL)	$\leqslant 2\times10^6$	GB 4789.2—2016

菌落总数测定用于判定驼乳被细菌污染的程度及卫生质量，它反映驼乳在生产过程中是否符合卫生要求，以便对被检样品做出适当的卫生学评价。菌落总数的多少在一定程度上标志着驼乳卫生质量的优劣。本节中生驼乳的菌落总数必须$\leqslant 2\times10^6$CFU/mL (表 3-21)。

表 3-21　巴氏灭菌驼乳的微生物限量

项目	采样方案[a]及限量 (CFU/g)				检验方法
	n	c	m	M	
菌落总数	5	2	50 000	100 000	GB 4789.2—2016
大肠菌群	5	2	1	5	GB 4789.3—2016
金黄色葡萄球菌	5	0	0/25g (mL)	—	GB 4789.10—2016
沙门氏菌	5	0	0/25g (mL)	—	GB 4789.4—2016

注：[a] 样品的分析及处理按《食品安全国家标准　食品微生物学检验　总则》(GB 4789.1—2016) 和《食品安全国家标准　食品微生物学检验　乳与乳制品检验》(GB 4789.18—2010) 执行。

发酵驼乳、风味发酵驼乳中的大肠菌群、金黄色葡萄球菌、沙门氏菌、酵母菌、霉菌限量应符合的规定见表 3-22。

表 3-22　发酵驼乳、风味发酵驼乳的微生物限量

项目	采样方案[a]及限量 (CFU/g)				检验方法
	n	c	m	M	
大肠菌群	5	2	1	5	GB 4789.3—2016
金黄色葡萄球菌	5	0	0/25g (mL)	—	GB 4789.10—2016
沙门氏菌	5	0	0/25g (mL)	—	GB 4789.4—2016
酵母菌			$\leqslant$100		GB 4789.15—2016
霉菌			$\leqslant$30		GB 4789.15—2016

注：采样方案[a]及限量 (若非指定，均以 CFU/g 或 CFU/mL 表示)；n 为同一批次产品应采集的样品件数；c 为最大可允许超出 m 值的样品数；m 为微生物指标可接受水平的限量值；M 为微生物指标的最高安全限量值。

驼乳粉、调制驼乳粉、发酵驼乳粉、驼奶片的微生物限量见表 3-23。

表 3-23　驼乳粉、调制驼乳粉、发酵驼乳粉、驼奶片的微生物限量

项目	采样方案[a]及限量（CFU/g）				检验方法
	n	c	m	M	
菌落总数[b]	5	2	50 000	200 000	GB 4789.2—2016
大肠菌群	5	1	10	100	GB 4789.3—2016
金黄色葡萄球菌	5	2	10	100	GB 4789.10—2016
沙门氏菌	5	0	0/25g	—	GB 4789.4—2016

注：采样方案[a]及限量（若非指定，均以 CFU/g 表示）；不适用于添加活性菌种（好氧或兼性厌氧益生菌）的产品；n 为同一批次产品应采集的样品件数；c 为最大可允许超出 m 值的样品数；m 为微生物指标可接受水平的限量值；M 为微生物指标的最高安全限量值。

（四）真菌毒素限量

真菌毒素（Mycotoxins）是真菌产生的次生代谢产物，主要包括黄曲霉毒素、镰刀菌毒素等。大部分真菌在 20～28℃都能生长，在 10℃以下或 30℃以上，真菌生长显著减弱，在 0℃几乎不能生长。一般控制温度可以减少真菌毒素的产生。黄曲霉低生长温度介于 6～8℃，高生长温度介于 44～46℃，在 32℃时黄曲霉毒素 B_1 的产量最高。真菌为好氧性微生物，在厌氧条件下几乎不能生长。因此，干燥、低温、厌氧是防止霉变的主要措施。驼乳中的真菌毒素限量应符合《食品安全国家标准　食品中真菌毒素限量》（GB 2761—2017）的规定（表 3-24）。

表 3-24　驼乳的真菌毒素限量

项目	限量（μg/kg）	检验方法
黄曲霉毒素 M_1	0.5	GB 5009.24—2016

（五）污染物限量

污染物（pollutant）是指食品在从生产（包括农作物种植、动物饲养和兽医用药）、加工、包装、储存、运输、销售直至食用等过程中产生的，或由环境污染带入的及非有意加入的铅、汞、砷、铬等化学性危害物质。驼乳及驼乳制品加工、包装、储存、运输、销售直至食用过程所产生的污染物比较少，主要产生在动物饲养和兽医用药阶段。所以，要控制驼乳中的污染物就需要减少骆驼食用饲料和饮用水的污染。乳及乳制品、生乳、巴氏灭菌乳、乳粉、灭菌乳、发酵乳、调制乳的污染物限量应符合《食品安全国家标准　食品中污染物限量（含第 1 号修改单）》（GB 2762—2017）的规定（表 3-25）。

表 3-25　驼乳的污染物限量

项目	限量（以 pb 计）（mg/kg）			检验方法
	乳及乳制品	生乳、巴氏灭菌乳、灭菌乳、发酵乳、调制乳	乳粉	
铅	0.3	0.05	0.5	GB 5009.12—2017

（续）

项目	限量（以 pb 计）（mg/kg）			
	乳及乳制品	生乳、巴氏灭菌乳、灭菌乳、发酵乳、调制乳	乳粉	检验方法
汞	—	0.01	—	GB 5009.17—2014
砷	—	0.1	0.5	GB 5009.11—2014
铬	—	0.3	2.0	GB 5009.123—2014
亚硝酸盐、硝酸盐	—	—	2.0	GB 5009.33—2016

（六）乳酸菌数

乳酸菌（Lactic acid bacteria，LAB）指可利用糖类，并能够产生乳酸的革兰氏染色阳性、无芽孢的一类细菌的统称。乳酸菌数在发酵乳中的含量是评价产品对于人们营养与健康作用的重要指标，而发酵乳的酸度直接影响成品的质量、风味与口感。《中国乳制品工业行业标准　发酵驼乳》（RHB 902—2017）中规定产品中的乳酸菌数不得低于 1×10^6 CFU/g（mL），酸度应≥70°T（表 3-26）。

表 3-26　发酵驼乳的乳酸菌数

项目	限量［CFU/g（mL）］	检验方法
乳酸菌数[a]	1×10^6	GB 4789.35—2016

注：[a]发酵后经热处理的产品对乳酸菌数不做要求。

四、净含量及其检验

应符合《定量包装商品计量监督管理办法》的规定，净含量检验按《定量包装商品净含量计量检验规则》（JJF 1070—2005）执行。

五、生产加工过程的卫生要求

应符合《食品安全国家标准　乳制品良好生产规范》（GB 12693—2010）的规定。

六、标志、包装、运输和储存

（一）标志

（1）产品标签标示应符合《食品安全国家标准　预包装食品标签通则》（GB 7718—2011）和《食品安全国家标准　预包装食品营养标签通则》（GB 28050—2011）的规定，外包装标志应符合《中华人民共和国国家标准　包装储运图示标志》（GB/T 191—2008）的规定。

(2) 产品名称应标为“发酵驼乳/奶”或“酸驼乳/奶”“××风味发酵驼乳/奶”或“××风味酸驼乳/奶”。

(3) 全部用驼乳粉生产的产品应在产品名称紧邻部位标明“复原驼乳/奶”；在生驼乳中添加部分驼乳粉生产的产品应在产品名称紧邻部位标明“含××%复原驼乳/奶”。

注：“含××%”是指所添加驼乳粉占产品中全乳固体的质量分数。

（二）包装

产品应采用符合安全标准的包装材料包装。

（三）运输和储存

注意事项有：①储存场所及运输工具应清洁、卫生、干燥，防止日晒、雨淋，不应与有毒、有害、有异味或影响产品质量的物品同库存放或混装运输。②驼乳应于密闭、洁净、经过消毒的保温奶槽车或符合食品安全要求的容器中运输和储存，储存温度为2～6℃，产品堆放时必须有垫板，与地面距离10cm以上，与墙壁距离20cm以上。③产品保质期由生产企业根据包装材质、工艺条件自行确定。

第四章 驼乳的医学辅助治疗价值

CHAPTER 4

驼乳在疟疾、黄疸、肠胃疾病和咳嗽（肺炎）等疾病的治疗中发挥着重要作用。饮用驼乳能有效缓解肝硬化、佝偻病、哮喘和贫血等疾病的症状，同样也可使胆道闭锁儿童的病情得到控制，并维持生命直到实施换肝手术。印度 Ilse（2004）研究报道，驼乳可辅助治疗一些重大疾病，如肺结核。驼乳还可为病人的康复提供良好的能量补充。在哈萨克斯坦，驼乳作为癌症化学疗法的辅助剂，尤其对消化器官癌症具有良好的辅助治疗作用。在俄罗斯，许多医院给病人饮用驼乳来辅助治疗肺结核、节段性回肠炎和糖尿病。发酵驼乳中乳酸菌含量很高，能够有效抑制包括芽孢杆菌、金黄色葡萄球菌和大肠杆菌在内的病原菌，可用于治疗一些胃肠道疾病。

第一节　驼乳对肿瘤疾病的辅助治疗作用

驼乳是治疗癌症或艾滋病等免疫缺陷性疾病的理想饮品。驼乳中的诸多生物活性分子有抑制肿瘤的作用，其中乳铁蛋白作为一种天然乳成分，具有抗结肠癌和其他癌症的潜在功效。乳铁蛋白可以保护化学诱变的肿瘤。据报道，乳铁蛋白具有抑制小鼠肿瘤转移的作用。另外，驼乳中维生素 C 的含量较高，约为牛乳的 3 倍、人乳的 1.5 倍。维生素 C 的抗氧化和提高免疫力等作用也能够有效地调节癌症患者的免疫功能。人们对驼乳的防癌抗癌作用在近几年有了初步研究，其可阻止肿瘤细胞的增殖，抑制其生长。因此，驼乳成为现代癌症病人放疗、化疗后的高级补品，并受到专家们食药同源理念的推崇（何俊霞等，2009）。

一、驼乳对乳腺癌的辅助治疗作用

Hasson 等（1987）研究了驼乳在诱导 BT-474 细胞增殖抑制中的作用，并与非癌症 HCC1937 BL 细胞系进行了比较。驼乳通过 caspase-3（半胱天冬酶、细胞凋亡蛋白酶）mRNA 及其作用水平所示的内源性和外源性凋亡信号通路的启动，以及 BT-474 中死亡受体的诱导，从根本上抑制了 BT-474 细胞的生长和增殖。此外，驼乳增强了 BT-474 细胞的氧化应激标志物：血红素-氧合酶-1 和活性氧生成的表达。这说明驼乳增加了新合成的 RNA。有趣的是，驼乳显著（$P<0.003$）抑制 HEp-2 细胞和 BT-474 细胞 72h 后的生长，而治疗 24h 仅抑制 BT-474 细胞的生长。这一结果表明，驼乳可能通过启动另一种凋亡信号途径引起细胞凋亡。胞内 caspase-3 活化是凋亡信号通路的关键阶段。目前的研究表明，驼乳介导的 BT-474 细胞效应是诱导了凋亡信号通路。研究表明，驼乳在浓度较高时，使得 caspase-3 的活性分别增加了 3.2 倍和 6.9 倍，诱导了细胞凋亡。此外，30mg/mL 的驼乳完全抑制了 BT-474 细胞分泌 MMP-2，但添加到酶谱底物缓冲液中并不直接抑制 MMP-2 的活性。驼乳处理 BT-474 细胞和 HEp-2 细胞后的完全裂解表现为部分细胞裂解。研究者通过测量 DR4 来检验驼乳中是否有 DR，研究发现，驼乳诱导 DR4 mRNA，这有助于 caspase-3 的启动。此外，肿瘤化学保护因子

（如多索柔比星或其他因子）通过诱导细胞凋亡并产生细胞内活性氧，不仅会导致癌细胞死亡，还会导致 DNA 损伤和基因组不稳定性。

二、驼乳对肝癌的辅助治疗作用

驼乳对人类肝细胞癌 HepG2 增殖有影响，相关的分子机制见图 4-1，与在所有浓度下都不改变细胞生长的牛乳相比，驼乳孵育后，HepG2 细胞的存活率显著降低，这表明驼乳具有肿瘤细胞选择性。计算得出驼乳 IC_{50} 约为 76mg/mL（图 4-1）。

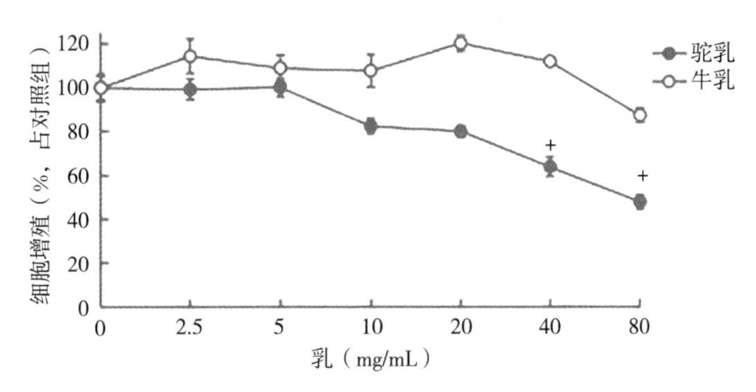

图 4-1　驼乳和牛乳对 HepG2 细胞增殖的影响

为了检验驼乳对 HepG2 细胞增殖和生长的抑制作用是否为凋亡介导的机制，研究者对驼乳调节凋亡和抗凋亡基因表达的能力进行了验证。采用 RT-PCR 法分别测定了 *caspase-3*、*p*53、*Bcl2* 和 *DR4* mRNA 的表达水平。如图 4-2 所示，驼乳显著诱导 *caspase-3* 和 *DR4* mRNA 表达水平（图 4-2）。

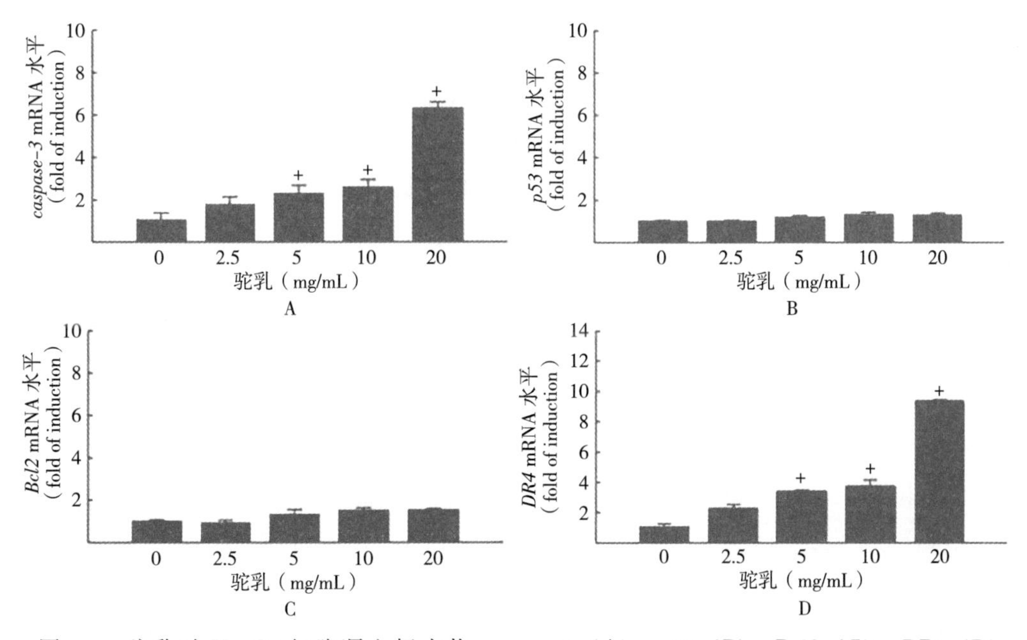

图 4-2　驼乳对 HepG2 细胞凋亡标志物 *caspase-3*（A）、*p*53（B）、*Bcl2*（C）、*DR4*（D）mRNA 水平的影响

饮用驼乳可对肝起到良好的保护作用，慢性肝炎患者在补充全脂驼乳后，临床和实验室发现均呈阳性变化。Hala 等（2014）研究了驼乳对大鼠肝癌发生的抑制作用。他们将 28 只雄性大鼠分为 4 组（每组 7 只）。第 1 组为阴性对照组，第 2 组用驼乳处理，第 3 组单次注射 1 剂乙基亚硝胺（200mg/kg），1 周后在饮用水中注入 500 苯巴比妥，第 4 组注射二乙基亚硝胺（DENA）并用驼乳处理。随后对大鼠血清中总蛋白、甲胎蛋白谷丙转氨酶、谷草转氨酶进行了评估（表 4-1）。总之，驼乳有效的保护肝免受 DENA 引起的毒性，抑制了肝细胞癌症的发展（Hala，2014）。

表 4-1 DENA 注射液 34 周和 38 周后血清变量水平

组别	时间（周龄）	总蛋白（g/dL）	甲胎蛋白（g/dL）	谷丙转氨酶（IU/L）	谷草转氨酶（IU/L）
1	34	11.49±1.12	4.33±0.24	23.6±1.3	23.3±4.3
	38	10.26±1.0	3.1±0.24	14.5±2.8	39±7.9
2	34	11.5±1.9	4.39+0.1	23.6±1.3	37.6±2.8
	38	10.07±0.6	3.4±0.25	26.25±5.2	19.5±5.8
3	34	10.5±1.5	4.33±0.05	22.3±1.3	30.3±11
	38	14.64±0.008	2.5±0.005	21±2.3	24±6.65
4	34	7.78±0.4	4.36±0.16	21±0.0	38.5±16.6
	38	10.47±1.79	3.2±0.33	32.7±1.25	34.5±8.83

在中东地区，人们认为驼乳有助于预防和治疗癌症，但确切的机制尚未明确。驼乳对一种已知的癌症激活基因、细胞色素 P450*1a1*（*Cyp1a1*）、癌保护基因 *NAD*（*P*）*H*：*quinone* 氧化还原 1（*Nqo1*）、谷胱甘肽 S-transferase a1（*Gsta1*）在小鼠肝癌 Hepa 1c1c7 细胞系中的表达有调控作用。研究结果显示，驼乳显著地抑制了 *Cyp1a1* 基因的表达。综上所述，驼乳在转录和转录后水平调节 *Cyp1a1*、*Nqo1* 和 *Gsta1* 的表达。

王初一（2009）对驼乳的抗肿瘤作用及其对荷瘤小鼠免疫功能的影响进行研究，其以 H22 肝癌小鼠为模型，观察驼乳的抗肿瘤效果，并对小鼠免疫学指标进行测定。结果表明，驼乳对 H22 肿瘤细胞的生长有一定的抑制作用，并能提高荷瘤小鼠的脾指数与胸腺指数，增强巨噬细胞吞噬功能，使肠 Payer's 结、小肠黏膜 sIgA 和 CD3 明显增加。这表明驼乳具有抗肿瘤和增强荷瘤小鼠免疫功能的作用。

郭建功（2009）为了观察自然发酵驼乳对小鼠腹水型肝癌 H22 细胞的细胞周期的影响，采取小鼠接种肿瘤前 4d 给予苏尼特双峰驼自然发酵乳，接种肿瘤后继续按预定剂量给予 12d 的方法进行试验，然后计算抑瘤率、脾指数、胸腺指数、增殖细胞核抗原表达率，并用流式细胞仪检测肿瘤细胞周期变化。结果表明，自然发酵驼乳高剂量组的抑瘤率为 35.83%，中剂量组为 31.94%，低剂量组为 156%；脾指数、胸腺指数都显著提高（$P<0.01$）；自然发酵驼乳对小鼠 H22 肝癌肿瘤组织的 PCNA 表达有下调作用，可阻止肿瘤细胞的增殖，并抑制其生长（图 4-3）。取试验小鼠新鲜肿瘤组织制备单细胞悬液，每份取细胞 1×10^6 个左右，按常规方法进行碘化丙啶（PI）染色后，用流式细胞仪检测细胞周期变化（图 4-4），并分析不同 DNA 含量的细胞周期分布（表

4-2)。试验表明自然发酵驼乳可将肿瘤细胞阻滞在S期，但未能诱导凋亡。H22细胞在自然发酵驼乳的作用下，随着时间的延长，G1期细胞的比率逐渐下降，而S期细胞的比率则逐渐升高，并形成S期阻滞，表明自然发酵驼乳可阻滞细胞从S期进入G2期，从而使S期的细胞堆积，细胞增殖受到抑制。综上所述，自然发酵驼乳具有较好的抑瘤、杀瘤效果。但是目前对其机制的研究还有待进一步深入，其有效抗肿瘤成分的结构与功能关系尚需进一步研究。总之，驼乳可作为现代癌症病人放疗、化疗后的高级补品（郭建功，2009）。

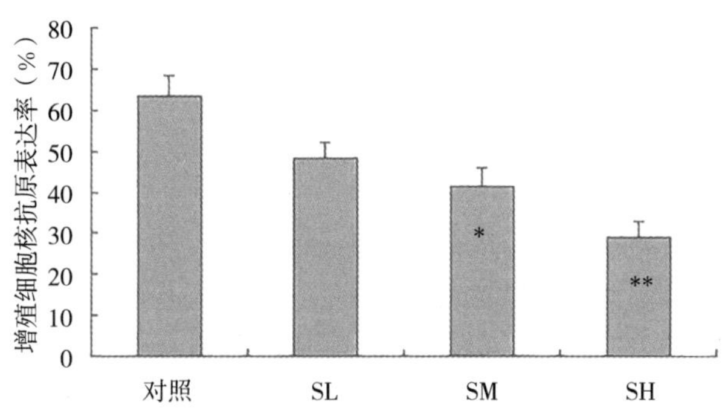

图 4-3 自然发酵驼乳对荷瘤小鼠 PCNA 表达率的影响

注：与对照组相比较，* $P<0.05$，** $P<0.01$。

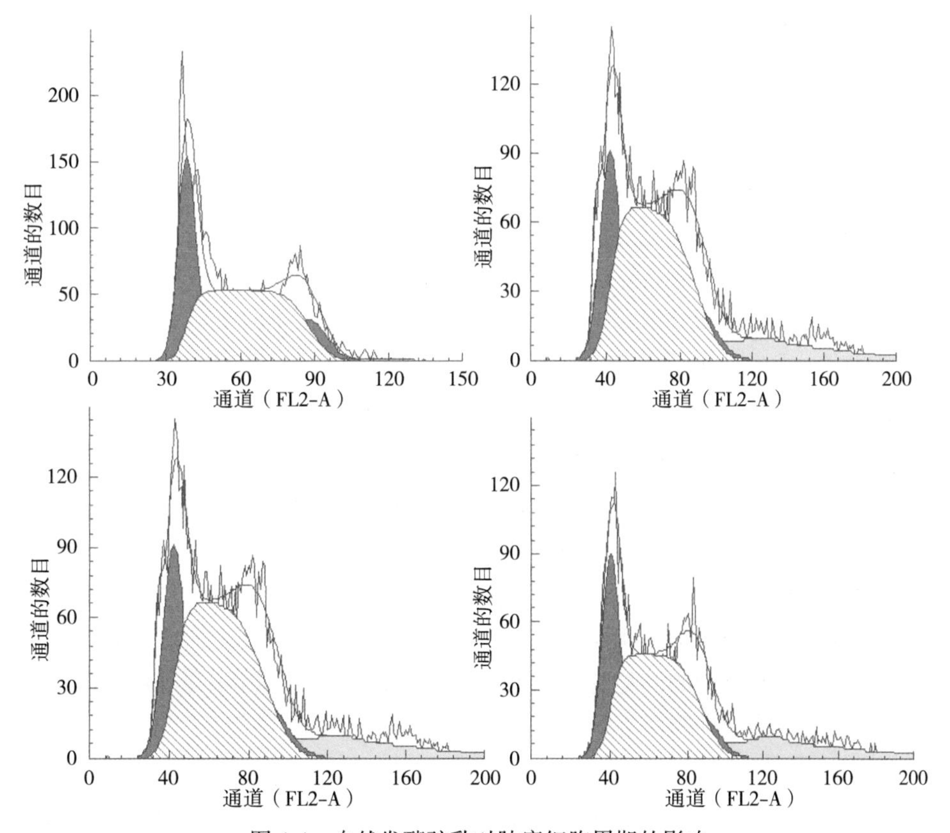

图 4-4 自然发酵驼乳对肿瘤细胞周期的影响

表 4-2 自然发酵驼乳对肿瘤细胞周期的影响（$\bar{x}\pm s$）

组别	G1	S	G2
SH	17.53±0.03**	63.52±0.04**	11.94±4.83
SM	23.08±0.02*	53.15±0.02**	17.56±0.02
SL	24.84±0.02	51.73±0.01*	18.14±0.02
对照组	26.46±0.02	49.44±0.01	16.17±0.04

注：与对照组相比较，* $P<0.05$，** $P<0.01$。

三、驼乳对大肠癌的辅助治疗作用

Hosam 等（2013）首次评估了驼乳中乳铁蛋白（LF）在体外抑制结肠癌细胞株 HCT-116 增殖、DNA 损伤和抗氧化活性的作用，并且与维生素 C 和芦丁进行了比较，乳铁蛋白的抗氧化能力采用不同的测定方法，包括铁还原/抗氧化能力（FRAP）、自由基清除活性（DPPH）、一氧化氮（NO）自由基清除试验、总抗氧化活性和 DNA 损伤。结果表明，驼乳 LF 通过清除 NO 和 DPPH 自由基，发挥抗氧化活性。LF 还能通过结合催化铁抑制 DNA 损伤。此外，LF 还抑制了结肠癌细胞的生长。综上所述，驼乳可能通过调节 *Cyp1a1*、*Nqo1* 和 *Gsta1* 的 *ahr* 调控基因，在转录和转录后机制上，保护或降低许多环境毒物和多环芳烃（如多环芳烃）的遗传效应。这些结果对人类具有潜在的临床意义，因为它揭示了相关的分子机制，并能够为在治疗和/或预防各种医疗条件中成功使用驼乳提供证据。

四、驼乳对宫颈癌的辅助治疗作用

乳源性细胞生长调节肽是生物活性肽领域重要的研究方向，它在抑制肿瘤细胞的生长、刺激免疫细胞活性、诱导肠道细胞的凋亡发挥着重要作用。细胞化学研究结果显示，作为特定信号的乳源活性肽能触发肿瘤细胞的凋亡。有研究表明，一些乳蛋白活性肽具有许多深层次的药理作用，如能够抑制肿瘤细胞的生长并诱导肿瘤细胞凋亡，通过促进 DNA 合成刺激细胞的生长和分化，以及刺激细胞内免疫物质的产生。

杨洁等（2013）利用蛋白质分离手段结合抑癌活性追踪筛选的方法，从驼乳清蛋白中分离出具有抑癌活性的蛋白质组分 TR35，并观察驼乳抑癌活性组分 TR35 对人宫颈癌 Hela 细胞的增殖、凋亡的影响。结果表明，驼乳抑癌活性组分 TR35 对人宫颈癌 Hela 细胞有明显的增殖抑制作用，抑制作用呈时间和剂量依赖性（图 4-5）；细胞显微形态明显变化，出现典型的凋亡特征。同时观察到该组分可诱导 Hela 细胞线粒体膜电位去极化，并将细胞周期阻滞在 S 期，以此推测驼乳抑癌活性组分 TR35 诱导 Hela 细胞凋亡应与线粒体通路有关。TR35 对 Hela 细胞的增殖有抑制作用，其半数抑制浓度 IC_{50} 为 0.064mg/mL；随着作用时间的延长和浓度的增加，TR35 对 Hela 细胞增殖的抑制作用明显增加，且呈时间和剂量依赖关系。

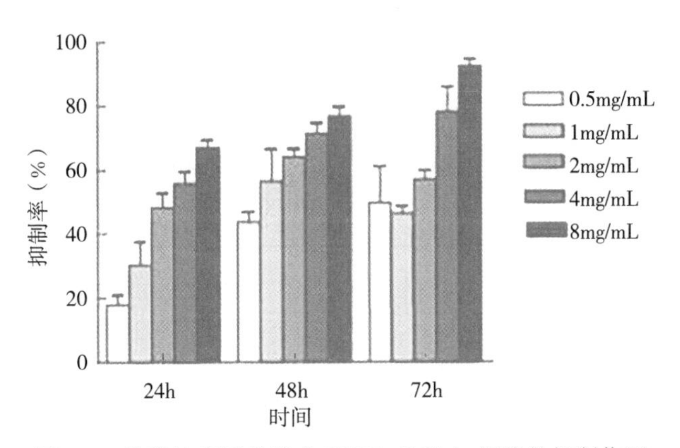

图 4-5　驼乳抑癌活性组分 TR35 对 Hela 细胞的抑制作用

用驼乳清有效蛋白组分对 Hela 细胞作用 24h 后染色，观察正常细胞，呈正常形态，可以看到细胞质延伸，细胞均匀分布，经驼乳抑癌活性组分 TR35 诱导后，细胞聚集成团，染色质高度凝集，有凋亡小体出现，显示出细胞凋亡的特征。

扫描电镜观察 TR35 对 Hela 细胞外部形态的影响。通过观察可知，阴性对照组细胞表面有丰富的微绒毛，规则排列，细胞间镶嵌连接，细胞膜完整，且细胞体积较大。当用 TR35 处理时，细胞微绒毛逐渐消失，细胞间连接逐渐疏松，细胞胞体固缩，甚至裂解开有内容物溢出。用透射电镜观察 TR35 对细胞亚显微结构形态的影响，通过观察可知，阴性对照组细胞呈圆形，细胞质均匀，细胞器形态完整，体积较大，细胞核异染色质呈斑点状均匀分布，线粒体嵴清晰；随着 TR35 浓度的增加，细胞质均变得疏松，细胞核内染色质出现边聚现象，细胞核碎裂，核固缩，线粒体空泡化，嵴脱落或消失，并有次级溶酶体出现，细胞膜局部破损，细胞内容物泄出。

通过光镜和电镜形态学观察可见用 TR35 处理的组有较多的肿瘤细胞凋亡的现象。电镜下肿瘤细胞形态呈典型的凋亡细胞特征表现，如细胞核染色质浓缩边聚、细胞质浓缩、核碎裂以及凋亡小体形成，目前电镜形态学观察被认为是证实凋亡的最可靠的方法，且与荧光染色观察结果一致。驼乳清蛋白组分对人宫颈癌 Hela 细胞增殖具有抑制作用（杨洁等，2013）。

五、其他

驼乳中 α-乳白蛋白（α-La）、油酸（OA），以及它们的复合物（OA-α-La）和抗癌药物 5-氟二氧嘧啶对 4 种癌细胞（Caco-2 结肠癌细胞、PC-3 前列腺癌细胞、HepG-2 肝癌细胞、MCF-7 乳腺癌细胞）的抑制作用（表 4-3）及形态变化，与未经处理的细胞或自由细胞相比，用 OA-α-La 治疗后，细胞变小且细胞质变得密集，出现细胞凋亡。

驼乳 α-La 能够结合 OA 形成复合物，它对 4 种癌细胞具有高度选择性的抗癌活性。OA-α-La 复合物可以破坏癌细胞，与 OA 不同，这种复合物只能在癌细胞中特异性诱导细胞凋亡。所有测试癌细胞在 G0/G1 和 G2/M 周期强烈减少，而在子 G1 期细胞显著诱导（表 4-4），OA-α-La 处理时，比未经处理的更能控制癌细胞。此外，OA-α-La 复合物能够通过抑制酪氨酸激酶活性诱导细胞凋亡和细胞周期阻滞（表 4-5）。说明驼乳中的 α-La 与 OA 结合，可对癌细胞增殖起一定的抑制作用（Vladimir 等，2017）。

表 4-3　各组分对不同癌细胞的抑制作用

	Caco-2		HepG-2		PC-3		MCF-7	
	IC_{50}	SI	IC_{50}	SI	IC_{50}	SI	IC_{50}	SI
α-La	254.8±5.03^{a}	1.18±0.02^{a}	118.4±7.7^{a}	2.45±0.01^{a}	172.3±4^{a}	1.68±6.2^{a}	161.3±0.14^{a}	1.79±0.02^{a}
OA-α-La	117.6±0.28^{b}	1.45±0.01^{a}	70.5±0.2^{b}	2.41±0.06^{b}	84.5±0.8^{b}	2.01±0.13^{b}	45.9±0.07^{b}	3.7±0.19^{b}
OA	64.4±0.14^{c}	0.42±0.01^{b}	49.97±0.1^{c}	0.54±0.01^{c}	55.6±0.4^{c}	0.49±0.02^{c}	33.3±0.04^{c}	0.81±0.01^{c}
5-FU	13.7±0.8^{d}	0.68±0.17^{b}	12.2±0.1^{d}	0.73±0.02^{c}	19.9±0.1^{d}	0.45±0.07^{c}	10.7±0.1^{d}	0.83±0.01^{c}

注：α-La，α-乳白蛋白；OA-α-La，α-乳白蛋白-油酸复合物；OA，油酸；5-FU，5-氟尿嘧啶。表 4-4 至 4-5 注释与此表同。

表 4-4　人类癌症细胞系样本的细胞周期分析

细胞系	细胞周期阶段	对照组	α-La	OA-α-La	OA	5-FU
Caco-2	SubG	1.87±0.03^{a}	12.9±0.3^{b}	30.3±0.4^{c}	73.2±0.2^{d}	41.4±0.5^{e}
	G0/G1	750±0.6^{a}	66.9±0.98^{b}	50.6±1.3^{c}	26.8±0.2^{d}	35.5±0.03^{e}
	S	2.2±0.2^{a}	4.2±0.8^{b}	5.0±0.7^{b}	0±0^{c}	6.2±0.3d
	G2/M	20.9±0.4^{a}	15.9±0.5^{b}	14.±0.1^{b}	0±0c	16.6±0.3^{b}
HepG-2	SubG	5.4±0.3^{a}	21.2±0.9^{b}	48.38±1.5^{c}	76.9±0.1^{d}	52.3±0.7^{c}
	G0/G1	75.2±0.8^{a}	61.4±0.6^{b}	38.25±1.7^{c}	20.6±0.5^{d}	26.5±0.6^{e}
	S	1.34±0.07^{a}	2.09±0.07^{b}	2.04±0.1^{b}	0.87±0.03^{c}	8.0±0.1^{d}
	G2/M	17.5±0.6^{a}	15.0±0.1^{b}	11.06±0.04^{c}	0.99±0.02^{d}	13.15±0.05^{e}
PC-3	SubG	4.3±0.04^{a}	20.5±0.4^{b}	48.2±0.3^{c}	74.5±0.5^{d}	43.1±0.8^{e}
	G0/G1	76.1±0.3^{a}	56.4±0.6^{b}	41.1±0.9^{c}	25.3±0.4^{d}	35.1±0.2^{e}
	S	2.66±0.99^{a}	4.1±0.3^{b}	5.02±0.02c	0±0^{d}	5.3±0.3^{e}
	G2/M	16.8±0.2^{a}	18.6±0.5^{b}	4.8±0.7^{c}	0±0d	16.6±0.3e
MCF-7	SubG	3.5±0.4^{a}	29.8±0.7^{b}	55.8±0.6^{c}	80.7±0.3^{d}	62.1±0.1^{e}
	G0/G1	79.4±0.2^{a}	46.8±0.9^{b}	36.6±0.9^{c}	16.3±0.3^{d}	12.9±0.4^{e}
	S	2.37±0.08^{a}	8.98±0.02^{b}	4.79±0.03^{c}	1.55±0.06^{d}	6.4±0.1^{e}
	G2/M	17.3±0.2^{a}	14.3±0.14^{b}	2.6±0.4^{c}	0.8±0.04^{d}	17.8±0.3^{e}

表 4-5　各组分酪氨酸激酶抑制控制估计的 *Ki* 值

样本	*Ki* 值
α-La	134.0±4.2^{a}
OA-α-La	53.7±2.3^{b}
OA	50.1±3.8^{b}
5-FU	8.77±0.76^{c}

一些自然物质产生的抗菌肽具有抗癌活性。有些肽通过破坏细胞膜而破坏肿瘤细胞，而另一些肽则破坏线粒体膜。有研究表明，驼乳中有的生物活性肽也具有抗肿瘤作用。与 melittin 不同，这种混合肽没有溶血活性。

还有研究表明，经过乳酸菌发酵后的驼乳，也会产生一系列生物活性物质，且具

有一定的抗癌作用。Mutamed 等（2018）发现经发酵的驼乳 WSE 处理后，Caco-2、MCF-7 和 Hela 细胞的增殖受到抑制。发酵牛乳和驼乳中 WSE（＜3ku）对 Caco-2、MCF-7 和 Hela 癌细胞的增殖抑制，结果显示，发酵驼乳具有高抗增殖作用可能归因于癌细胞膜受体的生长因子与生物活性肽之间，发酵驼乳比发酵牛乳有更强的竞争能力；发酵驼乳中的生物活性肽有特殊的细胞毒性，会引起细胞凋亡。这使得发酵驼乳具有较好的抗癌作用。

在非洲，人们常用驼乳与化疗配合治疗一些癌症，特别是消化道癌症。研究发现，驼乳对食道癌及其他多种肿瘤细胞的增殖具有明显的抑制作用，驼乳作为癌症化疗的辅助剂，可辅助治疗癌症并减轻癌症患者在化疗中的痛苦。

驼乳中含有一种极为独特的抗体，重链抗体（heavy chain of antibody，HCAbs），该抗体缺少传统的轻链，由重链同型二聚体组成。驼乳清中的 α-乳白蛋白是一种低分子质量的酸性蛋白质（14.2ku），对病原微生物的再生具有防御能力。α-乳白蛋白本身并不拥有任何抗菌活性，然而当它的构象发生特定变化后，就获得了抗菌和抗肿瘤的特性。驼乳中的乳过氧化物酶系统能够钝化许多微生物，抑制细菌生长繁殖与代谢活动，甚至可以杀死细菌，增强人体免疫力；驼乳中的 β-酪蛋白，具有较强的抗变异原机制，能减少细胞的癌变；增强人体免疫系统功能，阻止肿瘤细胞增长。

与牛乳相比，驼乳中乳清蛋白含量高，而乳糖含量低，营养成分非常接近人乳。在驼乳清中发现了乳铁蛋白、血清白蛋白、α-乳球蛋白、免疫球蛋白和肽聚糖等已知蛋白，并发现了牛乳中不存在的小分子多肽化合物。

目前，多肽作为免疫调节剂、抗肿瘤药物、抗生素等药物，被广泛用于许多疾病的治疗过程。多肽来源的抗肿瘤药物可选择性地作用于癌症发生过程，此种作用方式使多肽药物具有无遗传毒性、无基因型特异性的优点，从而使疗效更高、副作用更小。近年来，HerceptinTM、GleevecT、IressaTM 等多肽药已经广泛应用于临床，另有许多抗肿瘤多肽正在开发，前景十分可观。

第二节　驼乳对肺部疾病的辅助治疗作用

驼乳是干旱荒漠地区牧民奶食品的主要食品来源之一。驼乳营养构成独特，易于消化吸收，且富含乳铁蛋白、免疫球蛋白、乳过氧化物酶、溶菌酶等保护性蛋白，具有极高的营养和保健价值。据《本草纲目》记载："驼乳，冷，无毒。补中益气，壮筋骨，令人不饥。"《维吾尔常用药材》记载："驼乳，性味甘醇、无黏胶感、属微辛，大补益气，补五脏七损，强壮筋骨，填精髓，耐饥饿，止消渴。"现代药理学研究表明，驼乳具有抗氧化、保肝、抗炎、抗菌等作用，还可用于治疗肺部疾病（Khalesi，2017）、妇科疾病，辅助治疗癌症、糖尿病，预防儿童佝偻病等（张超颖，2014），本节主要介绍驼乳治疗肺疾病。

一、驼乳对肺结核的辅助治疗作用

用驼乳治疗肺结核（RRdA，2011）的病例很早就有报道，驼乳的抗病毒和抗菌作用可能与抑制肺结核杆菌的繁殖有关。当肺结核病人饮用驼乳后，咳嗽、吐痰、气喘、胸痛的症状明显缓解，这说明驼乳对肺结核的治愈具有显著疗效，长期服用会使驼乳的清肺功能发挥得更好（何俊霞，2009）。

二、驼乳对肺炎的辅助治疗作用

研究表明，免疫球蛋白治疗新生儿感染性肺炎具有显著的临床疗效，全面有效地治疗肺炎。驼乳中含有丰富的免疫球蛋白、维生素等，可以用来治疗和预防肺炎，比起单纯的全部用药物治疗，驼乳将在很大程度上减少药物带来的副作用。

三、驼乳对急性肺损伤的辅助治疗作用

乳铁蛋白（lactoferrin，LF）是目前发现的一种新型内源性抗炎物质，IF 能螯合致病菌的铁离子使其死亡，可抵抗多种微生物的感染及预防全身炎症的发生。有研究发现，LF 能明显减轻肺泡腔出血、水肿、炎细胞浸润等病理过程，肺组织病理学评分明显降低；LF 能降低肺组织髓过氧化物酶（MPO）活性、肺泡灌洗液中总细胞、总蛋白含量、肺湿重/干重（W/D）和 TNF-α 含量；增加肺组织 IL-10 含量。LF 对脂多糖诱导的急性肺损伤有显著的预防和治疗作用（宁杰，2013）。

应用外源性抗氧化剂乳铁蛋白，降低炎症因子 TNF-α 水平，抑制 ALI 时的炎症反应，减轻肺充血水肿，并通过其抗氧化作用，增强清除自由基的能力，重新构建氧化与抗氧化平衡体系，对肺损伤有修复作用。说明乳铁蛋白用于 ALI 的早期治疗是有效的（徐林艳，2013）。同时，多不饱和脂肪在机制方面最先对炎症因子进行调控从而减少毛细血管微血栓形成最终改善肺内微循环（沈杨，2010）。在已有研究的支持下，可以用驼乳中的乳铁蛋白和不饱和脂肪酸更好地保护肺（徐林艳，2013），用驼乳治疗和预防急性肺损伤。

四、驼乳对呼吸损伤的辅助治疗作用

研究者用小鼠进行模型对照试验，结果表明，与模型组比较，鲜驼乳各剂量组的碱性磷酸酶（ALP）、乳酸脱氢酶（LDH）含量降低，鲜驼乳高剂量组 TNF-α 含量显著降低；鲜驼乳高、中剂量组的体重变化及脾指数变化与模型组比较，差异有统计学意义；这表明鲜驼乳对小鼠吸烟致呼吸系统损伤具有一定的保护作用（齐鑫鑫，2016）。

综上所述，驼乳对几种常见的肺疾病有保护和预防作用。不论是鲜驼乳还是发酵驼乳，因为驼乳中所含成分的种类与数量较多，所以对肺疾病的恢复有促进作用。

第三节　驼乳对胃肠系统疾病的辅助治疗作用

现代研究表明，驼乳中含有丰富的保护性蛋白，如溶菌酶、乳铁蛋白、乳过氧化物酶、肽聚糖识别蛋白、免疫球蛋白、β-N-乙酰氨基葡萄糖苷酶等（Agamy，1992；Kappeler，1998）。这些保护性蛋白具有高滴度的抗腹泻、抗菌以及抗病毒的作用，可防止病原体（如细菌、真菌、病毒）入侵，起免疫调节、保护机体的作用，且驼乳和人乳是唯一正常状态下含有高浓度β-N-乙酰氨基葡萄糖苷酶的动物乳，而牛唯有患乳腺炎时牛乳中这类酶的浓度才会上升（Levi，2011）。驼乳中的免疫球蛋白除了含有常规四聚体 IgG1 以外，还含有天然缺失轻链的重链抗体（Heavy-chain antibodies，HCAbs）（Harmers，1993）。这类抗体不仅具有抗体应有的功能，且其稳定性、溶解性、抗原结合能力均超出常规抗体。通过克隆其重链可变区，即可得到分子质量为常规抗体 1/10 的纳米抗体，这在医药领域、生物工程、食品领域得到了广泛应用。

驼乳用于治疗消化系统疾病的历史已有上千年，但其中发挥作用的活性成分仍不清楚。研究人员已经成功地用发酵驼乳治愈婴儿腹泻和消化道溃疡；发酵驼乳苏巴特一般被用作辅助治疗胃炎的食物给病人食用，病人每天服用 2L 苏巴特，坚持服用 2～4 个月后健康状况明显好转。胃病患者每天服用定量的苏巴特，能取得一定的辅助治疗效果。近年来，已有多项研究通过动物试验逐步证实了驼乳治疗感染性腹泻、寄生虫、胃肠炎症等疾病的作用。

一、驼乳体外抑菌能力

Benkerroum 等（2004）采用琼脂扩散法研究了驼初乳与常乳在 4℃和 20℃时对 1 株蜡状芽孢杆菌 D1（*Bacillus cereus*），2 株大肠杆菌（*E. coli* O157：H7 和 O78：K80）和 3 株李斯特菌（LMG13304，16183，15139）的抑菌能力。结果发现，驼初乳与常乳对蜡状芽孢杆菌无抑制能力，而对 *E. coli* O78：K80 和 *L. monocytogenes* LMG13304 两株菌在 TSA 琼脂上显示出一定的抑菌能力（表 4-6）。进一步，采用原位抑菌法测定了 48h 内驼初乳与常乳在 2 种温度下对 2 株菌的抑菌能力。结果表明，驼初乳在 20℃下对 *E. coli* O78：K80 具有明显的杀菌作用，48h 后样品中已测不到活菌，而在冷藏温度下，与初始接种和阳性对照相比，驼初乳能够分别减少 1 个和 3 个对数单位的大肠杆菌数（图 4-6A）。对李斯特菌而言，驼初乳和常乳在 0～8h 具有显著的抑菌作用，此后在 20℃下的初乳中观察到菌数开始增加（图 4-6B）。此外，该研究将驼乳与牛乳分别进行巴氏灭菌处理后又对 *E. coli* O78：K80 的抑菌能力进行了测定，表明驼乳经热处理后其抑菌能力显著下降（图 4-7）。

表 4-6　在选择性培养基或胰蛋白酶大豆琼脂培养基上用扩散法测定驼初乳与常乳对 6 株致病菌的抑菌能力

测试菌	抑菌圈直径（mm）[a]			
	常乳		初乳	
	选择性培养基[b]	TSA	选择性培养基	TSA
蜡状芽孢杆菌 D1（*Bacillus cereus*）	ND	0	ND	0
大肠杆菌（*E. coli* O157：H7）	17[c]	15	18	19
（*E. coli* O78：K80）	15.2	23	18	23
李斯特菌（*L. monocytogenes* LMG13304）	15.2	19	23	22
L. monocytogenes LMG16183	12.2	20	14.2	22
L. monocytogenes LMG15139	13.4	20	13	22

注：[a]平行两个板测定抑菌圈直径的平均值；[b]使用 PALCAM 和伊红亚甲蓝（EMB）分别测试李斯特菌和大肠杆菌菌株；[c]包含孔径的直径（7mm）；ND 代表未检测到。

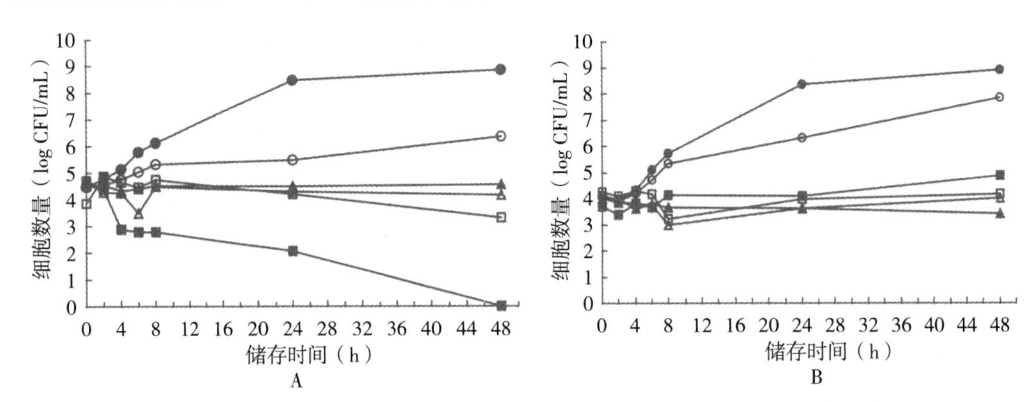

图 4-6　驼初乳与常乳在 48h 内对大肠杆菌 O78：K80 和 3 株李斯特菌分别在 4℃和 20℃下的抑制能力

注：A 为对 2 株大肠杆菌的抑制能力；B 为对 3 株李斯特菌的抑制能力。△，4℃常乳；▲，20℃常乳；□，4℃初乳；■，20℃初乳；○，菌株在 TSB 琼脂中，4℃；●，菌株在 TSB 琼脂中，20℃。图 4-7 图注同此。

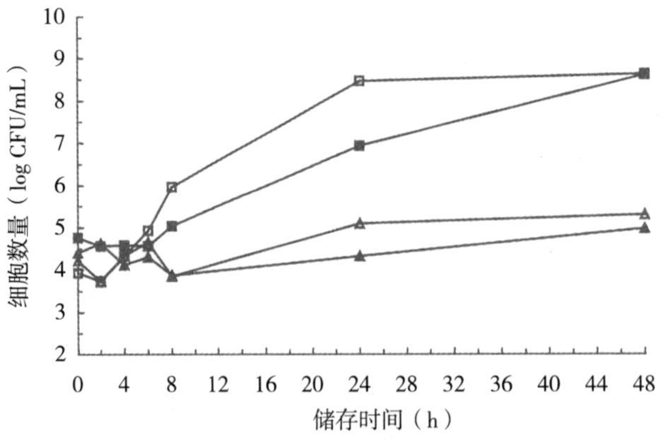

图 4-7　巴氏灭菌驼乳与牛乳分别在 4℃和 20℃下对 *E. coli* O78：K80 的抑菌能力

二、驼乳对感染性腹泻的辅助治疗作用

一系列驼初乳与常乳体外抑菌试验证实了驼乳对多种肠道致病菌以及一些寄生虫表现出抗病性，然而单从体外试验证明驼乳的抑菌能力是远远不够的，因为驼乳同其他食物一样，都要经过消化系统的考验，进入胃肠系统中会受到胃蛋白酶、胃液环境、胰蛋白酶等的作用使其中的活性成分分解，而分解后究竟能否起到保护机体免受肠道致病菌的感染还有待进一步明确。因此，近几年许多研究者开展了驼乳对致病菌感染动物模型的体内保护作用的研究。

1. 沙门氏菌感染 沙门氏菌属（*Salmonella*）是一类生化反应和抗原结构相似、兼性厌氧、革兰氏阴性的胞内病原菌，能够感染人以及多种动物，如鼠、猪、牛和鸡等（曹恬雪，2014）。现如今，针对沙门氏菌感染的治疗方法主要使用抗生素消灭病原菌或抑制病原菌繁殖，但是由于多数沙门氏菌已经对抗生素产生耐药性，导致治疗效果欠佳。因此，迫切需要寻找新的抗菌剂来杀灭细菌性病原体。

与牛乳相比，驼乳含有更多的保护性蛋白（如溶菌酶、乳过氧化物酶、乳铁蛋白等）以及丰富的维生素 C（Duhaiman，1988；Farah，1992），且通过补充人乳或动物乳中的活性物质可以阻断细菌凝集素附着于细胞受体，通过免疫调节的方式降低细菌对抗生素的抗性以保护机体（Zinger，2010；Salami，2010）。

IgG 是唯一可通过胎盘转移到胎儿体内的 IG（Mero，1997；Schroeder，2010）。对于反刍动物而言，由于胎盘的特殊结构阻止了 IgG 通过胎盘进入胎儿体内，从而只能在出生后通过乳汁进入幼崽体内为其提供被动免疫保护，以抵御外来病原侵袭，直至幼崽自身免疫系统成熟（Kelly，1996；Tizard，2001）。而这类被动免疫对于其他不同的动物也可起到免疫保护的作用，从而便产生了以被动免疫保护的方法来预防肠道致病菌感染的新方法——超免疫乳（hyperimmune milk）。超免疫乳是指以各种病原体免疫临产动物，通过刺激 B 淋巴细胞产生免疫应答，使血清中产生大量特异性 IgG 并分泌至乳汁中的一类含有特异性 IgG 的乳汁（Goldsby，2000）。超免疫乳与常规抗菌剂不同，它不会破坏肠道菌群的完整性，也不会导致出现抗生素抗性生物体（Steele，2013）。超免疫乳不仅可以以液体形式直接食用，而且还可以将特异性抗体分离冻干以固体形式食用。

2017 年，内蒙古农业大学吉日木图教授带领的团队基于驼乳中独特的免疫球蛋白，并结合超免疫乳的概念，研究了免疫与未免疫脱脂驼乳对鼠伤寒沙门氏菌（*Salmonella typhimurium*，ST）感染小鼠的保护作用。结果显示，免疫脱脂驼乳粉和未免疫脱脂驼乳粉均可以显著改善 ST 感染引起的病症，能够有效地缓解由 ST 感染而引起的小鼠体重下降，还能显著减少小鼠粪便、肝脾中的 ST 菌群数量。在小鼠肠组织，肝和脾组织石蜡切片苏木精-伊红染色后发现，均能缓解由 ST 感染引起的组织结构损伤及炎症细胞浸润现象。对各组织炎症细胞因子相对表达量进行测定发现，IC 与 NIC 组能够降低血清、回肠、结肠、肝以及脾中的炎症因子白介素-1β（IL-1β）、干扰

素（IFN-γ）、肿瘤坏死因子（TNF-α）和白介素-6（IL-6）的相对表达量，升高抗炎因子白介素-10（IL-10）和转化生长因子-1β（TGF-1β）的相对表达量，能够有效调节机体的非特异性免疫功能。

2. 大肠杆菌和金黄色葡萄球菌感染 Hassan等（2015）从体外和体内的角度分别研究了驼乳对大肠杆菌和金黄色葡萄球菌（*S. aureus*）的抑制作用。体外抑菌结果表明，驼乳与抗生素环丙沙星具有协同作用（表4-7），从而在实际使用中可以通过添加驼乳来减少抗生素的剂量以降低细菌耐药性，这对人体健康和安全均具有有益作用。在体内动物保护试验中发现，驼乳可以有效减少由*E. coli*和*S. aureus*引起的肝、肾、肺以及肠组织中的菌群定殖（表4-8）。在溶菌酶活性的测定结果中发现，*E. coli*感染组溶菌酶活性显著高于对照组和驼乳组，而驼乳预防*E. coli*感染组显示出了更高的活性，但*S. aureus*感染组与其驼乳预防组未能引起任何溶菌酶活性。随即测定了血清中肝肾组织相关指标以及抗氧化指标的含量，结果显示*E. coli*和*S. aureus*感染后会引起肝肾组织的损伤，加剧氧化应激，而在感染前以驼乳预防2周后可显著降低由细菌引起的损伤以及氧化应激（表4-9）。

表4-7 驼乳对*E. coli*和*S. aureus*的体外抑制能力的测定

菌名	抑菌圈（mm）	
	驼乳加环丙沙星	环丙沙星
E. coli	50	40
S. aureus	25	20

表4-8 *E. coli*和*S. aureus*感染大鼠肝、肾、肺以及肠组织的菌群定殖

组织	平均菌群定殖数量（每克组织）					
	*S. aureus*感染组	驼乳预防*S. aureus*感染组	减少百分比（%）	*E. coli*感染组	驼乳预防*E. coli*感染组	减少百分比（%）
肾	17.5×10^5	$7\times10^{5*}$	60	11×10^5	$8.5\times10^{5*}$	22.7
肺	78×10^5	$14\times10^{5*}$	82	23×10^5	$19\times10^{5*}$	17.4
肝	7×10^5	$3.6\times10^{5*}$	48.6	4.5×10^5	$3.4\times10^{5*}$	24.4
肠	247×10^5	$47\times10^{5*}$	80	115×10^5	$70\times10^{5*}$	39.1
总菌数	349.5×10^5	$71.6\times10^{5*}$	79.5	153.5×10^5	$100.9\times10^{5*}$	34.2

注：* 表示与*S. aureus*或*E. coli*比较差异显著（$P<0.05$）。

表4-9 各组大鼠血清中肝肾指标以及抗氧化指标含量的测定结果

指标	正常组	驼乳组	*E. coli*感染组	驼乳+*E. coli*组	*S. aureus*感染组	驼乳+*E. coli*组
Cre（mg/dL）	0.99±0.004	0.83±0.07	$1.87\pm0.03^*$	$1.03\pm0.06^\#$	1.7 ± 0.17^B	$0.86\pm0.04^=$
Urea（mg/dL）	44.3±8.6	36.7±2.3	$139.7\pm3.9^*$	$53\pm3.5^\#$	154 ± 4.3^B	$46\pm1.2^=$
GPT（IU/L）	78±8.6	63.3±4.4	$174\pm9.5^*$	$98.3\pm10.7^\#$	151.7 ± 6.35^B	$77\pm8^=$
GOT（IU/L）	62±7.2	64±4.9	$145\pm5.5^*$	$84.3\pm2.9^\#$	153 ± 9.3^B	$76\pm12.5^=$
SOD（IU/L）	16.7±2.4	16±2.3	$11.3\pm0.5^*$	$17.9\pm1.9^\#$	11.5 ± 1.2^B	$17.7\pm2.99^=$

（续）

指标	正常组	驼乳组	*E. coli* 感染组	驼乳＋*E. coli* 组	*S. aureus* 感染组	驼乳＋*E. coli* 组
CAT (IU/L)	18.2±2.3	18.9±2.5	11.8±2.1*	17.6±1.39#	12.1±2.8B	18.3±1.79=
GR (IU/L)	12.3±2.1	11.8±1.6	6.1±1.9*	12.1±0.39#	7.05±1.4B	14.3±2.79=

注：表中数值以平均值加减标准差表示；* B 表示与正常和驼乳组的显著差异 $P<0.05$；# 表示与 *E. coli* 组的显著差异 $P<0.05$；= 表示与 *S. aureus* 组的显著差异 $P<0.05$；Crea＝Creatinine，肌酐；Urea＝尿素；GPT＝Glutamate pyruvate transaminase，谷丙转氨酶；GOT＝Glutamate oxalate transaminase 谷草转氨酶；SOD＝Superoxide dismutase 超氧化物歧化酶；CAT＝Catalase 过氧化氢酶；GR＝Glutathione reductase 谷胱甘肽还原酶。

Soliman 等（2015）进行了类似研究，但造模剂量与其不同（*E. coli*：2×10^{10} CFU/mL；*S. aureus*：5×10^{6}CFU/mL）。该结果表明，由于 *E. coli* 和 *S. aureus* 菌株的肝致病性，大鼠感染后 GPT 和 GOT 的表达水平显著增加，驼乳预防两组降低了感染造成的 GPT 和 GOT 表达水平的上升，且驼乳预防两组大鼠的肝组织细菌数显著减少（表 4-10）。*E. coli* 和 *S. aureus* 感染组的死亡率分别为 60%和 70%，驼乳预防组的存活率分别为 80%和 70%，使用驼乳预防后免于菌株感染造成的死亡率为 40%。此外，该研究还发现驼乳预防组可逆转由 *E. coli* 和 *S. aureus* 感染引起的氧化应激增加，调节炎症细胞因子（TGF-β1、IL-6）、凋亡/促凋亡（caspase-3、Bax）和抗凋亡（Survivin）基因的表达水平。

表 4-10　肝组织 GPT 和 GOT 的表达量及肝组织细菌数

项目	对照组	驼乳组	*E. coli*	驼乳＋*E. coli*	*S. aureus*	驼乳＋*S. aureus*
GPT (IU/L)	78±8.6	63.3±4.4	174±9.5^{a}	98.3±10.7^{b}	151.7±6.35^{a}	77±8^{c}
GOT (IU/L)	62±7.2	64±4.9	145±5.5^{a}	84.3±2.9^{b}	153±9.3^{a}	76±12.5^{c}
E. coli 总数	—	—	4.5×10^{5}	3.4×10^{5b}	—	—
S. aureus 总数	—	—	—	—	7×10^{5}	3.6×10^{5c}

注：表中数值以平均值±SE 表示，a 表示与 control 和驼乳组相比具有显著差异 $P<0.05$；b 代表与 *E. coli* 组相比具有显著差异 $P<0.05$；c 代表与 *S. aureus* 组相比具有显著差异 $P<0.05$。

上述研究从体内试验进一步说明了驼乳对细菌感染引起的器官损伤以及氧化应激反应具有一定的保护作用，并推断这一保护作用与驼乳自身的营养成分有着密不可分的联系。研究发现，驼乳可以显著降低脏器中的细菌定殖，这归因于驼乳中含有丰富的抗菌蛋白或肽，如溶菌酶（lysozyme，LZ）、乳铁蛋白（lactoferrin，LF）、乳过氧化物酶（lactoperoxidase，LPO）、短肽聚糖识别蛋白（short peptidoglycan recognition protein，PGRP）（Agamy，1996；Abbas，2013）。溶菌酶是一类具有广谱抗菌作用的分子，能够有效抗革兰氏阳性菌和链球菌（Mwambete，2009；Narmadha，2011）。有报道表明，抗菌肽和蛋白质对抗革兰氏阴性菌和阳性菌的主要机制是通过 DNA 或 RNA 合成的扰动和膜透化/破坏等作用达到抗菌作用（Zdybicka 等，2013）。乳铁蛋白可防御通过黏膜组织入侵生物体的微生物，能够有效抑制包括革兰氏阳性菌、革兰氏阴性菌、病毒、原生生物或真菌在内的各种感染因子的生长和增殖。对于革兰氏阴性

菌而言，乳铁蛋白一方面能够与细菌生长所必需的铁元素结合来影响细菌的生长；另一方面它能与细菌壁上脂多糖结合，其氧化型铁离子能够通过形成过氧化物将细菌氧化，从而影响细胞膜的通透性而导致细胞裂解和失活（Arnold，1980；Leitch，1998；Rossi 等，2002）。对革兰氏阳性菌而言，乳铁蛋白则通过其带正电的表面与菌体带负电荷的脂质层之间的静电相互作用引起膜渗透性变化以发挥杀菌作用（Valenti，2005）。乳过氧化物酶具有抑菌活性，对革兰氏阴性菌发挥主要的杀菌作用，乳中乳过氧化物酶主要是发挥保护乳房免受微生物感染的作用（Melda，2010）。

第四节　过敏疾病

驼乳中的蛋白质属于完全蛋白，消化率为 97%～98%，是驼乳中主要的营养成分（吉日木图等，2016），其氨基酸组成与牛乳非常相似，氨基酸种类齐全，富含人体必需的 8 种氨基酸，特别是色氨酸的含量显著高于牛乳（Elhatmi 等，2014）。驼乳中的蛋白质主要是酪蛋白和乳清蛋白，还有一些非蛋白氮，如牛磺酸、核苷酸和乳清酸等。Farah 和 Farah-Riesen（1985）利用电泳技术对单峰驼乳中的蛋白质进行的研究表明，驼乳酪蛋白中含有 α-酪蛋白、β-酪蛋白，但是没有发现与牛乳 κ-酪蛋白相似的蛋白条带。驼乳酪蛋白中的 α-酪蛋白和 β-酪蛋白的分子质量分别为 35ku 和 32ku。还有研究表明，阿尔及利亚单峰驼乳中没有 κ-酪蛋白，而品种不同的单峰驼乳中的 κ-酪蛋白含量极低。Zhang 等（2005）研究发现，内蒙古阿拉善双峰驼乳中的 α_s-酪蛋白和 β-酪蛋白的分子质量分别为 31.0ku 和 26.0ku。研究表明，虽然驼乳中酪蛋白的组成与牛乳相似，但所占比例却与牛乳不同。驼乳中几乎没有 κ-酪蛋白或者含量非常少，这就使得驼乳与牛乳的理化性质有很大的区别。驼乳中含有直径较大的酪蛋白胶粒，这些胶粒大小可能会影响驼乳的理化性质，如凝乳特性和酸碱缓冲性（吉日木图等，2009）。驼乳中的乳清蛋白为 20%～25%，主要有 α-La、血清白蛋白、溶菌酶（LZ）、乳铁蛋白（LF）、乳过氧化物酶（LPO）和免疫球蛋白等（Ljolji，2015），还有一些特殊的乳清蛋白，如乳清酸蛋白、肽聚糖识别蛋白和驼乳清碱性蛋白等。Morin 等（1995）研究发现，美洲驼乳的蛋白质中也不含 β-乳球蛋白。现有的文献表明，驼乳清蛋白组分与牛乳有一定的差异，即驼乳中不含有 β-LG 或含量很少。由于 β-LG 具有致密的球状结构，不易被人体消化，所以是人对牛乳产生过敏的致敏源，对于牛乳过敏的消费者，驼乳也许是一种很好的代替品。

据研究，Agamy 等（1997）对人乳蛋白与驼乳、奶牛乳、水牛乳、山羊乳、绵羊乳、驴乳和马乳的对应物的免疫关系进行了研究发现，人乳酪蛋白与驴乳和马乳蛋白有关系；与山羊乳和驼乳蛋白的关系很弱，与奶牛乳、水牛乳和绵羊乳蛋白没有关系。同时，当在免疫扩散分析中应用人乳清蛋白抗血清时，在人乳和驴乳蛋白之间检测到 2 条沉淀蛋白线，与其他物种的乳蛋白仅检测到 1 条沉淀蛋白线。这表明驴乳和人乳清蛋白的抗原性相似性比其他物种的乳更强。Yosef 等（2005）以 8 名 4 个月至 10 岁的食物过敏儿童为研究对象，常规治疗无法解决他们食物过敏的问题，所以决定尝试用驼乳来解决过敏问题。研究人员告诉 8 名儿童的家长食用驼乳的方法，然后家长每天都要报告孩子的进展情况，为期 1 个月。在这项研究中，8 名儿童对驼乳反应良好，从过敏反应中恢复过来。

Agamy 等（2006）利用免疫电泳、免疫印迹试验（Western blot）和 ELISA 技术，研究了驼乳蛋白与牛乳中对应物的免疫交叉反应性，将制备的抗血清用于驼乳蛋白以及一些对牛乳过敏的儿童的血清。免疫电泳和免疫印迹分析表明，在应用驼乳蛋白的特异性抗血清时，驼乳和牛乳蛋白没有免疫交叉反应（图 4-8）。该研究得出结论认为，从营养和临床角度来看，驼乳可作为牛乳过敏儿童的新蛋白来源。

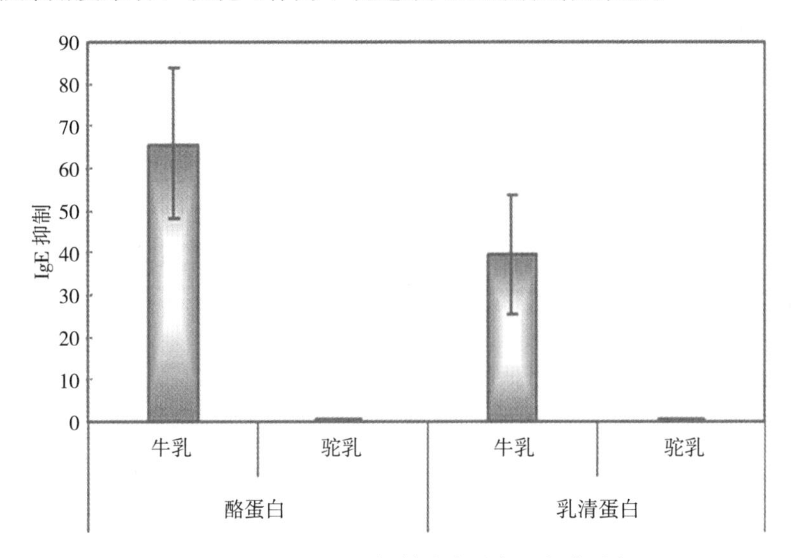

图 4-8　IgE-ELISA 抑制驼乳蛋白和牛乳蛋白

有人对 38 名 14 岁以下的儿童进行了一个为期 3 个月的调查研究，结果显示，在引起婴幼儿过敏方面驼乳比山羊乳更安全（图 4-9）。有人对 35 个牛乳过敏的孩子进行皮肤点刺试验（skin prick test，SPT）和检测血清总 IgE 发现牛乳过敏患者 SPT 呈阳性且特异性 IgE 升高，而饮用驼乳的孩子 SPT 呈阴性，所以这些牛乳过敏的孩子可以放心地用驼乳替代牛乳来补充营养。

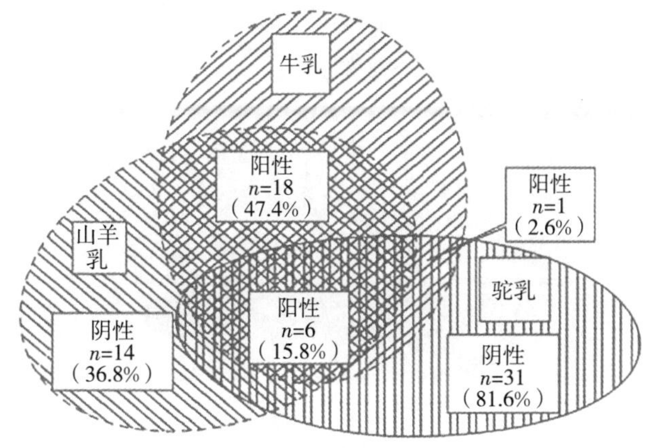

图 4-9　维恩图的 SPT 和驼乳、山羊乳和牛乳在 38 名儿童中的交叉反应状况

第五节　驼乳对关节炎的辅助治疗作用

类风湿关节炎（rheumatoid arthritis，RA）是一种以损害关节滑膜、软骨和骨骼为特征的慢性炎症性疾病。目前，市场上尚无针对性很强的治疗药物，治疗主要以镇痛、消炎、防止或减缓关节变形及损伤、提高关节活动度为主。临床上治疗的药物主要有非甾体抗炎药、糖皮质激素，改善病情的抗风湿药、生物制剂、自体造血干细胞移植，以及基因治疗、植物药及中药制剂等。虽然能够缓解疾病进程，但是也存在着严重的不良反应、毒副作用、耐药性以及高额的药物治疗成本等缺点，结果都难以令人满意。

王曙阳等（2011）研究发现，驼乳的多不饱和脂肪酸显著高于其他哺乳动物。古丽巴哈尔·卡吾力等（2017）研究发现，食用含有 ω-3 的不饱和脂肪酸可以预防类风湿性关节炎及骨质疏松症等。Hany 等（2017）研究驼乳对类风湿关节炎大鼠 MAPK 通路的影响，通过使用弗氏完全佐剂和牛Ⅱ蛋白注射于大鼠体内进行造模，然后用驼乳灌胃治疗 1 个月，动脉取血，使用试剂盒测定大鼠血清中的炎性因子。通过 1 个月的驼乳灌胃治疗发现，治疗后可以有效地提高大鼠血清中的抗炎因子浓度而且可以降低血清中的促炎因子的浓度。滑膜组织病理学和 Western Blot 试验发现，经驼乳脂治疗后降低了组织中的炎症细胞；也降低了 MAPK 通路中上下游基因的表达。通过该试验发现，驼乳能缓解或治疗类风湿性关节炎。刘东辉（2017）研究发现，不论是大鼠的爪肿胀度、炎性因子以及滑膜组织中的炎性细胞，经过驼乳治疗后，都有所下降。内蒙古骆驼研究院自主研发出一种名为“驼脂霜”产品，在动物试验中已经验证非常有效。通过人体志愿者反馈，该产品可以有效地缓解关节肿痛（图 4-10）。

图 4-10　驼脂霜

第六节　驼乳对肝疾病的辅助治疗作用

驼乳的成分和生理学不同于反刍动物的乳，而且驼乳在室温下储存的时间要比其他动物乳的长。驼乳具有丰富的营养成分，富含溶菌酶、乳铁蛋白、乳过氧化物酶和免疫球蛋白等天然生物活性因子，其生物学价值很高，被研究者们所青睐。驼乳医用价值很高，所以国外很多专家及研究者对驼乳及其活性成分对肝的保护机制进行了大量研究。

一、驼乳对酒精性肝病的辅助治疗作用

酒精性肝病（alcoholic liver disease）是指长期过度摄入酒精导致的肝疾病，疾病初期一般表现为酒精性脂肪肝，随后可发展为酒精性肝炎、酒精性肝纤维化和酒精性肝硬化，在重度酒精中毒时可能导致广泛的肝细胞坏死，诱发肝功能衰竭。酒精性肝损害最终导致肝硬化需较长过程，临床医师需在酒精性肝病患者可逆阶段采取积极的防治措施，从而减少肝硬化的发生。而找出能达到这一目标的廉价天然药物则是一个很大的挑战。驼乳可能就是这样一个潜在的候选者。驼乳不同于其他反刍动物乳，它的胆固醇、蛋白质和糖含量较低，但矿物质、维生素和胰岛素含量较高（Yousef 等，2004）。

Hebatallah 等（2010）利用驼乳对酒精诱导的肝损伤大鼠进行了探索研究。他们诱导大鼠酒精肝损伤后，用驼乳进行了预防及治疗试验。结果发现，与试验对照组相比，驼乳治疗组的肝功能相关指标都明显降低，肝损伤呈现出缓解的趋势（表 4-11）。

表 4-11　大鼠肝功能指标对比表

项目	对照组	酒精组	预防组	治疗组
ALT（U/L）	69.9±4.2	120.8±3.93[a]	82.8±8.4[b]	69.9±5.7[b]
AST（U/L）	173.4±12.2	248.8±17.5[a]	173.2±11.9[b]	190.4±3.92[b]
ALP（U/L）	76.4±8.24	1414±5.44[a]	78.1±5.29[b]	84.3±4.52[b]
甘油三酯（mg/dL）	77.9±2.19	141.3±4.39[a]	109.6±3.86[ab]	99.5±6.23[ab]
胆固醇（mg/dL）	115.6±5.05	104±4.2	120±8.65	116.8±4.15
肝指数	0.03±0.001	0.04±0.001 2[a]	0.032±0.002[b]	0.031±0.008[b]

注：同行上标相同小写字母表示差异不显著（$P>0.05$），不同小写字母表示差异显著（$P<0.05$）。

Darwish 等（2012）让大鼠口服酒精变成肝病模型后，用驼乳进行灌胃治疗试验。研究者通过血清中的丙氨酸转氨酶、天冬氨酸转氨酶、碱性磷酸酶、甘油三酯和胆固醇水平进行评估，并且对肝组织进行了组织病理学分析。结果发现，驼乳的摄入可能对酒精性肝病起到改善作用，驼乳中可能存在对酒精性肝病具有抗氧化、抗炎、抗凋

亡的物质（表 4-12）。用酒精处理的大鼠肝切片中检测到组织病理学变化，这些变化主要表现为炎性细胞浸润增加、脂肪变化、胶原纤维积累和坏死损伤。该研究结果强调了驼乳本身成分的重要性，并证明了驼乳对酒精性肝损伤具有改善缓解作用，这一作用可通过其抗氧化、抗炎和抗凋亡机制得到调节。

表 4-12 驼乳对酒精诱导大鼠的丙氨酸转氨酶、天冬氨酸转氨酶、碱性磷酸酶、甘油三酯、胆固醇水平及肝重/体重比变化的影响

参数	对照组	酒精组	预防组	治疗组
ALT（U/L）	69.9±4.2	120.8±3.93	82.8±8.4	69.9±5.7
AST（U/L）	173.4±12.2	248.8±17.5	173.2±11.9	190.4±3.92
ALP（U/L）	76.4±8.24	141.4±5.44	78.1±5.29	84.3±4.52
甘油三酯（mg/dL）	77.9±2.19	141.3±4.39	109.6±3.86	99.5±6.23
胆固醇（mg/dL）	115.6±5.05	104±4.2	120±8.65	116.8±4.15
肝重/体重	0.03±0.001	0.04±0.001 2	0.032±0.002	0.031±0.008

二、驼乳对肝炎病毒疾病的辅助治疗作用

肝炎病毒是指引起病毒性肝炎的病原体。人类肝炎病毒有甲型、乙型、非甲非乙型和丁型病毒之分。除了甲型和戊型病毒为通过肠道感染外，其他类型的病毒均通过密切接触、血液和注射方式传播。有研究者利用驼乳对儿童病毒性肝炎的影响进行了相关试验。试验持续了 5 周，在这期间这些儿童接受了正常的药物治疗和进行常规饮食。经驼乳干预后采集血液样品，测定免疫球蛋白 G（IgG）、免疫球蛋白 M（IgM）、丙氨酸转氨酶（ALT）、天冬氨酸转氨酶（AST）、碱性磷酸酶和胆红素的含量。结果表明，口服驼乳后 IgG 下降了 34.5%，IgM 上升了 84.3%，且膳食干预显著降低了肝酶的浓度。综上所述，驼乳对病毒性肝炎患儿的症状有一定的缓解作用。

沙丽塔娜提•贺纳亚提等（2009）让 44 例慢性乙型肝炎患者喝驼乳 1 年后，观察及检测患者乙肝病毒基因（HBV-DNA）、乙肝病毒血清标志物、丙氨酸转氨酶、相关细胞因子白介素-4（IL-4）和 γ-干扰素（IFN-γ）的水平及其临床疗效。驼乳治疗慢性乙型肝炎具有潜在价值，值得进一步研究，可以开发成具有应用前景的多态性药物、疫苗等。目前，驼乳在临床上的应用仍在继续摸索，以达到更好的治疗效果。

Saltanat 等（2009）探讨了驼乳对慢性乙型肝炎患者免疫应答的影响及其机制。他们让 44 例慢性乙型肝炎患者每天饮用驼乳，进行为期 1 年的观察，且与对照组进行比较。结果显示，驼乳可以调节 Th1/Th2 型细胞因子的表达，纠正 Th1/Th2 细胞因子的失衡，可增强细胞免疫应答，抑制病毒 DNA 复制，进而促进慢性乙型肝炎患者的恢复。

有人研究评估了驼乳在治疗 HCV 患者中的疗效。将来自当地农场的全部驼乳给患者饮用 4 个月（每个患者 250mL/d）。在喝驼乳之前和之后分别收集患者的血清，并进

行血清检测。结果显示，驼乳具有改善全身疲劳的作用；约 88%的患者中 ALT 降低，并且在饮用驼乳 4 个月后，所有患者的 AST 均降低。

三、驼乳对肝癌的辅助治疗作用

肝癌即肝恶性肿瘤，可分为原发性和继发性两大类。原发性肝恶性肿瘤起源于肝的上皮或间叶组织，前者称为原发性肝癌，是我国高发的、危害极大的恶性肿瘤；后者称为肉瘤，与原发性肝癌相比较为少见。继发性或转移性肝癌是指全身多个器官起源的恶性肿瘤侵犯至肝。

据专家及研究者多年的研究结果，驼乳抗癌作用潜在的治疗效果如下：

（1）驼乳中的维生素 C 含量比牛乳中的高约 3 倍，抗坏血酸保护 DNA 免受氧化损伤。

（2）驼乳中的硒含量与其他类型的乳相似。硒是各种氧化防御性硒蛋白的组成成分，是谷胱甘肽过氧化物酶的辅助因子，用于消除过氧化物自由基。

（3）驼乳中的锌含量高于母乳。锌是 DNA 和 RNA 合成所需的元素，是超氧化物歧化酶活性的辅助因子。

（4）驼乳铁蛋白减少结肠癌细胞的增殖，起到抗氧化作用，并对 DNA 的损伤有抑制作用。

（5）驼乳中的多不饱和脂肪酸中含有高水平的亚油酸（linoleic acid，CLA）。CLA 化合物可以作为有用的食物抗氧化剂，并且由于其在疾病预防中的潜在生物活性而具有额外的价值。由 Liew 等（1995）研究得出的结果支持一种涉及 CLA 抑制致癌物激活的机制，直接与致癌物质相互作用，清除亲电子试剂或选择性诱导Ⅰ期解毒途径。

四、驼乳对四氯化碳肝损伤的辅助治疗作用

驼乳的独特性使其广泛用于医药领域，作为抗微生物剂、抗糖尿病剂和保肝剂。苏德奇等（2013）探讨驼乳对 CCl_4 小鼠肝损伤的保护作用，发现酪蛋白和乳清蛋白及其降解产物具有抑制脂氧合酶裂解的脂类自动氧化，清除超氧化物、羟基自由基和抑制脂类氧化的作用。提高细胞内抗氧化的能力，对肝细胞起到一定的保护作用。同时，驼乳还具有抗炎、抗病毒及修复坏死组织的功效。由此可见，驼乳中的营养成分与其对 CCl_4 诱导小鼠肝损伤的保护作用有密切联系。

Thnaian 等（2013）研究驼乳对四氯化碳（CCl_4）诱发的肝毒性的保护作用。在试验结束时（5 周），收集血液和肝样品用于生化及组织病理学分析。研究结果表明，驼乳治疗可明显降低因 CCl_4 升高的肝的血清酶活性及一些生化指标。驼乳处理可改善中毒大鼠的肝酶活性、血液生化指标，能对 CCl_4 诱导的大鼠肝损伤起到保护作用。

第七节　驼乳对肾病的辅助治疗作用

驼乳中含有丰富的蛋白质、脂肪、矿物质和各种维生素，除了能给患者提供丰富的营养外，更重要的是可以增强血液循环，促进利尿排毒。传统医学书中记载，患肾病的人在春季每天饮用双峰驼乳对身体健康有一定益处，同时对肝胆胃肠疾病也有一定疗效。

蒙古国戈壁阿尔泰省贝格尔有一所双峰驼乳肾病疗养院，它是世界上少数几个应用驼乳和酸驼乳进行肾病治疗和科学研究的工作机构之一。每年接待350～400名世界各地的肾病患者。根据该疗养院8年的数据统计，肾病患者的腰酸腿疼、全身无力、易疲劳等症状在服用驼乳后均有显著改善，肾病的治愈率为63%左右。蒙古国科学院对当地土壤、植被、空气进行系统的研究并没有发现特别之处，因此得出驼乳与肾病患者的治愈率有直接关系。由此可以看出，驼乳在肾病的治疗方面也有积极的效果。

内蒙古农业大学乳品科学与技术教育部重点实验室在蒙古国戈壁阿尔泰省贝格尔双峰驼乳肾病疗养院对驼乳对肾病患者尿液成分的影响进行初步评价，随机选择了在疗养院进行疗养的73位肾病患者。经过对患者进行10d的跟踪研究，通过对疗养前后肾病患者尿液指标的比较研究发现，驼乳对尿密度、尿酸碱度、尿蛋白、尿糖有不同程度的影响。从肾病患者尿液成分的变化可以大概推断患者病情的变化，因为尿液在一定程度上可以表明肾病变的情况。73位肾病患者当中有34位患者病情得到了明显改善，疗养院肾病患者普遍认为喝驼乳对肾病有辅助治疗作用，驼乳具有潜在的医疗作用。并分别以5mL/kg和10mL/kg双峰驼乳灌服腺嘌呤所致慢性肾功能衰竭（chronic renal failure，CRF）大鼠，28d后发现，驼乳可缓解CRF大鼠的一般情况，减缓大鼠尿蛋白的丢失，缓解肾功能的恶化，调节电解质；可降低大鼠血肌酐、尿素氮水平，保护肾功能；可调节大鼠血清TP、NO水平，提高SOD水平，加强对体内自由基的清除作用；从病理观察可见，在一定程度上缓解了肾单位的恶化；在其效果上比较，驼乳高剂量组优于低剂量组，在一定程度上对CRF的恶化起到了延缓作用。初步探讨了驼乳对慢性肾功能衰竭大鼠的干预作用。结果表明，此结果与驼乳中的营养成分及功效因子密切相关。驼乳不仅营养价值高，还富含多种保护性蛋白，在机体的抗病机制方面也起着重要作用。因此，长期饮用驼乳可预防和防止患肾病的危险。对肾病患者来说，驼乳不失为一种对其病情有益的绿色食品。

驼乳的传统医疗价值广泛，不仅仅对糖尿病、肺结核、胃溃疡、肠胃炎等疾病具有预防和治疗效果，而且在肾病的治疗中也发挥着重要作用。

一、驼乳疗养肾病方法

1. 驼乳肾病疗养院的疗养方法　贝格尔双峰驼乳肾病疗养院的疗养方法通常称为

沙漠疗养法，主要有 2 种：

（1）在沙漠或在沙湖岸边晒太阳，每天 10：00 和 15：00 喝自然发酵驼乳 500mL，与此同时进行新鲜空气疗养。这种方法一般适合于没病的人，而贝格尔双峰驼乳肾病疗养院一般不使用这方法。

（2）埋沙疗养的同时喝自然发酵驼乳进行疗养。贝格尔沙漠的位置、形状对吸收太阳光十分有利，那些眉毛状的沙丘侧背面与地面形成了 45°的斜坡，从而阳光照射时可以吸收更多的热量，给疗养治疗提供了更有利的条件。光照下受热的沙漠不仅将人体内多余的水分和汗水蒸发掉，而且使血管均匀受热，扩张血管壁，从而改善血液循环。这种疗养治疗的方法会受光线、阴天、云层厚度、风速、空气、沙漠温度等诸多因素的影响。因此，要注意观测沙漠的天气变化，并给患者疗养进行适当的调节。

2. 驼乳治疗肾病的功效成分 驼乳中除含有营养物质外，还有促进健康、预防各种疾病的功效因子。如当地蒙古族人有这样的认识，喝驼乳长大的孩子身体比较结实，喝驼乳的婴幼儿不容易出现腹泻，常喝驼乳的人一般不得肾病等。蒙古族人在长期游牧文化的历史长河中知道了驼乳的食用价值和药用价值。驼乳蛋白含量高而且含有各种活性蛋白，即驼乳中含有大量的溶菌酶、乳铁蛋白和免疫球蛋白等保护性蛋白，这些蛋白对治疗肾病起重要作用。驼乳脂肪的一个显著特征是，其长链脂肪酸所占比例高达 96.4%。驼乳中的短链脂肪酸 $C_{4:0}$～$C_{12:0}$ 含量少，为 0.1%～1.2%，但 $C_{14:0}$、$C_{16:0}$、$C_{18:0}$含量相对较高。例如，驼乳脂肪中棕榈酸（软脂酸）所占比例达 10.4%。驼乳中不饱和脂肪酸所占比例达 43.1%，而牛乳为 38.8%，所以驼乳更适合于人体代谢，而且可预防心血管疾病的发生。驼乳中烟酸和维生素 C 的含量高于牛乳，维生素 B_6、维生素 B_{12}与牛乳中含量相同，维生素 A、维生素 E、维生素 B_1、维生素 B_2、叶酸、泛酸较牛乳中含量少。这对于贝格尔双峰驼乳肾病疗养院疗养的患者来说十分重要。1 000g 驼乳中的矿物质可以为人体提供一天所需的钙、磷、钾、铁、锌等元素。该疗养院除用驼乳来治疗肾病、水肿患者外，还用驼乳辅助治疗一些如肺结核、腹泻等疾病，有时也用驼乳与化疗配合，治疗一些癌症，特别是消化道癌症。另外，驼乳也可以用来治疗婴儿腹泻和消化道溃疡。曾有报道，胃溃疡患者服用发酵驼乳后治愈率为 57.5%，服用发酵牛乳后治愈率为 34.5%。

二、驼乳对顺铂诱导的肾毒性保护作用

研究者发现驼乳对顺铂诱导的小鼠肾毒性也具有保护作用。顺铂是顺式二氯二氨合铂（cis-dichlorodiam-minoplatinum，DDP）的简称，它的抗肿瘤作用非常强，是首个应用于临床的铂类化疗药物，广泛用于膀胱癌、卵巢癌、头颈部鳞癌、睾丸癌、非小细胞肺癌等多种实体肿瘤。顺铂的施用会造成诸多不良反应，其中肾毒性是其最大的不良反应。顺铂诱发肾毒性的主要原因是氧化应激引起的氧化性损伤（Chirino 等，2009）。埃及研究者将 40 只小鼠随机分为 4 组，研究驼乳对顺铂诱导的小鼠肾毒性的

保护作用。分别为对照组、模型组（连续 5d 注射顺铂）、驼乳对照组（正常组灌胃驼乳）以及驼乳干预组（驼乳连续灌胃 30d 后腹腔注射 5d 顺铂造模）。研究发现，模型组血清肌酐、尿素的含量显著降低（$P<0.05$）；肾组织中的丙二醛（MDA）含量显著增加（$P<0.05$），维生素 C 和维生素 E 的含量显著降低（$P<0.05$）。肾中 SOD 以及 GPx 的含量及其基因表达量均显著降低。而提前灌胃驼乳能够逆转上述改变，使之恢复到正常水平；与正常对照组相比，驼乳对照组能够显著提高肾组织中维生素 C 和维生素 E 的含量。上述结果表明，驼乳对顺铂诱导的小鼠肾氧化应激和肾功能障碍具有保护作用。因此，其有可能被用作顺铂诱导肾毒性的治疗佐剂。

综上所述，驼乳发挥解毒功效作用主要通过保护肝和肾，使之免受因（重）金属摄入而引发的肝肾损伤；驼乳可降低腹腔注射四氯化碳诱发的脂质过氧化反应水平；此外，驼乳对顺铂诱导的肾毒性有很好的保护作用，其在开发顺铂肾毒性的治疗佐剂应用方面前景广阔。在作用的靶器官方面，驼乳的摄入主要可以保护肝和肾免受（重）金属以及有毒有害化学试剂的损伤。驼乳具体以怎样的机制发挥这种保护作用，目前尚不清楚，但是可以明确的是，驼乳能够显著提高机体的抗氧化应激能力，并且降低机体的脂质过氧化反应水平。

第八节　驼乳对自闭症的辅助治疗作用

目前研究发现，自闭症患者通常伴有肠道异常和肠道菌群异常，并且自闭症患者摄入维生素 B_6、维生素 B_{12}、维生素 E、维生素 D 和维生素 C，微量元素镁、铁、锌和钙以及叶酸等严重不足，明显低于推荐摄入量。而且自闭症儿童的这种饮食特点并不是在患病之后才出现的，往往从婴儿时期就开始并持续很长时间。目前，还没有治疗自闭症核心障碍的有效方法。医生、科研人员和患儿家长尝试了多种治疗方法，积累了很多经验。常见的治疗方法有行为干预法、特殊教育法、药物治疗法、生物医学干预法以及心理干预法等。

令人感到惊奇的是，驼乳在自闭症治疗中发挥着重要作用，甚至在一些地区有通过驼乳治疗自闭症的传统。在一项研究中，研究人员发现驼乳对 15 岁以下儿童的病情控制有辅助作用，对 10 岁以下儿童有显著效果。Laila 等（2013）发现饮用驼乳的自闭症儿童在言论、认知和行为上都得到了显著改善，并且有效降低了其身体的氧化应激反应。并得出，驼乳通过调整抗氧化酶和非酶抗氧化物的水平来降低氧化应激反应，并起到改善心理症状的作用的结论。有一位母亲记录了患有自闭症的儿子持续饮用驼乳后的一系列症状，每次在睡前饮用 4 盎司的生驼乳，连续饮用 1 年后，患者的不稳定行为明显减少，皮肤状况有明显改善，当驼乳饮用量增加到 8 盎司时，会导致面部肌肉和手臂抽搐，将饮用量恢复到 4 盎司的时候，面部肌肉与手臂抽搐的问题也随之不见。由此可见，驼乳在自闭症治疗发挥着不可忽视的作用。

第九节　驼乳对糖尿病的辅助治疗作用

一、驼乳的降糖作用

临床研究表明，Ⅰ型糖尿病患者每天饮用驼乳会显著降低血糖水平，使其胰岛素需求量降低30%。驼乳中含有一种不同于其他哺乳动物乳的类胰岛素因子和其他具有治疗作用的化合物，促进了糖尿病患者恢复健康。然而，该机制尚未被完全解密。但是口服胰岛素无法克服黏膜屏障，并在它进入血液之前就会被消化酶降解。驼乳类胰岛素因子作为驼乳的一个独特因子，可以顺利通过胃酸环境，并有效进入血液中发挥作用（图4-11）。这是因为驼乳在酸性条件下不会形成凝块，相比其他哺乳动物乳有更高的缓冲能力。驼乳含有约52IU/mL的类胰岛素因子，远高于牛乳（16.32IU/mL）的含量；驼乳中锌含量较高，锌与胰岛β细胞的胰岛素分活性密切相关。

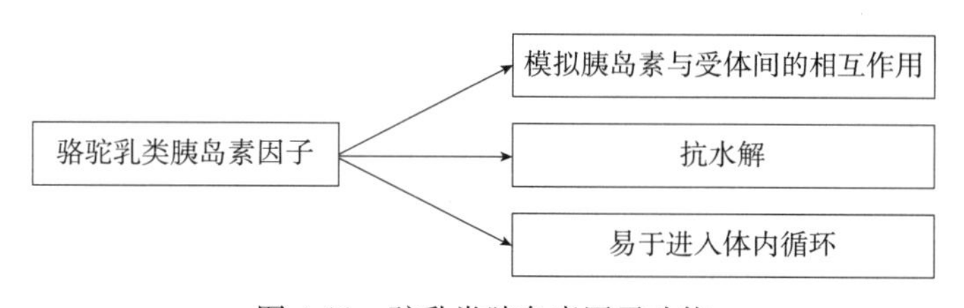

图4-11　驼乳类胰岛素因子功能

Agrawal等（2011）研究发现，生驼乳和巴氏灭菌驼乳对糖尿病大鼠有降血糖作用，结果显示，使用生驼乳治疗糖尿病大鼠4周后，血糖值从（169.68±28.7）mg/dL下降到了（81.54±11.4）mg/dL（$P<0.02$），而使用巴氏灭菌驼乳治疗糖尿病大鼠后，血糖值则从（135.45±20.91）mg/dL下降到（113±29.09）mg/dL。Sboui等（2010）研究了驼乳对四氧嘧啶诱导糖尿病犬的影响，结果显示，每天使用500mL驼乳，连续5周治疗后，糖尿病犬的血糖值从（10.88±0.55）mmol/L下降到（5.77±0.44）mmol/L。对比研究驼乳和生物合成胰岛素对糖尿病兔的影响，发现使用驼乳治疗的糖尿病兔4周后，血清胰岛素含量［（7.9±0.9）mIU/mL］显著高于未经治疗［（2.4±0.1）mIU/mL］和胰岛素治疗的糖尿病兔［（5.6±0.4）mIU/mL］。由此可知，驼乳对糖尿病的降糖作用比合成胰岛素明显（表4-13）。Khan等（2010）也类似地研究了驼乳对STZ糖尿病大鼠的降糖作用，发现新鲜驼乳灌胃30d后，糖尿病大鼠的血糖值从560mg/dL下降到235mg/dL。另有研究者指出，使用驼乳清蛋白2周后，可以显著降低STZ诱导的糖尿病小鼠血糖，血糖值从（411±37）mg/dL下降到（261±25.5）mg/dL。与此同时，使用驼乳清蛋白的糖尿病小鼠的血清胰岛素含量显著高于未经治疗的糖尿病小鼠（Badr，2013）。

表 4-13　驼乳对糖尿病患者的降糖作用

参考文献	剂量	治疗时间（月）	样本量	治疗前血糖（mg/dL）	治疗后血糖（mg/dL）	胰岛素剂量（mg/dL）
Agrawal 等（2011）	500mL 生驼乳	3	4	115.16±7.17	100±16.2	41.16±10.32（前），30±12.06（后）
Agrawal 等（2011）	500mL 生驼乳	12	4	119±19	95.42±15.70*	32±12（前），17.83±12.40（后）*
Agrawal 等（2011）	500mL 生驼乳	12	4	115.16±14.50	100.20±17.40*	30.40±11.97（前），19.12±13.39*（后）
Agrawal 等（2011）	500mL 生驼乳	6	4	128.7±1.17	125.46±1.24*	41.61±3.08（前），28.32±2.66（后）*
El-Sayed 等（2011）	500mL 生驼乳	3	0	199.46±4	155.13±3.5*	55.1±1.4（前），36.2±1.22（后）*
	胰岛素			195.6±2.01	173.4±1.66*	50±0.64（前），45.46±0.9（后）*
	500mL 生驼乳＋胰岛素			205.3±2.16	147.26±1.89*	59.26±0.7（前），20±0.35（后）*

注：* 代表与治疗前比 P 值的显著性水平，下表同。

Agrawal 等（2011）发现，糖尿病患者使用驼乳治疗 3 个月后血糖值明显下降，患者胰岛素使用量也有显著下降。Ⅰ型糖尿病患者治疗前每天所需胰岛素量为（41.16±10.32）IU/d，但是饮用驼乳 3 个月后胰岛素使用量逐渐减少到 30±12.06IU/d（$P<0.002$）。Agrawal 等（2011）通过 1 年的长期试验进一步验证了驼乳是可以辅助治疗Ⅰ型糖尿病的安全有效的功能性食品。研究表明，为期 1 年的驼乳辅助治疗可使血糖值从（119±19）mg/dL 显著下降到（95.42±15.70）mg/dL（$P<0.005$）。同时，在研究期间患者的胰岛素使用剂量也在显著降低。Agrawl 等（2011）曾将 50 例新诊断的Ⅰ型糖尿病患者随机分为两组，其中一组接受常规药物治疗，另一组除了常规治疗外每天多饮用 500mL 新鲜驼乳，治疗过程持续了 12 个月。结果显示，饮用驼乳组的血糖值从（115.16±14.50）mg/dL 下降到（100.20±17.40）mg/dL，常规治疗组的血糖从（114.40±17.70）mg/dL 下降到（104.00±15.87）mg/dL。此外，驼乳辅助治疗组的胰岛素使用量从（30.40±11.97）IU/d 减少到（19.12±13.39）IU/d，但是常规治疗组的胰岛素使用量并未发生显著变化。据报道，印度西北拉贾斯坦拉伊卡地区人民由于经常饮用驼乳，因此该地区的糖尿病患病率几乎为零。报道还称，经常饮用驼乳人群的糖尿病患病率大概为 0.4%，远低于不饮用驼乳人群的患病率 5.5%。Agrawal 等（2011）发现，连续使用 6 个月驼乳后用相同剂量胰岛素的Ⅰ型糖尿病患者血糖值从（41.61±3.08）mg/dL 显著下降到（28.32±2.66）mg/dL（$P<0.01$）。将 54 名Ⅰ型糖尿病患者随机分为 2 组，第 1 组为常规治疗组，即饮食、运动、胰岛素治疗，第 2 组为常规治疗加驼乳组。经过 16 周的治疗发现，常规治疗加驼乳组的空腹血糖值由（227.2±17.7）mg/dL 下降到（98.9±16.2）mg/dL，每天所需胰岛素剂量由（48.1±6.95）IU/d 减少到（23±4.05）IU/d。

有人通过为期2个月的试验研究了驼乳对Ⅱ型糖尿病患者血糖、血脂和血压的影响，结果表明，Ⅱ型糖尿病患者连续使用驼乳2个月后血清胰岛素含量显著升高，从而HOME-IR指数升高，但是血糖和血脂变化无统计学意义。由此可知，尽管长期饮用驼乳可以提高Ⅱ型糖尿病患者血清胰岛素浓度，但是与牛乳相比，驼乳组的血糖、血脂和血压无显著性差异，因此驼乳可能有助于控制Ⅱ型糖尿病患者血清胰岛素水平。

Korish等（2013）研究结果显示，稳态模型评估胰岛素抵抗指数（HOMA-IR）与总胆固醇（TC）、高脂血症（TG）、低密度脂蛋白-胆固醇（LDL-C）、极低密度脂蛋白-胆固醇（VLDL-C）之间存在直接关系，但与高密度脂蛋白-胆固醇（HDL-C）呈负相关。经驼乳治疗的糖尿病模型动物的随机血糖水平显著降低，在治疗1周后观察到驼乳的抗糖尿病作用，并在整个研究过程中持续发力，从而导致治疗的糖尿病模型动物的血糖水平相对于其初始血糖水平降低约33%。此外，驼乳治疗组的TC、TG、LDL-C、VLDL-C和HOMA-IR水平显著降低。HOMA-IR下降伴随着空腹和葡萄糖刺激的胰岛素分泌增加，空腹血糖水平降低和葡萄糖耐量改善。通过驼乳治疗，糖尿病动物体重增加约10%、死亡率为0%，未经治疗的糖尿病动物体重减轻5.56%、死亡率25%。经过驼乳治疗，糖尿病动物体重增加，死亡率降低。

已知*GLP-1*具有刺激胰岛素分泌的能力，在改善体内葡萄糖平衡方面发挥作用。*GLP-1*刺激胰岛β细胞生长、增殖，促进胰岛素分泌，并保护其免于凋亡。除了具有促进胰岛素分泌作用外，*GLP-1*还能够降低血糖水平，这是由于它具有能够抑制胃排空，减少食物摄入，抑制胰高血糖素分泌和减缓内源性葡萄糖生成速度等一系列作用。在Ⅱ型糖尿病（T2DM）中，膳食刺激胰岛素分泌（肠促胰岛素反应），尤其是*GIP*反应，受到严重抑制。这可能与胰岛β细胞分泌能力下降有关，也有肠降血糖素作用受损和高血糖引起的*GIP*和*GLP-1*受体水平下调的报道。因此，最近出现了一种新的糖尿病治疗途径。通过应用刺激肠内分泌细胞中的营养物传感通路的口服药物来增强肠促胰岛素的释放或合成。在Korish等（2013）研究中，未治疗的糖尿病模型动物与糖尿病患者和具有增强的*GIP*基因表达的实验动物相比，*GLP-1*和*GIP*水平显著增加。与此同时，经过驼乳治疗的糖尿病模型动物，*GLP-1*和*GIP*水平显著下调（图4-12）。

糖尿病会引起一系列促炎症状，此过程往往伴随着氧化应激和活性氧的增加，并使机体内促炎细胞因子TNF-α、INF-γ和TGF-β1的异常释放。这些异常增加的促炎细胞因子诱导全身炎症并加剧糖尿病以及并发症的发生。

研究人员对未变性的驼乳清蛋白对链脲佐菌素（STZ）诱导的糖尿病大鼠免疫和血糖功能的改善作用进行了研究，研究发现，T细胞介导自体免疫糖尿病的特点是免疫细胞浸润胰岛和破坏胰岛β细胞。研究人员还研究了驼乳清蛋白（WP）对STZ诱导的Ⅰ型糖尿病（T1DM）大鼠4个月后淋巴细胞反应的影响。其中一组连续5周每天按照100mg/kg的剂量补充乳清蛋白。从活化的淋巴细胞提取RNA，再用RT-PCR及实时PCR分析基因的表达，PCR产物用ELISA检测。还研究了淋巴细胞的增殖能力及其进

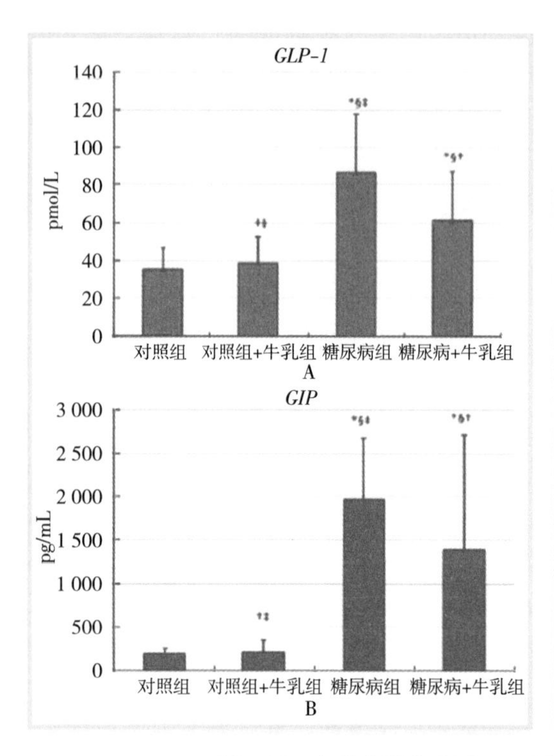

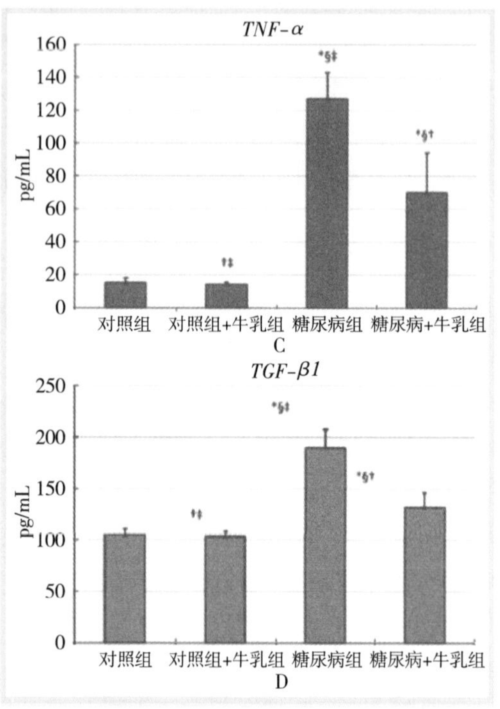

图 4-12 各组血清中 *GLP-1*、*GIP*、肿瘤坏死因子 α（*TNF-α*）和转化生长因子 β1（*TGF-β1*）水平

入脾的能力。经抗原活化的淋巴细胞显示，糖尿病使蛋白激酶 B（Akt1）、Cdc42 以及协同刺激分子 CD28 的 mRNA 表达量受损，而这 3 种分子分别对细胞存活、肌动蛋白聚合以及 T 细胞的活化发挥重要作用。无论是体内试验还是体外试验，均显示糖尿病大鼠淋巴细胞的增殖被抑制。乳清蛋白能够修复糖尿病大鼠的 Akt1、Cdc42、CD28 分子的 mRNA 表达量，使之恢复到正常水平。因此，WP 能够激活糖尿病大鼠 B 细胞的增殖。无论是体内还是体外试验均发现，尽管 WP 能够上调 *IL-2* 以及 *IFN-γ* 的 mRNA 表达水平，但是它抑制了几乎所有的 T 细胞亚群的增殖，这可以通过 WP 能够使胰岛 β 细胞的结构和功能正常化得到证明。与此同时，发现 WP 能够下调 *TNF-α* 以及其调控的死亡受体（Fas）的 mRNA 表达量。总的来说，研究的结果提供了 WP 在治疗 T1DM 的免疫损伤方面发挥着潜在作用的证据。试验中腹腔注射 STZ 60mg/kg，注射 7d 之后，测血清血糖，选取摄取葡萄糖 2h 后血糖水平≥200mg/dL 的大鼠作为模型鼠。除了灌胃乳清蛋白以外，还在饲料中补充乳清蛋白。乳清蛋白剂量 100mg/kg，灌胃体积 0.25mL，每天灌胃 1 次，连续灌胃 5 周。需要特别说明的是，按照试验设计的完整性来说，还需要设计正常大鼠、饲料添加 WP 组、灌胃 WP 的组。详细分组见表 4-14。动物试验结束后，分别检测血糖、血清胰岛素；分离淋巴细胞，加入促分裂素之后，离体培养 24h，用 MTT 法检测细胞活力；将脾组织做免疫组化研究，检测增殖细胞核抗原（PCNA）、T 细胞以及 B 细胞；从脾中提取 RNA 并进行 RT-PCR 与 RT-PCR 定量分析基因的表达量（通过测定 mRNA 的含量）。

表 4-14 试验分组

组别	组Ⅰ（对照组）	组Ⅱ（DM）（糖尿病组）	组Ⅲ（DMWP）（乳清蛋白处理组）
大鼠数量	15	15	15
大鼠类型	正常大鼠	糖尿病鼠	糖尿病鼠
饲料添加的蛋白种类（占总蛋白的 20%）	酪蛋白	酪蛋白	WP
饮食采食方式	自由采食	自由采食	自由采食
灌胃物质	1% CMC	蒸馏水	WP

研究人员在对驼乳中类胰岛素物质的作用进行的研究中，先前对单峰驼的研究报道了驼乳（CM）对人类不同的疾病模型的好的作用，其中就包括大量的降糖作用的报道。但是关于其能够降糖的分子机制还不清楚。研究假设，驼乳可能会作用于人类胰岛素受体（hIR）及其相关的细胞内的信号通路。所以，采用生物发光共振能量转移技术（BRET）研究了驼乳与表达在人类胚胎肾 293 细胞（HEK-293）的 hIR 的相互作用。BRET 能够在活细胞水平上实时监测 hIR 与胰岛素受体信号蛋白（IRS1，也称胰岛素受体底物）及生长因子受体结合蛋白 2（Grb2）发生的生理反应。结果表明，在没有胰岛素刺激的情况下，驼乳不能够增加 hIR 与 IRS1 或 Grb2 的 BRET 信号；但是其能够增加有胰岛素参与的 hIR 与 Grb2（非 IRS1）的最大 BRET 信号。有趣的是，驼乳似乎能够选择性地影响胰岛素通路的下游信号，因为其能够显著地激活细胞外调节蛋白激酶（ERK1/2），并且对胰岛素参与的 ERK1/2 具有增强作用，但是对 Akt 没有影响。对驼乳的初步分离表明驼乳中含有肽段/蛋白等活性成分。与此同时，研究首次证明了驼乳对胰岛素受体构象的变构作用及其对细胞内的信号通路不同的激活作用。这些发现有助于阐明驼乳的潜在降糖作用。单独用驼乳（或胰岛素）对细胞进行处理时，不能够促进 hIR-Rluc8 与 IRS1-YFP 及 hIR-Rluc8 与 Grb2-Venus 的 BRET 信号的增加。这说明，在这个模型中，驼乳本身对 hIR 没有激活作用。换而言之，在 HEK-293 细胞中，驼乳对 hIR-IRS1 以及 hIR-Grb2 的结合没有发挥“胰岛素”的功能。驼乳中的肽类/蛋白质成分能够促进胰岛素参与 hIR 的激活作用。因此，驼乳可以单独或与其他药物一同使用，抑制代谢综合征相关的糖尿病症状，如糖耐量降低、高血糖、IR 和高脂血症。综上所述，驼乳作为一种天然“药物”，可以放心地用于治疗糖尿病。

我国关于驼乳对糖尿病的辅助治疗效果的研究稍晚些。有人研究了驼乳对Ⅱ型糖尿病大鼠的辅助治疗效果。结果显示，糖尿病模型组的血糖血脂及胰岛素指标较空白对照组具有显著性差异。驼乳治疗组的血糖血脂及胰岛素指标较病例对照组具有统计学意义，表明驼乳联合药物在降糖的同时具有较好的脂肪代谢调节作用，而且应用药物与驼乳饮食双重干预效果较单独药物干预治疗Ⅱ型糖尿病更好（表 4-15）。

表 4-15 空腹血糖、甘油三酯、总胆固醇、空腹胰岛素和胰岛素抵抗指数测定结果

组别	空腹血糖（mmol/L）	甘油三酯（mmol/L）	总胆固醇（mmol/L）	空腹胰岛素（mIU/L）	胰岛素抵抗指数
空白对照组	6.52±0.93	0.53±0.12*	1.43±0.45	30.83±11.54	8.80±3.18†

（续）

组别	空腹血糖（mmol/L）	甘油三酯（mmol/L）	总胆固醇（mmol/L）	空腹胰岛素（mIU/L）	胰岛素抵抗指数
病例对照组	$9.77\pm0.78^{*}$	0.96 ± 0.29	$2.18\pm0.45^{*}$	$62.24\pm29.22^{*}$	$27.84\pm12.67^{*}$
对照药物组	$6.61\pm1.33^{§†}$	$0.69\pm0.19^{§†}$	$1.76\pm0.29^{§†}$	$43.62\pm18.83^{§}$	$12.58\pm4.64^{§†}$
联合治疗组	$6.39\pm1.27^{§†}$	$0.51\pm0.12^{§†}$	$1.36\pm0.40^{§†}$	$26.39\pm7.60^{§†}$	$7.53\pm2.79^{§†}$
驼乳治疗组	$7.17\pm1.83^{§}$	$0.70\pm0.21^{§}$	$1.68\pm0.26^{§†}$	$47.08\pm21.10^{§}$	$14.22\pm4.85^{*†}$

注：与空白对照组比较 $^{*}P<0.05$，$^{§}P>0.05$；与病例对照组比较 $^{†}P<0.05$。

王曙阳等（2011）运用糖尿病大鼠对驼乳联合罗格列酮对Ⅱ型糖尿病大鼠的降糖作用进行研究和评价，并在此基础上，进行了 12 位Ⅱ型糖尿病患者的临床治疗试验。动物试验结果显示病例对照组与正常对照组各项指标均有显著性差异。空腹血糖结果：对照药物组、联合治疗组、驼乳治疗组与空白对照组比较无显著性差异；与病例对照组比较有显著性差异，其中联合治疗组与对照药物组比较有差异，联合治疗组和空白对照组最为接近。甘油三酯结果：对照药物组、联合治疗组、驼乳治疗组与空白对照组比较均无显著性差异；对照药物组、联合治疗组与病例对照组有显著性差异，说明驼乳联合罗格列酮有降低甘油三酯的作用且效果最为明显。总胆固醇结果：对照药物组、联合治疗组、驼乳治疗组与空白对照组无显著性差异，与病例对照组比较有显著性差异，说明联合治疗组和驼乳治疗组均能很好地控制血糖，其中联合治疗组效果最好。空腹胰岛素结果：对照药物组、联合治疗组、驼乳治疗组与空白对照组比较无显著性差异，与病例对照组比较无显著性差异，其中联合治疗组与对照药物组比较有差异，说明对照药物组、联合治疗组、驼乳治疗组均能很好地控制空腹胰岛素水平，其中联合治疗组效果最好（表 4-16，图 4-13、图 4-14）。

表 4-16　试验末空腹血糖、甘油三酯、总胆固醇、空腹胰岛素测定结果

组别	空腹血糖（mmol/L）	甘油三酯（mmol/L）	总胆固醇（mmol/L）	空腹胰岛素（mIU/L）
空白对照组	6.52 ± 0.93	0.53 ± 0.12	1.43 ± 0.45	30.83 ± 11.54
病例对照组	$9.77\pm0.87^{*}$	$0.96\pm0.29^{*}$	$2.18\pm0.45^{*}$	62.24 ± 29.22^{B}
对照药物组	$6.61\pm1.33^{§†}$	$0.69\pm0.29^{§‡}$	$1.76\pm0.29^{§‡}$	$43.62\pm18.83^{§}$
联合治疗组	$6.39\pm1.27^{§†}$	$0.51\pm0.12^{§‡A}$	$1.36\pm0.40^{§‡A}$	$26.39\pm7.66^{§‡A}$
驼乳治疗组	$7.17\pm1.83^{§‡}$	$0.70\pm0.21^{§}$	$1.68\pm0.26^{§‡}$	$47.08\pm21.10^{§}$

注：与空白对照组比较 $^{*}P<0.001$，$^{§}P>0.05$，$^{B}P<0.05$‡与病例对照组；与病例对照组比较 $^{†}P<0.001$，$^{A}P<0.05$；与对照药物组比较 $^{A}P<0.05$。

驼乳联合鹰嘴豆对小鼠Ⅱ型糖尿病的预防作用表明，驼乳联合鹰嘴豆可以较好地预防Ⅱ型糖尿病，并可以提高糖尿病小鼠的抗氧化能力以及控制糖尿病小鼠脂质代谢异常。这一研究认为，驼乳能较好地预防和辅助治疗糖尿病是因为其能够抗糖尿病小鼠体内氧化应激反应、提高小鼠体内的抗氧化能力。还有人研究了发酵驼乳的抗糖尿病作用，结果表明，发酵驼乳对糖尿病大鼠血清氨基酸代谢紊乱有一定调节作用。驼乳与药物的联合使用将来会是治疗糖尿病的一种较好的方法。

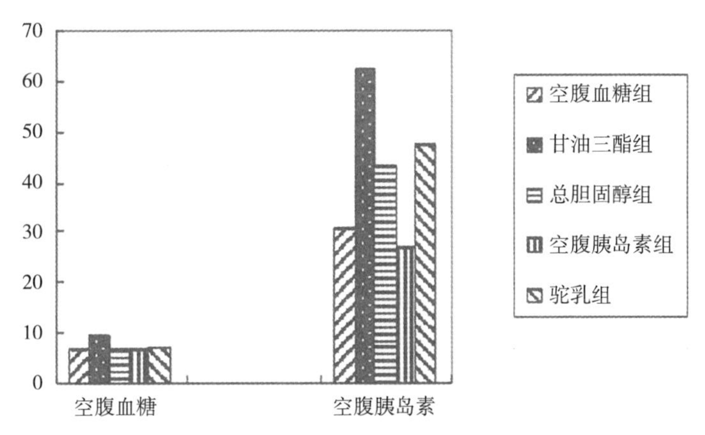

图 4-13　治疗 8 周后空腹血糖和空腹胰岛素比较图

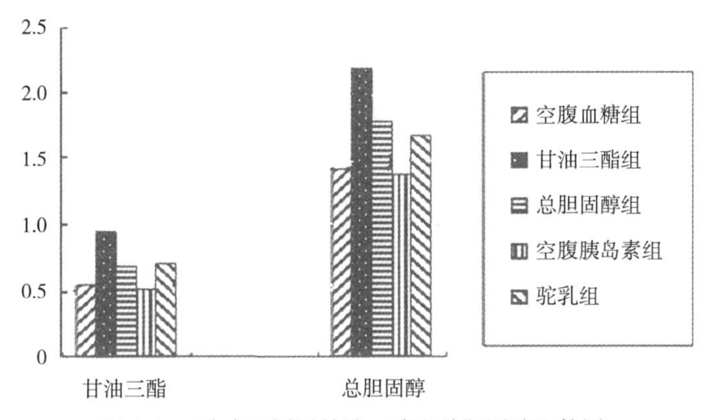

图 4-14　治疗 8 周后甘油三酯和总胆固醇比较图

二、驼乳的降血脂作用

研究表明，驼乳可以降低糖尿病患者的胆固醇水平。用生驼乳对四氧嘧啶诱导的糖尿病犬治疗 5 周后，其胆固醇水平从（6.17±0.15）mmol/L 显著下降到（4.35±0.61）mmol/L（$P<0.05$）。该研究中生牛乳治疗糖尿病犬后胆固醇水平反而从（5.99±0.58）mmol/L 增加到（7.13±1.25）mmol/L（表 4-17）。但是使用牛乳治疗糖尿病犬改用生驼乳 5 周后，其胆固醇水平降低了 30%。即使 5 周后停止使用生驼乳后血脂指标并未发生太大变化。同样，Al-Numair（2011）证实使用生驼乳可以改善糖尿病并发症，如高脂血症。该研究使用生驼乳对糖尿病大鼠进行 45d 的治疗后发现，其总胆固醇、甘油三酯、游离脂肪酸、低密度脂蛋白胆固醇和极低密度脂蛋白胆固醇含量均明显下降（$P<0.05$），而高密度脂蛋白胆固醇含量则显著升高。

为了进一步研究驼乳对血脂异常的保护作用，Khan 等（2010）使用生驼乳治疗 STZ 诱导的糖尿病大鼠后对血脂水平进行了分析。结果显示，与常规治疗组相比，使用生驼乳治疗的糖尿病大鼠的 TC、TG、LDL-C 水平均有显著降低。Ali（2013）研究了发酵驼乳对大鼠血脂水平的影响。结果表明，灌胃 6 周发酵驼乳的糖尿病大鼠 TC、TG 分别降低了 35.2%、52.7%。

表 4-17　驼乳对动物模型的降血脂作用

参考文献	El-Said	Sboui 等（2010）		Al-Numair（2011）	Khan 等（2010）	Ali（2013）
剂量	7mL/kg 生驼乳	500mL 生驼乳	500mL 生牛乳	250mL 生驼乳	400mL 生驼乳	发酵驼乳（日常量）
动物	兔（$n=40$）	犬（$n=12$）		大鼠（$n=30$）	大鼠（$n=40$）	大鼠（$n=24$）
治疗时间（d）	28	35		45	28	42
TG	从（603.4±9.6）mg/dL 降至（524.8±14.2）mg/dL	从（1.03±0.17）mmol/L 升至（1.03±0.3）mmol/L	从（1.03±0.17）mmol/L 升至（1.14±0.33）mmol/L	从（157.19±14.14）mg/dL 降至（116.40±6.34）mg/dL	从（167.43±5.8）mg/dL 降至（109.23±6.3）mg/dL	从（144.27±4.47）mg/100mL 降至（68.25±3.30）mg/100mL
TC	从（274.2±6.6）mg/dL 升至（295.9±7.9）mg/dL	从（6.17±0.15）mmol/L 降至（4.35±0.61）mmol/L	从（5.99±0.58）mmol/L 升至（7.13±1.25）mmol/L	从（169.81±10.24）mg/dL 降至（98.28±6.36）mg/dL	从（298.31±12.4）mg/dL 降至（196.27±11.9）mg/dL	从（135.79±8.74）mg/100mL 降至（87.93±4.0）mg/100mL
PLs	从（214.5±41.3）mg/dL 降至（64.2±38.4）mg/dL	—	—	从（160.99±11.62）mg/dL 降至（103.66±9.33）mg/dL	—	—
HDL-C	从（52.1±1.0）mg/dL 降至（36.4±3.8）mg/dL	—	—	从（34.60±2.57）mg/dL 升至（39.03±2.19）mg/dL	从（58.43±6.8）mg/dL 降至（52.37±5.6）mg/dL	从（11.66±1.29）mg/mL 升至（28.78±1.07）mg/100mL
LDL-C	从（119.7±0.4）mg/dL 升至（168.8±0.4）* mg/dL	—	—	从（32.23±2.82）mg/dL 降至（24.08±1.26）* mg/dL	从（191.31±8.4）mg/dL 降至（128.34±5.9）* mg/dL	—
VLDL-C	—	—	—	从（105.97±7.81）mg/dL 降至（38.16±3.25）mg/dL	—	—
FFA	—	—	—	从（140.48±10.46）mg/dL 降至（80.69±5.63）mg/dL	—	—

注：* 代表与治疗前相比 P 的显著水平；TG 代表甘油三酯，TC 代表总胆固醇，HDL-C 代表高密度脂蛋白胆固醇，LDL-C 代表低密度脂蛋白胆固醇，VLDL-C 代表极低密度脂蛋白胆固醇，FFA 代表游离脂肪酸。表 4-18 注释与此表同。

早期的研究表明，Ⅰ型糖尿病患者饮用3个月驼乳后血脂水平没有发生明显变化。但是，Agrawal等（2011）随后又发现，Ⅰ型糖尿病患者连续饮用6个月生驼乳后LDL-C和TG水平显著降低，然而TC、HDL-C和VLDL-C水平无显著差异。生驼乳对年轻的Ⅰ型糖尿病患者血脂水平下降具有一定的辅助作用。Ⅰ型糖尿病患者使用生驼乳治疗16周后，TC和TG水平分别下降了25%和37%，但是HDL-C、LDL-C和VLDL-C水平没有显著差异。对比研究了生驼乳结合胰岛素与单独使用生驼乳和单独使用胰岛素对Ⅰ型糖尿病患者的血脂影响（表4-18）。研究结果表明，经过3个月治疗后，只注射胰岛素的Ⅰ型糖尿病患者（即对照组）TG、TC水平均下降了9%，LDL-C下降了7%；而将生驼乳与胰岛素结合使用的糖尿病患者与对照组相比，TG和TC水平分别降低了45%、46%，LDL-C降低了32%；与此同时，HDL-C的水平相比对照组从41mg/dL上升到了49mg/dL（$P<0.001$）。

表4-18 驼乳对糖尿病患者的降血脂作用

资料来源	Agrawal等（2011）	Agrawal等（2011）	El-Sayed等（2011）	
剂量	500mL 生驼乳	500mL 生驼乳	胰岛素	500mL 生驼乳+胰岛素
样本量	24	24		
持续时间（月）	3	6		
TG（mg/dL）	66.91±25.6～ 60.16±25.16	92.76±0.18～ 31.5±0.17	193.1±1.7～ 175.7±3.0**	182.8±2.15～ 100.8±2.15**
TC（mg/dL）	164.58±20.59～ 158.33±21.55	77.22±0.03～ 76.32±0.04	271.8±3.35～ 248.6±3.7**	283.6±2.56～ 153.3±1.69**
HDL-C（mg/dL）	62.58±13.91～ 66.66±11.29	26.82±0.02～ 26.28±0.03	43.1±1.53～ 43.7±1.26	41±1.89～ 48.9±1.22*
LDL-C（mg/dL）	92±11.62～ 79.16±17.75	65.18±0.14～ 45.54±0.10	109.9±2.45～ 102.6±1.51*	103.5±2.91～ 70.6±3.32**
VLDL-C（mg/dL）	13.5±5～ 12.08±5.08	6.84±0.02～ 6.3±0.02	—	—

注：$^{*}P<0.05$，$^{**}P<0.01$。

三、驼乳对肝肾功能的影响

糖尿病患者中肝疾病和转氨酶水平升高的患者较常见，糖尿病患者的谷丙转氨酶（ALT）和谷草转氨酶（AST）浓度高于正常人。这2个指标通常被视为肝细胞损伤标志性指标。驼乳对肝肾功能具有保护作用。Hamad等（2011）通过使用驼乳、奶牛乳、水牛乳治疗糖尿病大鼠研究了肝功能指标ALT和AST的变化。结果发现，使用驼乳治疗糖尿病大鼠，可以改善ALD、AST 2个指标。Khan等（2010）也研究了驼乳对STZ诱导的大鼠肝功能指标的影响。研究表明，经过1个月的驼乳治疗，糖尿病大鼠的转氨酶ALT和AST水平趋于正常化。

糖尿病肾病是糖尿病最为常见的并发症，蛋白尿是慢性肾病的典型症状。微量蛋白尿是指24h内收集的尿液中含有30～300mg尿蛋白。驼乳可以潜在地调控Ⅰ型糖尿病患者的蛋白尿水平。研究显示，使用驼乳6个月后可以显著降低Ⅰ型糖尿病微量蛋白尿水平，从（119.48±1.68）mg/dL下降到（22.52±2.68）mg/dL。Ⅰ型糖尿病患者饮用驼乳24h后微量蛋白尿水平从（92.08±15.18）mg/dL降到了（75.75±3.17）mg/dL（Agrawal等，2011）。此外，还有研究指出，给糖尿病大鼠灌胃驼乳后其肾功能指标（乳尿酸、尿素、肌酐等）趋于正常。

四、驼乳对糖尿病患者氧化应激的影响

当抗氧化防御机制未能有效地对抗内源性或外源性活性氧（ROS）产生氧化应激反应，并对机体产生损害。氧化应激的产生会引起糖尿病和心血管及神经系统并发症。控制活性氧的产生是至关重要的，细胞中的活性氧被抗氧化防御机制中和，如超氧化物歧化酶、过氧化氢酶和谷胱甘肽过氧化物酶等。糖尿病可通过非酶糖化、葡萄糖氧化和多元醇通路诱导ROS的产生，并对机体造成不利影响。判定氧化应激最重要的2个指标为丙二醛和脂质过氧化产物水平。体内抗氧化酶水平降低会增加氧化应激从而抑制抗氧化防御机制，这将导致糖尿病患者体内产生自由基并对机体造成不利影响。此外，糖尿病患者的氧化应激增加会降低非酶抗氧化剂（乳谷胱甘肽、维生素E、维生素C）的水平，因而引起糖尿病并发症。

驼乳的保护作用可能与其抗氧化活性和螯合有毒物质的能力有关。据报道，驼乳中含有丰富的维生素（如维生素A、维生素B_2、维生素C、维生素E）和丰富的矿物质（如钠、钾、铜、镁、锌）。上述维生素是预防STZ等毒性物质引起的组织损伤的天然抗氧化剂。此外，驼乳中丰富的矿物质也是清除自由基的抗氧化剂。

驼乳对糖尿病兔氧化应激的影响。使用驼乳治疗糖尿病兔后丙二醛、过氧化氢酶和谷胱甘肽水平［（5.6±0.3）nmol/mL、（377.5±4.2）IU/L和（10.1±0.7）mg/dL］，相比未经治疗的糖尿病兔相关指标［（8.7±0.2）nmol/L、（204.7±17.9）IU/L和（8.6±0.6）mg/dL］得到了显著改善（$P<0.05$）。超氧化物歧化酶通过将糖尿病患者体内超氧阴离子转化为过氧化氢，从而进一步阻止细胞生成自由基（Andallu，2003）。此外，驼乳可以提高糖尿病兔、糖尿病小鼠和自闭症儿童的超氧化物歧化酶的水平。

五、驼乳对糖尿病创面愈合过程的影响

伤口愈合是人体正常的生理过程，愈合过程通常分为4个阶段：止血、炎症、增殖和重塑。一个完整的伤口愈合过程必须经过这4个阶段，但是干燥、感染、水肿等因素会导致伤口愈合障碍。伤口愈合延迟是糖尿病患者最严重的并发症之一。糖尿病患者伤口愈合受阻的主要原因是伤口处有细菌存在。乳清蛋白可以通过增强受损组织

细胞的免疫反应，加速糖尿病患者的伤口愈合，并减轻一些并发症。驼乳含有多种蛋白质，如血清白蛋白、乳铁蛋白、α-乳白蛋白、免疫球蛋白、乳胰糖蛋白和肽聚糖识别蛋白等。Badr 等（2013）的研究表明，使用 1 个月驼乳清蛋白可以显著治愈 STZ 诱导糖尿病小鼠的伤口。这一结果与上皮形成、血管形成、肉芽组织形成、细胞外基质重塑等伤口病理结果相关。羟脯氨酸是胶原蛋白的主要成分，使用驼乳清蛋白治疗糖尿病小鼠后，其羟脯氨酸含量也会相应恢复。胶原蛋白水平的升高可以增强糖尿病小鼠组织再生。Al-Numair 等（2010）的研究发现，使用驼乳治疗 STZ 诱导糖尿病大鼠后，其尾腱部位的羟脯氨酸水平升高、总胶原含量趋于正常水平。

第五章 驼乳产品分类、加工工艺及其市场

CHAPTER 5

第一节　驼乳制品类型及加工工艺

一、液态乳

肯尼亚 VITAL CAMEL MILK LTD.©公司是世界上第一家生产 100%纯巴氏灭菌驼乳的企业，其原料采用有机驼乳，不添加任何添加剂，色泽为白色，与新鲜驼乳颜色相同（Agamy，1983），在 2～5℃储存条件下，保质期可达 10d。

Aadvik Foods 是一家旨在在牧民和市场之间架起一座桥梁的驼乳公司，该公司的所有驼乳都是经过巴氏灭菌的，即通过高温短时间法（也称为快速巴氏灭菌法）将生鲜驼乳收集并进行巴氏消毒，以使其味道保持完整，并保留原有营养价值和药用价值。这种方法是经过优化选择的，以保护驼乳免受由于生鲜驼乳中存在的病原体而引起的任何污染。

在美国，沙漠牧场作为规模最大的驼乳销售站，它们保证原料乳的纯天然。牧场从驼乳的采集、加工到包装的全过程都严格把关，且采用温和的巴氏灭菌方法，最大限度地保留了其营养成分。沙漠牧场的驼乳有一种独特的风味，这种特殊的味道是由于骆驼食用了牧场特有的甜草所产生的。

在我国市场上，金骆驼、旺源、沙漠之神等品牌驼乳，已规模化生产、销售新鲜的驼乳。

目前，还没有一个普遍接受的驼乳货架期的概念，也没有一个很好的方法来确定货架期。货架期一般是指产品从生产、销售到保持消费者能够接受的质量特性的时间（通常以天计）。由于消费者的可接受性是产品货架期的重要指标，因此可以通过消费者或经过培训的感官评价员来确定产品的货架期。影响产品货架期的主要因素有原料乳的质量、二次污染和温度的控制情况，尤其包装和储存过程中的温度。

二、发酵乳

驼乳通常是白色不透明的乳汁。品种、泌乳期、饲料的种类及饮用水的来源不同，驼乳的化学组成也有极大差异。相关综述中所报道的每 100g 驼乳中各种组分：全乳固体 9.8～14.4g、脂肪 3.2～5.5g、乳糖 3.4～5.5g、蛋白质 2.7～4.5g、灰分 0.6～0.9g。

Farah 等（1990）将驼乳加热到 85℃并保持 30min，随后冷却至 27℃，用嗜温乳酸菌（同型或异型发酵的）发酵 24h。得到的这种产品由 13 个索马里游牧民、9 个索马里城市居民和 3 个加拿大人进行了感官评价，同时也与 Susa（索马里的一种传统发酵乳）做了对比。结果发现，该产品非常令人满意。因而，学者们建议在乡村地区可以对驼乳进行发酵，并可解决多雨季节浪费的过剩乳。

然而，Gran 等（1990）及 Tarboush（1996）研究了嗜热链球菌和德氏乳杆菌保加利亚亚种的混合菌株或单一菌株的生长情况，并发现它们在牛乳中的生长速率比在驼乳中的要高，但在驼乳中的蛋白质水解速率高。不过，在混合菌种中，除德氏乳杆菌保加利亚亚种菌株 LB12 以外，酸乳菌种释放出了相同数量的游离氨基（Abu-Tarboush，1996）。有报道称，嗜酸乳杆菌和 4 种双歧杆菌在驼乳中的生长也有类似的特征（Abu-Tarboush，1994；Abu-Tarboush，1998）。

1. 开菲尔 苏联的开菲尔（Kefir）是由驼乳制成的发酵乳。其生产过程如下：在 85℃对驼乳进行瞬时巴氏灭菌，然后冷却到 26℃，接种 3%～6%的开菲尔培养物，20～26℃培养 8～12h 就形成柔软的凝结物，凝结物的酸度为 60～70°T，产品还需要进一步熟化。

2. 沙尔 沙尔（Chal）是土库曼斯坦的一种传统发酵驼乳（Martinenko，1977）。骆驼原乳或用温水 1∶1 稀释后，接入之前的发酵乳，25～30℃培养，3～4h 后形成凝乳，但是由于乳酸菌和酵母菌的作用，在同样的温度下维持 8h 可获得典型的味道。在伊朗，用热乳发酵生产沙尔，产生乳酸和乙醇（Karim，1990）。

3. 舒巴特 在哈萨克斯坦，舒巴特（Shubat）是发酵驼乳中的国饮。它是通过在骆驼原乳中添加 25%的舒巴特培养物发酵而成的，舒巴特培养物由乳酸菌和酵母菌组成。该产品的酸度为 90～130°T、酒精度为 1.0%、脂肪 4%、蛋白质 3.8%、维生素 C 为 500mg（Lchuvakova，2000；Saiduldina，2000）。

4. 艾日嘎 艾日嘎（Airag）是蒙古族的一种发酵乳，它是由双峰驼乳制成的酵乳。乳经过滤后，加热到 35～40℃，然后冷却到 25～30℃，接入由嗜热链球菌、保加利亚乳杆菌及酿酒酵母组成的发酵剂培养物，静置 10～16h 直到其变酸，所得的发酵乳直接食用，或通过一个特殊的蒸馏技术做成低乙醇饮料。有时得到的发酵驼乳用于制成另一种名为“Butsalgaa”的饮料，“Butsalgaa”乳是将艾日嘎与煮开的驼乳混合而成的。

将发酵驼乳煮沸得到低酒精度的伏特加“Archi”，或直接煮沸得到名为“Tsagaa”的凝乳团，这些发酵产品对抗疲劳、提高免疫力有很好的作用（Zagdsuren，1990）。

5. Oggtt Ogtt 是在沙特阿拉伯生产销售的干燥发酵驼乳（Al-ruqaie，1987）。驼乳静置 2d，发酵后搅拌、煮沸、再搅拌直到变得很稠，将糊状液体冷却到 30～35℃，再用手成形，压缩晒干后制成小蛋糕。该产品可以干吃，还可以加水溶解后食用。

6. 苏萨 在东非，苏萨（Susa）是一种传统的发酵驼乳制品。将驼乳静置，经自然发酵 1～2d 而制成。不同批次产品的口感和风味不同。将驼乳加热到 85℃保温 30min，冷却后接种 2%～3%的中温发酵剂，27～30℃培养 24h 也可以制得苏萨。该产品具有良好的感官特性和可接受性（Farah，1990）。

7. 奥罗姆 在蒙古国，奥罗姆（Orom）是由双峰驼乳做成的一种酸乳油，将驼乳加热到 75～85℃，并搅拌使其产生泡沫，然后冷却到 18～20℃静置 10～15h。奥罗姆通常新鲜食用。

另外，在其他不同地区也有一些酸驼乳产品。Lehban 是叙利亚和埃及驼乳的发酵

产品。在蒙古国，“Tarag”是一种类似于酸乳的调配驼乳，而Unda是由骆驼和其他动物乳的乳酸及乙醇发酵生产的产品（Yagil，1982）。Ngurunit是通过将驼乳过滤除污后，煮沸，冷却至环境温度并最终用鲜驼乳进行发酵生产的酸驼乳产品（Bruntse，2002）。Gariss是由苏丹的驼乳制成的产品，它也是一种发酵乳。Dirar（1993）描述了关于Gariss酸驼乳的传统制作方法：在一个提前装有大量酸性产品的大皮袋（当地称为“Si'in”）中，添加新鲜的驼乳。2个带有发酵驼乳的大皮袋挂在名为Gariss的特殊驼鞍上。此外，只要发酵产品的一部分被消费，新鲜的驼乳就会添加到Si'in中。当然，如果在Si'in中没有先前的发酵剂的情况下，他们可以向容器中添加几粒黑色的小茴香（Nigellica sativa）和一个洋葱鳞茎作为母发酵剂。

Yog' or™酸驼乳是目前国际市场上销售的酸驼乳中最具有代表性的一种饮用型发酵乳，由VITAL CAMEL MILK LTD.公司生产。它采用欧洲的益生菌发酵剂，配料中使用Zylosweet糖（天然蔗糖替代物）代替蔗糖，并在产品中添加各种水果果粒。该产品营养价值高、口味独特、保健功能好，是控制体重人群和糖尿病患者的理想饮品。此产品在冷藏条件下货架期可达30d。

三、驼乳粉类产品

驼乳粉是指以新鲜驼乳为主要原料，添加其他辅料，经杀菌、浓缩、干燥等工艺过程制得的粉末状产品，乳粉能够较好地保留鲜乳的特性和营养成分。由于乳粉生产中除去了乳中几乎全部的水分，微生物不能生长繁殖，因此大大延长了产品的货架期，并且极大地减轻了产品的体积和重量，从而便于运输。

实际生产中将最终制成干燥粉末状态的乳制品均归为乳粉类。虽然乳粉的种类很多，但目前国内外仍以全脂乳粉（WMP）、脱脂乳粉（SMP）、速溶乳粉、婴儿配方乳粉、调制乳粉等的生产为主，随着世界乳品工业的发展和科学技术的进步，各种新型乳粉不断出现，驼乳粉分类见表5-1。

表5-1 驼乳粉分类

品种	原料	制造方法	特点
全脂驼乳粉	驼乳	净化→标准化→浓缩→干燥	保持驼乳的香味、色泽
酸驼乳粉	发酵驼乳	标准化→发酵→浓缩→均质→干燥	调节肠道菌群、易吸收
儿童驼乳粉	驼乳、矿物质、维生素	高度标准化→杀菌→浓缩→均质→干燥	满足儿童的营养需要

1. 鲜驼乳粉 鲜驼乳粉是驼乳的浓缩产品和基础产品，是以新鲜驼乳为原料，经净化、标准化、杀菌、浓缩、喷雾干燥、包装等工艺加工而成。与巴氏灭菌驼乳相似，为尽可能最大限度地保留驼乳中生物活性物的活性，应采用75℃、15s的低温巴氏灭菌工艺；真空浓缩时，浓缩温度不超过50℃；同时，喷雾干燥过程也应采用低温喷雾干燥工艺，进风温度控制在140℃左右，排风温度控制在65℃左右。驼乳粉中含有34种脂肪酸，其中饱和脂肪酸17种，单不饱和脂肪酸7种，多不饱和

脂肪酸10种。驼乳粉中人体必需脂肪酸（EFA）中亚油酸（LA）和亚麻酸（ALA）分别占1.56%±0.18%和1.22%±0.59%，婴幼儿必需脂肪酸ARA、EPA和DHA分别占0.135%±0.015%、0.07%±0.023%和0.03%±0.006%。驼乳粉的饱和脂肪酸占总脂肪酸的比例和婴幼儿必需脂肪酸ALA、EPA、DHA均高于牛、羊乳粉（陆东林等，2006）。驼乳粉由于乳铁蛋白、不饱和脂肪酸、B族维生素和维生素C含量丰富，高蛋白、高钙、低脂等特征，不会发生过敏反应，因此特别适合老年人、婴幼儿以及术后康复患者食用。驼乳粉还可补中益气、促进发育、强筋壮骨、降脂降糖、延缓衰老、激活强化人体免疫系统、缓解炎症，辅助治疗免疫缺陷性疾病，是理想的有效增强抵抗力的天然有机食品。

2. 酸驼乳粉 酸驼乳粉是酸驼乳的浓缩产品，其脂肪、蛋白质等的含量决定于原料酸驼乳。利用低温灭菌与发酵技术，采用冷冻干燥技术，经过双歧杆菌和干酪乳杆菌2种益生菌发酵而成，最大限度地保留活性物质、蛋白质、脂肪、矿物质和维生素C等成分。酸驼乳不仅营养丰富，具有活性益生菌的功能，而且具有一定的保健作用（赵电波等，2007）。哈萨克医学认为，酸驼乳性热，味甘、酸，具有调节内脏、增强体质、壮骨补血、健胃消炎、提神催眠等功效，可用于辅助治疗肺结核、气管炎、哮喘、糖尿病、胃肠道病、贫血、体虚、骨质疏松、失眠症等多种疾病（卡米西别克·努尔哈买提，2011）。试验证明，酸驼乳对消化道疾病、糖尿病、肾病、肿瘤等有一定的辅助治疗作用（李建美，2011）。其中，免疫球蛋白、重链抗体、乳铁蛋白、不饱和脂肪酸、B族维生素和维生素C含量丰富，益生菌和驼乳营养相结合，具有改善肠道功能、调节血脂代谢、增强机体免疫力等功效。它不仅是抑菌抗癌、增强免疫力的营养滋补佳品，也是优良益生菌与驼乳珍稀营养完美结合的佳品。

四、驼乳脂类产品

（一）黄油

黄油不是驼乳的传统产品，由于缺乏凝集素（Farah，1989），驼乳很少有奶油形成，用传统的搅乳方法不易制成黄油（表5-2、表5-3）。所以，从驼乳中提取黄油并不像从其他动物乳中提取那样容易，驼乳中的脂肪被分散成小的胶状球状体（Yagil，1982），而且它与蛋白质紧密结合（Brezovečki，2015）。此外，驼乳的脂肪球膜比牛乳的更厚（Mulde等，1980）。与牛乳黄油和羊乳黄油相比，驼乳脂肪的熔点（41～42℃）高，黄油是白色的，黏稠度高（Yagil，1980），味道和香气呈中性（Khan，K. U& Appena，1967）。

表5-2 黄油物理指标

总固形物（%）	脂肪（%）	酸度值（mgKOH/g）	pH	熔点（℃）	折射率
64.1±5.2	55.8±1.6	6.7±2.5	4.9±0.15	43.2±0.8	1.453 0±0.000 2

表 5-3 不同地区驼乳黄油的制作方法

地区	方法
肯尼亚东北部地区	牧民将驼乳放在一个盛有几块石块的容器中，明火加热到 65℃，随着温度升高，乳液表面出现脂肪滴。用手摇式离心机分离，调整剩余奶油含量到 20%～30%，随后在 15～36℃下搅拌，用 27℃的水冲洗黄油。根据乳脂来计算黄油脂肪的回收率，高达 85%（Farah，1990）
撒哈拉地区	在室温下，将驼乳放置 12h 进行发酵。然后，在山羊皮中加入发酵的驼乳后注入空气，密封，来回摇晃。在搅拌结束时，加入一些冷水，有助于形成黄油
苏丹	雨季或随后的短期旱季，苏丹妇女们每天或每 2d 做 1 次黄油。将驼乳加热到沸点，再冷却后，倒入木桶放置，直到变酸。把制作出来的发酵剂注入鲜乳中。高温时酸的产生需要 1d 或一夜的时间，低温时需要 2d。酸驼乳需要在 12～18℃下搅拌。因此，黄油通常在上午或晚些时候搅拌，但绝不能在 13：00 后搅拌，因为此时太热。当地很多妇女在酸乳中添加小片的干红辣椒或用吸烟木杆搅拌几次，据说这个过程可以加快黄油的形成，使黄油有更好的风味，质量更优。黄油的形成本身就需要 50～70mim，大约 8L 驼乳能生产 250g 黄油
西奈半岛	把驼乳放在一个大陶罐里，进行发酵。然后将驼乳放入一个皮革容器中，摇晃大约 4h，然后取出黄油
肯尼亚东北部农村地区	驼乳加热到 65℃，然后离心。奶油中脂肪的比例标准化到 20%～30%。在 15～36℃下搅拌 11min
埃及	搅乳过程简单而用时较短，先将驼乳发酵，再将其做成奶油。把驼乳放到一个容器中发酵，夏天发酵一夜即可；而冬天需发酵 2～3d。发酵驼乳的搅拌可以在发酵容器中进行，也可以将乳转移到羊皮做成的篮子里搅拌。将篮子挂在木杆上，用手使劲摇晃，直至发出特有的声音为止
巴基斯坦	制作驼乳黄油时，先把驼乳煮沸，再冷却后添加发酵剂，静置发酵一夜即可；用电动搅拌机搅拌发酵乳 30min，添加冷水可以提高黄油的产量（Abeiderrahmane，1994）

（二）奶油

奶油定义为一种由水、脂肪及一定的气泡分散于乳液连续相中所组成的具有可塑性的“油包水”型乳化分散系统。大多数国家的奶油标准要求脂肪含量不低于 80%，非脂乳固体含量不高于 2%，水分含量不高于 16%。奶油的生产有悠久的历史。早在 16 世纪就有制作奶油的记载。在 19 世纪奶油分离机出现以前，人们采用静置法制造奶油，从乳中取稀奶油，然后将稀奶油放入木桶内，用木杆上下反复捣击，破坏脂肪膜，以便取得比较纯净的奶油。也有用锅熬煮的方法来制作奶油，但此类制作方法生产效率低，乳中的含脂率高，这些都阻碍了奶油生产的发展。

驼乳中含有少量的促使乳脂肪球簇集形成奶油的因子——凝集素，所以与牛乳相比，驼乳不易形成奶油。传统制作奶油的方法是收集脂肪再进行搅拌，由于驼乳脂肪不易形成奶油，所以这种方法不适用于制作驼乳奶油。驼乳奶油的做法是将驼乳 65℃条件下加热 30min，再离心分离奶油，为得到更多的奶油，把搅拌温度控制在 22～25℃（这高于牛乳奶油的搅拌温度 8～14℃），这主要是驼乳脂肪熔点（40～41℃）较高而导致的。

（三）酥油

在无水奶油工业化生产之前，一种称作“印度酥油”的古老产品已经在印度和阿拉伯国家流行了数个世纪。这种产品含有更多蛋白质，具有独特风味。驼乳酥油是将驼乳黄油置于大容器中煮沸，干燥后澄清脂肪得到酥油，驼乳酥油的水分和游离脂肪酸含量分别为0.66%±0.13%和2.25%±0.15%。

五、干酪

干酪是一种营养价值很高的乳制品。据统计，世界上的干酪品种多达2 000种，较为著名的品种达400多种。近年来，干酪的生产和消费水平呈上升趋势，生产和销售遍及全球。欧洲发达国家是干酪最主要的消费国，人均年消费量超过20kg。干酪的消费在西方也是一种餐饮文化。Khan等（2004）发现用发酵剂发酵驼乳制作干酪有更多的总固体。Arain（2010）对比了水牛乳和驼乳制作干酪，结果显示，由于驼乳本身的特性，制作干酪相对困难，而水牛乳制作出的干酪感官评分要高。Aty（2015）也通过调节不同的工艺参数来探究驼乳制作干酪的出成率。通过加不同的凝乳酶来制作硬质干酪和半硬质干酪并进行了感官评分的对比。Nada（2008）探究不同浓度的盐溶液浓度对驼乳干酪的理化性质的影响。探究凝乳酶浓度对驼乳酪产量和感官特性及其微生物学质量的影响。

由于将驼乳制成干酪的技术要比其他动物乳的难度要大，它的主要技术难题是如何使驼乳凝结（Khan等，2004），所以大多数牧民会将驼乳通过酸凝的方法做成奶酪。他们通常的做法是将自然发酵后的驼乳直接放入沸水中煮沸，待驼乳酪蛋白凝结后，用纱布过滤掉乳清及水分，放置在自然条件下晒干食用，从而起到延长驼乳保质期的目的。Ahmed和Kanwal（2004）研究的制作驼乳干酪的方法是：驼乳经62℃巴氏灭菌15min后，冷却到30℃，然后加入5%的发酵剂，再加入0.03g/L的凝乳酶，经90min后，将剩余的凝乳转移到软纱布中，将纱布悬挂24h后排出乳清，最后将驼乳干酪压榨成型。

Brezovečki（2015）研究的制作方法是新鲜全脂或半脱脂乳通过62～65℃、1min的热处理，或72～75℃、1min的热处理，将其冷却至20～30℃，然后每100kg驼乳加入10～15g氯化钙，1～3g发酵剂。在驼乳预熟后，将0.4～1.0g凝乳酶添加到100kg乳中。凝结需要7～20h，然后将凝乳切成1～10cm^{3}大小的不规则颗粒。然后将凝乳放入干酪布中，排出乳清并在20～28℃下按压10～24h，再将盐撒到表面来制干酪。压制结束时，干酪具有低含量干物质和低pH（4.3～4.5）的特征，但缺乏黏性，看起来像软水面团。为了进一步保存，产品必须装入坚硬的气密容器中，以防止外部污染和乳清进一步排出。

由于骆驼分布相对分散，驼乳乳源又不足，国内外对于驼乳干酪的研究很少，所以驼乳干酪的发展空间还是很大的。最初人们制作驼乳干酪是靠增加凝乳酶的浓度来获得的，通常凝乳酶的浓度是牛乳凝乳酶的50～100倍（Konuspayeva，2014）。Farah和Ruegg（1989）通过对驼乳中的酪蛋白胶粒大小进行研究发现，酪蛋白胶粒平均直径320nm，是牛乳的2倍左右。这种显著差异可能会影响驼乳的酶凝、酸碱缓冲性，以及驼乳产品的加工特性（Farah，1989）。

各种天然干酪的加工工艺基本路线是相同的，但不同的品种间也有差异，而且有的差别较大。

六、冰淇淋

驼乳由于脂肪球直径非常小，为1.2～4.2μm，且与蛋白质紧密结合，因此由驼乳制成的冰淇淋产品状态极佳，口感细腻、丝滑、香味独特。COLD HUMP™是国际市场上常见的有机驼乳冰淇淋产品，由肯尼亚 VITAL CAMEL MILK LTD 公司生产。它仅采用天然的成分、香料和果料。COLD HUMP™有机驼乳冰淇淋主要包括添加饴糖的澳大利亚坚果冰淇淋、菠萝与椰子冰淇淋、肉桂和豆蔻冰淇淋、香蕉和巧克力冰淇淋、芒果冰淇淋以及枣椰和蜂蜜冰淇淋。

Camelicious 生产的冰淇淋有10种经典口味，使用纯天然的香料和水果，虽然驼乳脂肪含量低于牛乳的50%，但是 Camelicious 冰淇淋和普通冰淇淋有同样的品质，因为使用的是天然驼乳油而不是植物奶油。阿尔艾茵乳业（Al Ain Dairy）是阿联酋（UAE）最大的乳制品生产商，推出了据称是世界上第一个可在大众市场上购买到的驼乳冰淇淋。阿尔艾茵乳业表示，Camelait 高级冰淇淋是“通过在未知领域中探索”而发展的，现在有枣子、藏红花、豆蔻、巧克力、焦糖和淡味的树莓香草口味。在通过巴氏灭菌工艺生产冰淇淋时，处理驼乳中的蛋白质是加工过程中所克服的最大困难。

七、其他驼乳制品

（一）驼乳巧克力

驼乳巧克力是以煮沸浓缩的驼乳为原料，加入9%～10%的糖，再加2%的奶油粉搅拌，1%～3%水果干，1～2滴香精，混合均匀倒入锥形模具中并冷冻。

阿尔纳斯马（Al Nassma Chocolate，LLC）是世界上首个驼乳巧克力公司，该公司于2008年在迪拜成立。Al Nassma Chocolate 品牌的开发和推出耗时近4年。

Al Nassma 全脂驼乳巧克力以新鲜的、经过巴氏消毒的驼乳为主要原料，其他原料有糖、可可豆、可可酱、可可脂、波本香草、蜂蜜、阿拉伯香料、开心果、椰枣、澳洲坚果和橙皮，不含人造色素或添加剂。

Aadvik 公司生产的驼乳巧克力由低脂驼乳和可可粉制成。驼乳富含维生素C、铁和长链脂肪酸，增强了巧克力的质感，使其比其他巧克力更健康、更光滑。

（二）驼乳奶茶

驼乳奶茶的原料是茶和驼乳。驼乳奶茶的一般做法是：先将砖茶捣碎，放入铜壶或锅中煮，烧开后，加入鲜乳，沸时不断用勺扬茶，直到茶乳充分交融，除去茶叶，加盐即成。但也有不加盐的，只将盐放在身边，根据每个人的口味放盐。

（三）风味驼乳

驼乳过滤并加热至45℃，然后加入0.1%稳定剂和6%的糖，添加食用色素。均匀混合后，将驼乳煮沸，冷却后加入不同口味的香料或香精，如菠萝、香草、草莓等口味。

（四）Khoa

Khoa是驼乳经过干燥制成的一种乳制品。将驼乳倒入敞口的木桶中，不断地翻滚搅拌，使其水分散失75%～80%。其具有黄油般的稠度，冷却后变成半固体，再根据个人喜好加入糖冷藏，可以保存很长时间。

（五）Gulab jamun

Gulab jamun是Khoa的再制品，是Khoa与小麦粉以9∶1的比例混合，制成球状，在纯酥油中煎炸，蘸取糖浆即可食用。

（六）驼乳酒

发酵以后的驼乳可酿造驼乳酒，被牧民称作“托盖克姆兹”，是新疆的哈萨克族、蒙古族以及科尔克孜族等民族夏季的含乙醇饮料。

驼乳酒的制作方法与马奶酒相近，将驼乳挤出以后，倒入山羊皮制成的口袋里，并加入少量曲子，放在温度较高的地方让其发酵，必要时外面还要用棉织品捂起来保温。发酵期间要用木棒搅动数次。发酵2～3d后就可以饮用了。驼乳酒外观雪白色，浓度较大，味道甘醇，含有少量乙醇。它不仅是牧民夏季解暑消渴的饮料，而且与马奶酒一样，具有治疗肺结核、胃病等疾病的功效。

第二节　驼乳化妆品

一、驼乳化妆品的发展现状

近年来，人们生活水平不断提高，对化妆品的要求也越来越高，不仅要求其具有简单的美化、修饰作用，也要其具有抗皱、抗衰老、抗炎祛痘等治疗性功能，所以需要加入一些天然的活性成分。驼乳中的有效成分在一定程度上对过氧化物自由基有清除作用，并可与其他组分发挥协同作用。驼乳含有的乳铁蛋白是良好的天然抑菌剂，无论是抑制革兰氏阳性菌（如金黄色葡萄球菌），还是抑制需铁的革兰氏阴性菌（如大肠菌群、沙门氏菌等）。若能对驼乳清进行合理的开发和利用，适量加入化妆品中，具有保湿、美白、延缓衰老、消炎、修复和抑菌等功效。这样不仅能充分利用其中的营

养成分，而且能增加驼乳制品的附加价值，极具经济效益，对于促进驼乳品工业的发展也具有重要意义。随着人们对生物技术研究的不断深入，驼乳等天然可再生资源的开发利用将会更加广泛，针对驼乳等天然原料活性成分的分离提纯技术、护肤机理以及其他功效的研发等，也将成为未来研究的重点。

现如今，世界上驼乳化妆品的开发利用与其他乳类化妆品相比还是很少，仅在蒙古、中东、埃及等骆驼资源比较丰富的地区有驼乳香皂和化妆品的开发，且开发出的产品多作为皇室专用的奢侈品。目前，全球有几家驼乳供应商开始着手生产以驼乳或驼乳提取物为原料的化妆品，其中比较著名的产品是由以色列公司 Lev-Bar Ltd. 生产的面霜 Camelk Sebailait。这是一种高保湿面霜，主要针对因皮肤干燥而引起各种炎症的人群，比如患有湿疹和脂溢性皮炎的人。

二、驼乳化妆品功效的科学依据

（一）抗炎、抑菌作用

驼乳脂肪中的棕榈油酸、亚油酸等可用于防护和治疗皮肤损伤及各种皮肤疾病。驼乳的乳清中还含有多种抗菌蛋白质，如特异性保护抗体——免疫球蛋白、非特异性保护蛋白——溶菌酶（其与牛乳中的溶菌酶没有任何抗原相似性）等。与牛乳相比，驼乳中的乳铁蛋白、乳过氧化物酶和溶菌酶也更丰富，具有更好的抗菌功效（Levy，2013）。

（二）抗氧化、抗衰老

驼乳对过氧化物自由基有一定的清除作用，也可协助其他物质更好地发挥作用。20 世纪 90 年代，用脱氧核糖核苷酸（DNA）、核糖核苷酸（RNA）、天然蛋白质等生物活性物质研发抗衰老化妆品风靡一时，但是这些生物活性物质均具有较高的分子质量，很难透过皮肤角质层、表皮层等皮肤保护屏障而被皮下组织吸收，所以迫使暂停了这些功能性化妆品的研究。随后，蛋白碎片——肽引起了科学家的注意。肽由氨基酸组成，具有较为显著的生物活性功能，分子质量小，易溶于水，很容易被皮肤吸收，在化妆品方面具有较高的开发潜能。目前，谷胱甘肽和肌肽已经在防晒、抗皱和皮肤亮白化妆品中得到了应用。

近年来，人们逐渐开始对研究非侵害性防止皮肤衰老的方法感兴趣。皮肤的衰老分为自然老化和光老化，而光老化是造成皮肤衰老的主要原因，也是预防衰老需要克服的主要环节。许多抗衰老化妆品，如维生素 A 制剂、羟基酸、维生素护肤霜等，它们的目的都是减少皱纹的生成，平滑表面皮肤。研究表明，经常使用含有抗氧化活性物质的护肤产品可以最大限度地减缓日常生活中的氧化物质和生活压力带来的肌肤衰老，对保护我们的皮肤非常有用。从植物中提取的抗氧化物质已经被证明可以减缓皮肤光老化的进程。一些从动物中提取出来的抗氧化肽已经被证明具有清除人体自由基的功能，而现代的衰老理论认为自由基是衰老的关键。有报道从动物乳、贝壳类、鱼类、蛋清等中提取出了具有高生物活性的抗氧化肽。驼乳具有很高的抗氧化活性，其中的 α-乳白蛋白抗氧化活性要优于牛乳 α-乳白蛋白，由驼乳制成的抗氧化肽加入护肤品中可以大幅提高护肤品的抗氧化功能，因此研制含有驼乳抗氧化肽的高端抗衰老化妆品是大势所趋。

第三节　驼乳产品的发展现状

目前，国际市场上对驼乳的需求远远大于供应，市场上对驼乳的需求一直在逐年增加，发展驼乳产业前景十分广阔。联合国粮食及农业组织专家预计，如果正确投资，全球的市场潜力将达到 100 亿美元。

一、国际市场的发展现状

国外对于驼乳的研究起步较早，如今驼乳仍然是学者们关注的热点。目前，国外学者对驼乳粉的研究包含以下几个领域：一是从分子生物学层面对驼乳中功能性物质及功能机制的研究；二是对驼乳中益生菌的研究；三是对驼乳功能特性的研究；四是对驼乳掺假及快速检测的研究，如 Fazal 团队（2017）创立了将傅立叶近红外光谱法与化学计量方法相结合，以快速检测出在驼乳样品中掺入牛乳含量的方法。

（一）非洲

肯尼亚一家驼乳制品公司正在与医学研究所合作，探讨驼乳在防治糖尿病和冠心病方面所起的作用。恶劣的生长环境赋予了骆驼哺育下一代的乳汁中含有令人称羡的丰富营养。据研究，除了富含维生素 C 以外，驼乳还含有大量人体所需的不饱和脂肪酸、铁和 B 族维生素。虽然味道比牛乳偏咸一点，但它已成为许多人的最爱。然而，世界上可供人享用的驼乳只相当于牛乳的 1/500。这其中的主要原因在于，提供驼乳的牧民的生活具有极大的流动性，这种流动性不便于驼乳的采集。此外，驼乳的保鲜也存在着一定问题，这是因为现行的高温灭菌处理方法似乎不太适合驼乳；然而，FAO 乳制品专家贝尼特表示，致使产量不高的主要原因还是在取乳时骆驼不像奶牛那样容易合作。1 峰骆驼 1d 产乳量是 2.5～3.5kg，骆驼产乳量低也是行业发展的一大障碍。

（二）欧洲

在埃塞俄比亚，平均每峰骆驼的产乳量为 971kg，然后是肯尼亚、卡塔尔、沙特阿拉伯、尼日尔、索马里、突尼斯、厄立特里亚、阿富汗和马里的骆驼。图 5-1 显示了全球前 10 位国家的平均每峰骆驼的产乳量。与西亚和北非骆驼品种相比，伦迪尔、索马里、图尔卡纳和嘎巴拉等东非骆驼品种的产乳量更高。

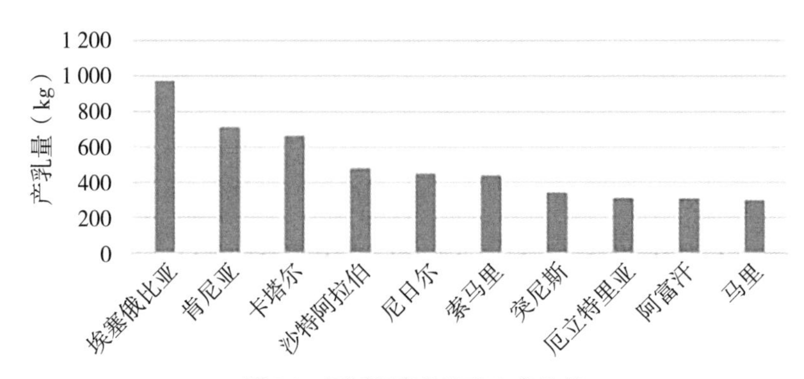

图 5-1 不同国家的骆驼生产性能

（三）南亚

在印度，驼乳主要由骆驼养殖群体自行消费。然而，近年来，在拉贾斯坦邦和古吉拉特邦的一些地区，牧民维持中小型牧场销售驼乳的趋势日益增加。印度的主要骆驼品种，即比卡内里、贾萨尔梅里、卡奇奇和梅瓦里每个泌乳期产乳量为 3 105～4 190kg，日产乳量为 3.8～10.8kg。根据幼驼断奶的时间，印度骆驼的哺乳期可以持续 14～16 个月。早晨产乳量比晚上产乳量高 12%～27%，而各种因素，如泌乳月份、产次、品种和挤乳方法都会影响日产乳量。印度的驼乳产量排世界第 7 位，每年产乳量约为 23.08 万 t。

二、国内市场的发展现状

近年来，国内研究者对驼乳的研究从蛋白质、脂肪、乳糖等基本化学成分及外观、香味、pH、酸度、密度等基本理化指标的测定到营养组成进行了分析（钱浩，2014；徐敏等，2014）。研究发现，驼乳与马乳、驴乳、牛乳中氨基酸和脂肪酸含量与比例、营养结构等方面都存在差异（古丽巴哈尔·卡吾力等，2017）。武运等（2011）从新疆哈萨克族传统发酵驼乳中分离得到对金黄色葡萄球菌、枯草芽孢杆菌和大肠杆菌具有抑菌活性的菌株，并研究了温度、pH 对其抑菌活性的影响。张七斤等（2017）从内蒙古阿拉善牧区采集的酸驼乳中分离得到乳酸菌，并进行种水平鉴定和益生特性的评价。何俊霞等（2011）用驼乳灌胃小鼠 30d 后，进爬杆和负重游泳试验，发现驼乳可增强小鼠的抗疲劳能力。2017 年 7 月 4 日新疆维吾尔自治区卫生和计划生育委员会发布并实施了包括巴氏灭菌驼乳、灭菌驼乳、生驼乳、驼乳粉在内的 10 项特种乳相关的食品安全地方标准。2019 年 1 月，中国畜牧业协会正式发布并实施包括骆驼液态乳、驼乳粉、驼奶片、驼乳洗化用品原料、囊胶在内的 12 项骆驼产品团体标准，并规范了驼乳相关产品的生产。

这些成果推动驼乳作为一种促进健康的产品越来越受到消费者青睐，而消费市场不断扩大的需求则对驼乳制品的生产与发展不断提出更新更高标准的要求，驼乳制品正面临着前所未有的巨大机遇与挑战。

随着科学技术的快速发展，生活水平的不断提高，人们对营养健康问题越来越重视。研究表明，驼乳与人乳的组成成分相似，且具有低致敏性，其生物活性、医疗价值、美容功能也越来越受到大众关注。因此，具有高营养价值的驼乳制品得到广大消费者的认可。然而“好乳难求”，世界上可供人类享用的驼乳只相当于牛乳的 1/500，而我国驼乳乳源更是寥寥可数。

2012 年 11 月 24 日，首届中国骆驼大会在内蒙古阿拉善召开，将阿拉善命名为“中国骆驼之乡”，并签订了全国骆驼产业发展战略规划纲要。2013 年 10 月 19—20 日，在新疆阿勒泰地区福海县召开了“第二届中国骆驼大会”，并授牌福海县“中国驼奶之都”。2015 年 9 月 7 日，由中国畜牧业协会、昌吉州人民政府主办，木垒县人民政府承办的第四届（2015）中国骆驼大会在木垒县隆重召开，并授予木垒县“中国长眉驼之乡”称号。2012 年中国畜牧业协会骆驼分会的成立标志着国家、政府对骆驼产业的高度重视与支持，骆驼这一产业有了行业组织，就有了促进行业发展、打造品牌的动力和实力。

近几年，内蒙古骆驼产业发展突飞猛进，尤其是驼乡阿拉善立足地域优势，深度结合重点生态项目的实施，把骆驼产业作为农牧民转移转产的支柱产业，按照“科学发展、合理布局、提高品质、打造品牌”的发展原则，通过政策引导、财政补贴等措施，实施骆驼资源的保护性开发，积极引进龙头企业进行产品研发，引导农牧民组建专业合作社、家庭牧场等，合理扩大骆驼产业发展规模，逐步建成集骆驼规模化养殖、骆驼产品系列开发、骆驼原生态饲草料种植、骆驼文化旅游为一体的规模化发展示范基地。2012 年，为扩大经营规模，创新经营模式，新建了首家驼乳疗养所，使合作社的经济效益进一步提升。2013 年在世界首次完成双峰驼基因图谱测序，深度揭示了双峰驼独特基因可预防、治疗糖尿病的机理，以及其独有蛋白可显著提高免疫力的机理。2014 年 5 月，全国首家骆驼研究院——内蒙古骆驼研究院落户阿拉善盟阿拉善右旗。2014 年 9 月，内蒙古沙漠之神生物科技有限公司在内蒙古注册成立。2016 年，戈壁沙漠骆驼良种繁育基地建成。2016 年 11 月，阿拉善盟阿拉善右旗被确定为全国双峰驼研究基地。2018 年，内蒙古骆驼研究院被内蒙古科技厅批准为自治区级院士专家工作站。骆驼产业实现了产学研结合的良好模式，并建立了“科研＋企业＋合作社＋牧民”的利益联结机制，从而带动了养驼牧民的积极性。

为了推动和宣传骆驼产业发展，内蒙古各地区积极组织承办大型骆驼相关学术会议和文化活动。举办 2009 年的中蒙俄三国“双峰驼科研与产业可持续发展国际学术研讨会”、2011 年的万峰骆驼文化节并创造吉尼斯纪录、2012 年的中国畜牧业协会骆驼分会成立大会暨首届中国骆驼产业发展大会、2014 年和 2017 年的第三届和第五届中国骆驼产业发展大会。2017 年，成功举办“一带一路骆驼科技产业与文化国际高峰论坛”。2019 年，中国北方骆驼培训体验基地在内蒙古阿拉善盟阿拉善右旗揭牌。

（一）内蒙古骆驼研究院

内蒙古骆驼研究院科研团队在骆驼基因组数据库的建立、骆驼纳米抗体文库的构建、驼乳驼脂化妆品的研发、驼乳理化特性及其医疗作用的研究、双峰驼遗传资源及生物多样性研究、骆驼肠道微生物多样性研究、骆驼宝克和骆驼胎盘研究等领域始终走在前列，并取得了一系列创新性研究成果。

1. 建立了最大的骆驼基因组数据库 团队率先建立的骆驼基因组数据库包括了世界范围内绝大部分的双峰驼品种、野生双峰驼群体和单峰驼群体，共计128个个体的全基因组SNP数据、Indel数据、基因注释数据，是目前全球第一个，也是唯一一个单独的骆驼基因组数据库。通过此次创新科技，保存了骆驼基因组及相关数据，为后续骆驼研究提供了便利与依据。

2. 将技术的专业性与创新性相融合 团队首次利用低场核磁共振技术与IgG竞争性检测试剂盒，识别驼乳掺假情况，且完善了该领域应用技术与产品的研发。此技术针对掺杂其他动物乳或不特定的原乳掺假物进行检测，并实行试验与检测服务的有机融合，发挥技术检测机构公共服务平台的作用，为合作企业及申请机构提供驼乳掺假检测、驼乳鉴定等专业技术服务。为驼乳市场的不良掺假现象提供了有利的检测手段，为消费者保障了产品品质安全。

3. 驼乳驼脂化妆品研发方面的创新突破 驼乳中的脂肪球直径较小，大小均匀，吸收效果好，蛋白质和维生素C达到最佳平衡，既可以去除皮肤死皮、清洁皮肤，又能防止皮肤氧化和增加皮肤水分，还可美白皮肤。团队利用驼乳的特性，通过创新研发，得到试验成果10余项，其中驼脂霜已上市。其余试验成果有驼乳保湿润肤乳、驼乳锁水滋养面膜、驼乳滋润柔肤霜、驼脂护手霜、驼脂护足霜、驼脂唇膏、驼乳洗面奶、驼乳洗手液等一系列产品，后续将陆续上市。

4. 橐胶（骆驼皮明胶）创新产品 团队通过对骆驼皮的结构、功效、作用等进行分析后得出，驼皮还具有独特的抗辐射能力，通过筛选、泡皮、脱脂、脱毛、化皮、胶液过滤、浓缩及凝胶的过程可制作橐胶（驼皮明胶）。

5. 骆驼重链抗体研究及创新发展 研究发现，骆驼体内的重链抗体在肿瘤、感染性疾病、消化系统疾病、神经系统疾病、循环系统疾病以及食物中毒等多方面均有治疗作用。以此为依据，团队联合中国科学院、美国密歇根大学等科研单位探索研究创新方法，并进行重链抗体的深度开发与临床试验。

近几年，科研团队在*Nature Communications*、*Animal Genetics*等国际一流刊物及《食品科学》《中国乳品工艺》等核心刊物上发表了150多篇学术论文。出版专著和教材10部，发明专利11项。现承担国家项目3项，自治区项目4项，地方项目6项。2018年，由内蒙古骆驼研究院牵头，内蒙古天驼生物科技有限公司、内蒙古农业大学等企业、高校、科研机构联合参与骆驼行业团体标准的制定工作，制定了骆驼相关12项团体标准。

《团体标准　发酵驼乳粉》（T/CAAA 012—2019）。

《团体标准　驼奶片》（T/CAAA 013—2019）。

《团体标准　化妆品用原料　骆驼脂质提取物》（T/CAAA 014—2019）。

《团体标准　骆驼橐胶》（T/CAAA 015—2019）。

《团体标准　食用驼血制品（血豆腐）》（T/CAAA 016—2019）。

《团体标准　发酵驼乳》（T/CAAA 010—2019）。

《团体标准　驼乳粉》（T/CAAA 011—2019）。

《团体标准　生驼乳》（T/CAAA 007—2019）。

《团体标准　灭菌驼乳》（T/CAAA 008—2019）。

《团体标准　巴氏杀菌驼乳》（T/CAAA 009—2019）。

《团体标准　驼肉蛋白粉》（T/CAAA 017—2019）。

《团体标准　驼血多肽》（T/CAAA 018—2019）。

团队荣获“俄罗斯农业部科技奖”“蒙古国骆驼科技贡献奖”，获“内蒙古草原英才工程产业创新人才团队”称号，“全国第二届沙产业创新创业大赛”三等奖等多项重点奖项，申请了“内蒙古草原英才工程引领支持计划项目”，并于2018年获批内蒙古自治区级院士专家工作站。院士专家工作站引进国内外知名院士及其科研团队，在骆驼功能基因的筛选、提高产乳量等方面进行联合科研攻关，为骆驼产业的发展奠定了更为牢固的基础。

（二）内蒙古天驼生物科技有限公司

内蒙古天驼生物科技有限公司成立于2017年11月，注册资金500万元，公司主要以内蒙古骆驼研究院为科技支撑，进行骆驼相关产品生产及转化工作。

公司进行农副产品收购、销售，骆驼生物科技产品的研发、生产、销售；驼乳、驼肉、驼皮、驼峰、驼副产品的高科技延伸产品研发、生产、销售；骆驼化妆品及化妆品原料的研发、生产、销售；骆驼产品检测、检测试剂的研发、销售；骆驼基因产品的研发、生产、销售；骆驼疾病预防、骆驼饲料、骆驼文化相关产品的经营及骆驼产业方面技术服务与咨询。

公司以内蒙古骆驼研究院的研发成果为科技支撑，主要从事驼乳驼脂化妆品以及其他骆驼产品的研发、生产与销售，在前期大量产品研发工作的基础上，从2018年5月开始，公司将工作重点转移到驼乳驼脂化妆品的生产准备上，其中最主要的工作是将驼乳和驼脂增补录入至《已使用化妆品原料目录》之中。目前，公司参与申请《一种抗风湿关节炎乳膏组合物及其制备方法》《一种具有抗裂功效的修护润唇膏及其制备方法》等驼乳驼脂化妆品相关发明专利7项。公司研发的产品（驼乳驼脂化妆品）在第2届、第3届全国沙产业创新创业大赛中分别获得“三等奖”和“潜力之星”称号。

（三）金骆驼集团有限公司

金骆驼集团有限公司是由大庆金土地节水工程设备有限公司在2017年于哈萨克斯坦投资建立的大型驼乳、马乳跨国加工生产企业，园区占地面积15万m^2，有30万峰驼乳源，拥有世界一流水平的全自动加工生产线设备。公司自成立之日起便致力于打造“金骆驼”国际知名品牌。

针对哈萨克斯坦共和国的优质资源，金骆驼集团有限公司投资3 200万美元，进行深入研究、加工及开发。公司下设驼乳粉加工厂、马乳粉加工厂、骆驼肉加工厂、骆驼绒加工厂、骆驼皮加工厂、骆驼养殖场、骆驼研究所。主要产品有全脂驼乳粉、驼肉、驼绒等骆驼系列产品，以及马乳粉。金骆驼集团有限公司选取最优质的驼乳资源，运用世界先进专利技术，以及世界一流的生产线，最大限度地保留驼乳中的有益成分，使得金驼乳粉产品具有极高的营养价值和完美的品质。金骆驼集团有限公司将每年预计对我国出产 100～200t 纯天然、无公害、安全、高品质的驼乳粉，出口额 1 500 万～3 000 万美元。

与此同时，中国国家卫生健康委员会已审核通过《团体标准　驼乳粉》（T/CAAA 011—2019）中驼乳粉检验免疫标准。这为哈萨克斯坦所产的驼乳粉进军中国市场带来了一个美好的开端。

（四）内蒙古沙漠之神生物科技有限公司

内蒙古沙漠之神生物科技有限公司是集产品研发、生产、销售为一体的特色乳制品深加工龙头企业，共分 4 期进行建设，第 1 期以生产骆驼（液态）乳制品系列为主，驼乳粉产品为辅；第 2 期工程计划投资 7 000 万元，研制开发驼乳保健食品；第 3 期工程计划投资 5 000 万元，研发驼乳系列化妆品和驼绒系列纺织品；第 4 期计划投资 1.5 亿元，研发驼乳生物制药。

公司现有固定供乳户近 80 户，其中贫困户 16 户，日均收乳量可达 600kg 左右，每户农牧民月均收入达 1 万～3 万元，辐射带动 270 余户农牧户创收增收。公司目前乳源充足、市场稳定、运营情况良好，年生产鲜驼乳 55t，营业额 100 万元。

（五）内蒙古苏尼特驼业生物科技有限公司

内蒙古苏尼特驼业生物科技有限公司是集骆驼液态乳、酸乳、驼初乳冻干粉、奶片、驼肉制品加工、驼皮及驼血多肽为一体的生物科技研发与生产型科技创新企业。投资新建的骆驼产业深加工园区，占地面积 30 000m^2，引进液态乳、驼初乳冻干粉、奶片、骆驼日化用品等生产线。第 1 期为骆驼液乳、酸乳及乳粉的加工制造，投资 5 000 万元；第 2 期为骆驼日化类产品的深加工、驼肉加工。第 1 期于 2018 年 7 月 10 日开工建设，2019 年 10 月已经建成投产；公司年加工处理鲜乳 3 000t，预计年销售额 3 600 万元人民币，上缴税收约 646 万元，可带动当地 300 户牧民从事专业化的骆驼养殖工作，并为转移牧民新增就业岗位 130 余个。

内蒙古苏尼特驼业生物科技有限公司。2020 年完善 18 个骆驼牧场，给骆驼产业深加工提供了优质的原材料（其中的 3 个牧场 1 000 峰骆驼由内蒙古苏尼特驼业生物科技有限公司养殖）。

公司先后与内蒙古骆驼研究院、内蒙古农业大学等科研机构共同研究开发骆驼产品，将科研成果转化，力争永远站在世界骆驼产业发展的前沿，打造世界骆驼循环经济高科技产业项目。该项目对于拉动当地畜牧业的经济循环，让牧民增收，带动当地就业，增加地方政府收入，扩大企业经营范围，增强企业盈利能力起到了重要作用，为促进当地骆驼产业发展做出了重要贡献。

（六）新疆旺源生物科技集团

新疆旺源生物科技集团的前身为新疆旺源驼奶实业有限公司，成立于 2007 年 4 月 12 日，2014 年 8 月 8 日升级为集团公司。旺源生物科技集团专注于骆驼产业，目前投资 2 亿余元，实现了产业深度研究、产品全面开发和市场销售为一体的集团模式。主要上市产品有驼乳制品系列、驼乳化妆品和驼绒产品。

旺源生物科技集团拥有驼乳产品开发自主知识产权和多项骆驼研究的最新成果。现有《驼乳与糖尿病》等 5 部专著、4 项国家专利，正在申请的有 28 项专利。其系列产品于 2011 年上市销售，因其显著的治病功效和健康特性，5 年时间迅速发展 500 余家专卖店、800 余处大型商超专柜，搭建起除青海、西藏，包括香港、台湾在内的全国销售网络，产品供不应求。

旺源生物科技集团计划投资 5 亿元，分 4 期研发骆驼产品。一期投资 1.5 亿元，实现驼乳的研发、生产和销售。目前，驼乳产品有液态乳、乳粉、驼奶片、发酵型产品 4 个系列。二期投资7 000万元建成科研大楼、化妆品生产车间。三期将投资 8 000 万元建设驼肉等保健品生产线、综合检测中心、立体式仓储物流库房。四期将投资 2 亿元建设生物制药生产线和驼乳康复疗养院。力争近几年实现证券上市。

旺源生物科技集团带动了 5 000 户边疆牧民增收致富，将特色资源优势有效地转化成了经济优势，创建出了农业农村部命名的“福海模式”和“中国驼奶之都”，成为阿勒泰地区唯一一家国家级农业产业化重点龙头企业，促进了当地经济发展，成为新疆对外展示的新名片。

未来 5 年，旺源生物科技集团力争发展成为国内最大的集驼产业研发、加工、销售和科技服务为一体的高端企业，在驼乳加工企业中具有明显的竞争优势，工艺研发、技术水平和核心竞争力处于领先地位，产品更加多元化、科技含量不断提高。真正将骆驼产业在国内做大做强，使边疆这一特殊的资源品牌走出国门，走向世界。

目前，旺源生物科技集团已成功研发出纯天然、无任何添加物的驼乳粉系列产品，注册商标为“沙漠白金”。

旺源生物科技集团生产的驼乳粉，为最大限度保留鲜驼乳中丰富的不饱和脂肪酸、铁、B 族维生素和维生素 C 等多种有益于人体健康的营养成分，经过 8 年的养殖培育、研发生产，发明了低温新型生产技术，并获得了国家专利产品证书，成为国内少有的具有国际领先技术的乳制品生产企业。

（七）唯善国际集团

唯善国际集团创立于 2007 年，集团总部设立在香港，旗下 4 家公司分别是：西安唯善健康科技有限公司、新疆驼乳制品厂、秦岭之家商业管理有限公司、北京中科康美生物科技有限公司。唯善国际集团是一家投资型国际化企业，以生态乳品、生物医药、移动互联网为三大产业核心主体，涉及大健康产业、医疗器械、环保产业及健康

金融投资等领域；坚持“商者无界、相融互生”的哲学经营理念，本着“一切以顾客健康服务为核心”的发展原则，充分弘扬“唯、善、呈、和、爱”的核心价值观，积极响应国家政策方针。凭借前瞻性、创新能力，致力于“大众创业、万众创新”和“店铺连锁＋移动互联网”全新商业模式完美结合，做受人尊敬的绿色生态连锁品牌。

（八）新疆中驼生物科技有限公司

新疆中驼生物科技有限公司坐落于新疆哈密伊吾县盐池镇农副产品加工园区，注册资金2 000万元，是一家集骆驼养殖基地建设、驼乳源、驼乳及其制品、驼乳化妆品、驼绒纺织品、驼乳生物制药的科研、加工、销售为一体的现代化企业。

公司于2013年创造性地提出了“六位一体”的中驼发展新模式（即政府＋科研机构＋龙头企业＋基地建设＋联合体＋国人健康），建立了一条从天然牧场到消费者全程可控的食品安全产业链，推进农牧业现代化进程，建设公益性的驼乳及其制品的健康疗养会所，使边疆少数民族真正脱贫致富，将中驼打造成全国性品牌，使亿万消费者受益。公司主要从事骆驼产业与开发、进出口贸易、骆驼养殖、驼乳化妆品与驼绒纺织品的研发、驼乳生物制药等方面的研究。

目前，纯驼乳粉、儿童驼乳粉、驼初乳粉、液态乳、驼乳手工皂等系列产品已上市。公司不断完善生产加工技术，不断探索创新产品和健康产品，力争为广大消费者提供更安全、更健康、更先进的骆驼产品。

（九）新疆三得利驼业科技有限公司

新疆三得利驼业科技有限公司成立于2004年11月16日。公司位于木垒县，占地面积22 500m²，注册资本500万元。公司充分利用木垒哈萨克无污染的传统骆驼养殖资源优势与科研单位携手合作开发驼乳系列产品。针对国内外驼乳系列产品机构单一、标准化不成熟等问题，公司前期在驼乳标准、加工技术等多方面投入了大量科研精力。公司一期投资1 500万元，年生产能力8 000t驼乳（液态）生产线已投入运营。其产品主要为：调味驼乳（易拉罐装）、益生菌发酵驼乳（民族风味）。公司“骆甘霖”牌系列驼乳进入市场以后，获得了良好的市场反馈和经济效益。

公司通过项目的实施推动地方经济发展，把公司建成了骆驼系列产品加工销售、骆驼养殖、优良品种繁育、养殖户和加工企业一条龙，产供销一体化的新型经济联合体。引导广大骆驼养殖户脱贫致富，实现新的经济增长点、产生良好的社会效益和生态效益，有效增加养殖户的收入，促进农村经济发展。进一步提高山地荒漠、半荒漠草场的利用率，更有效地利用自然资源，保护生态环境，促进具有新疆特色的畜牧业发展。

（十）伊犁雪莲乳业有限公司

新疆伊犁雪莲乳业有限公司成立于2005年，位于新疆伊犁哈萨克伊宁县城南开发区。注册资金2 000万元，是新型驼乳深加工生产企业，工厂及牧场占地面积667 000

多 m^2，是新疆伊犁哈萨克的重点龙头企业。严格的质量管理是企业在激烈的市场竞争条件下立足与发展壮大的决定性因素。公司现有员工 150 名，其中专业技术人员 10 人，专职检验人员 15 人；各种生产证件齐全，产品配方齐全，生产环境及设施符合乳制品加工驼乳的最高要求，有完善的质量管理体系和最先进的检验设备。产品从原料进厂到投料、生产、包装，记录完善，责任到人，成品出厂批批检验，做到了不合格产品不流向市场。

主要参考文献

曹恬雪，蒋文灿，何文成，等，2014. 沙门氏菌毒力因子的研究进展 [J]. 中国预防兽医学报，36 (4)：331-334.

董静，陈钢粮，齐新林，等，2016. 驼乳的理化指标及影响因素 [J]. 新疆畜牧业（8）：23，25-23.

豆智华，王学清，杨洁，2013. 贮藏条件及螯合剂对新疆双峰驼乳酒精稳定性的影响 [J]. 食品工业科技（8）：138-141.

范淳，1994. 温度和 pH 对酪蛋白凝聚的影响 [J]. 中国乳品工业（3）：140-143.

房少新，赵利平，李少华，2005. 实验室中乳粉含水量测定方法的改进 [J]. 高校实验室工作研究（4）：30-32.

古丽巴哈尔·卡吾力，高晓黎，常占瑛，等，2017. 马乳与驼乳、驴乳、牛乳基本理化性质及组成比较 [J]. 食品科技，42（7）：123-127.

郭建功，2009. 苏尼特驼乳营养成分与活性物质功能研究 [D]. 呼和浩特：内蒙古农业大学.

郝麟，2014. 骆驼挤奶机结构与工作参数的试验研究 [A]. 乌鲁木齐：新疆农业大学.

吉日木图，陈钢粮，云振宇，2009. 双峰驼与双峰驼乳 [M]. 北京：中国轻工业出版社：29-30.

吉日木图，等，2016. 骆驼乳与健康 [M]. 北京：中国农业大学出版社.

吉日木图，张和平，赵电波，2005. 不同泌乳时间内内蒙古阿拉善双峰驼驼乳化学组成变化分析 [J]. 食品科学，26（9）：173-179.

吉日木图，2006. 双峰家驼与野驼分子进化及驼乳理化特性研究 [D]. 呼和浩特市：内蒙古农业大学.

蒋晓梅，拉扎提·艾尼瓦尔，陈钢粮，等，2016. 新疆准噶尔双峰驼乳化学成分及营养价值对比分析 [J]. 草食家畜（5）：35-40.

黎观红，晏向华，2010. 食物蛋白源生物活性肽的基础与应用 [M]. 北京：化学工业出版社：9-10.

李超颖，张娟，卿德刚，等，2014. 驼乳营养成分及生物活性研究进展 [J]. 食品工业科技，35（23）：387-391.

李莎莎，2015. 内蒙古部分乳及乳制品常规营养的测定和比较 [D]. 呼和浩特：内蒙古农业大学.

刘东辉，2017. 骆驼脂肪的理化性质及应用研究 [D]. 呼和浩特：内蒙古农业大学.

刘洪元，高昆，张丽萍，等，2003. 舍养马匹马奶的营养成分分析 [J]. 营养学报（2）：183-184.

刘颖，曹佳佶，章浩伟，2014. 低场核磁共振技术快速检测鲜乳水分方法研究 [J]. 食品科学，35（14）：93-96.

陆东林，李雪红，叶尔太·沙比尔哈孜，等，2006. 疆岳驴乳成分测定 [J]. 中国乳品工业（11）：26-28.

陆东林，刘朋龙，徐敏，等，2014. 驼乳的化学成分和营养特点 [J]. 新疆畜牧业（2）：10-12.

罗晓红，马卫平，陆东林，等，2014. 新疆双峰驼驼乳化学成分和理化指标分析 [J]. 草食家畜（5）：79-82.

明亮，伊丽，特目龙，等，2013. 准噶尔双峰驼乳中氨基酸含量的季节变化特点及营养价值研究 [J]. 食品科技，38（11）：57-61.

沙丽塔娜提·贺纳亚提，李辉，许宴，等，2009. 骆驼奶对慢性乙型肝炎患者免疫应答的影响 [J].

细胞与分子免疫学杂志，25（5）：431-433.
沈洪，张蓓，2009. 急性肝损伤研究进展［J］. 现代中西医结合杂志，18（18）：11-13.
石雪晨，印伯星，孟茜，等，2014. 骆驼乳生物资源与营养价值［J］. 乳业科学与技术（4）：22-26.
斯钦，刘颖，巴图，1999. 驼乳中氨基酸和人体必需微量元素的测定［J］. 宁夏大学学报（自然科学版），20（1）：68-69.
苏德奇，刘涛，黄文俊，等，2013. 驼乳对化学性肝损伤保护作用的实验研究［J］. 毒理学杂志（2）：134-136.
孙天松，刘红霞，倪慧娟，等，2006. 传统发酵酸驼乳中乳酸菌的分离及鉴定［J］. 中国乳品工业，34（9）：4-7.
索江华，李凤玲，郭春燕，2014. 活性肽的生理功能与制备方法研究进展［J］. 中国饲料（23）：30-33.
王曙阳，梁剑平，魏恒，等，2011. 骆驼奶中脂肪酸含量的测定与分析［J］. 甘肃农业大学学报，46（1）：127-132.
王晓茜，肖斌，王森，等，2016. 西格列汀治疗 2 型糖尿病 31 例疗效观察［J］. 陕西医学杂志，45（7）：897-899.
王新农，1985. 骆驼的产奶量与乳房形态特征及排乳性能的关系［J］. 国外畜牧学（草食家畜）（5）：15-16.
王学清，蒋新月，杨洁，2014. 新疆双峰驼乳脂肪酸化学成分的 GC/MS 分析［J］. 中国乳品工业，42（1）：11-13.
吴炜亮，吴国杰，梁道双，等，2006. ACE 抑制肽的生理功能和研究进展［J］. 现代食品科技，22（3）：251-254.
熊磊，2016. 长货架期低热量发酵驼乳产品研究［D］. 无锡：江南大学.
徐敏，陆东林，罗晓红，等，2014. 新疆双峰驼驼乳成分及特性分析［J］. 中国奶牛（15）：49-52.
徐敏，陆东林，马卫平，等，2014. 新疆双峰驼驼乳中矿物元素和维生素质量浓度检测［J］. 草食家畜（4）：68-71.
杨洁，豆智华，李冠，2013. 新疆双峰驼乳杀菌条件的选择及其热稳定性［J］. 食品科学，34（21）：37-41.
叶东东，姬敏，陆东林，等，2017. 准噶尔双峰驼驼乳冰点的调查分析［J］. 草食家畜（1）：26-31.
伊丽，特木伦，明亮，等，2014. 准格尔双峰驼驼乳脂肪酸组成的季节变化［J］. 中国乳品工业，42（3）：18-21.
于洋，祁艳霞，靳艳，2017. 乳源生物活性肽研究进展［J］. 食品与发酵工业，43（9）：259-266.
张梦华，陈钢粮，臧长江，等，2016. 准噶尔双峰驼驼乳理化指标分析［J］. 中国畜牧兽医（10）：28-33.
张梦华，陆东林，董静，等，2016. 准噶尔双峰驼驼乳化学成分和理化指标调查分析［J］. 中国乳业（8）：52-55.
赵电波，白艳红，张文彬，2007. 自然发酵双峰驼驼乳营养价值的研究［J］. 乳业科学与技术（6）：305-307.
赵电波，2006. 内蒙古阿拉善双峰驼驼乳化学组成及理化性质研究［D］. 呼和浩特：内蒙古农业大学.
照日格图，张文彬，张文兰，2014. 影响阿拉善双峰驼产奶的主要因素［J］. 当代畜牧（21）：82.
周万友，1987. 骆驼的产奶量和驼奶成分（上）［J］. 草食家畜（1）：57-58.

周巍，2016. 发酵乳中污染菌和致病菌检测技术体系建立及鉴定溯源技术研究［D］. 保定：河北农业大学．
朱敖兰，徐保红，杨洁，2008. 新疆驼乳中所含蛋白质和氨基酸的质量分布测定［J］. 中国乳品工业，36（4）：21-23.
朱敖兰，2008. 新疆驼乳理化性质及其对小鼠免疫力的影响［D］. 乌鲁木齐：新疆大学．
朱永红，2006. 乳制品热处理真实性评价［J］. 中国乳业（12）：15-16.
Abbas S，Hifsa A，Aalia N，et al.，2013. Physico-chemical analysis and composition of camel milk［J］. International Research，2（2）：85-98.
Abdelgadir W，Nielsen DS，Hamad S，et al.，2008. A traditional Sudanese fermented camel's milk product，Gariss，as a habitat of Streptococcus infantarius subsp［J］. International Journal of Food Microbiology，127（3）：215-219.
Abeer M，Abd E，Mervet M，2017. Effect of Heat Treatment and Fermentation on Bioactive Behavior in Yoghurt Made from Camel Milk［J］. Science and Education Publishing，5（3）：109-116.
Abeiderrahmane N，1994. Pasteurization of camel's milkin expenments in Mauritani［J］. ProcWorkshop Dromedaries and Camels as MilkingNouakchott，Mauritania，24-26 October，213-219.
Abushelaibi A，Al-Mahadin S，Enan M，et al.，2018. In-vitro investigation into probiotic characterisation of Streptococcus and Enterococcus isolated from camel milk［J］. LWT-Food Science and Technology，87.
Abu-Lehia I H，Al-Mohizea I S，El-Beheri M，1989. Physical and chemical characteristics of camel colostrum［J］. Australian Journal of Dairy Technology（Australia），44：34-367.
Abu-Lehia I H，1987. Composition of camel milk［J］. Milchwissenschaft，42（6）：368-371.
Abu-Lehia I H，1989. Physical and chemical characteristics of camel milkfat and its fractions［J］. Food Chemistry，34，261-271.
Abu-Tarboush H M，1994. Growth behavior of Lactobacillus acidophilus and biochemical characteristics and acceptability of acidophilus milk made from camel milk［J］. Milchwissenschaft，49：379-382.
Abu-Tarboush H M，1998. Growth，viability and proteolytic activity of bifidobacteria in whole camel milk［J］. Journal of Dairy Science，81（2）：354-361.
Agamy E I，Ruppanner R，Ismail A，et al.，1992. Antibacterial and antiviral activity of camel milk protective proteins［J］. Journal of Dairy Research，59（2）：169-175.
Agrawal R P，Budania S，Sharma P，et al.，2007. Zero prevalence of diabetes in camel milk consuming Raica community of northwest Rajasthan，India［J］. Diabetes Res Clin Pract，76：290.
Agrawal R P，Dogra R，Mohta N，2009. Beneficial effect of camel milk in diabetic nephropathy［J］. Acta Biomed，80：131.
Agrawal R P，Jain S，Shah S，et al.，2011. Effect of camel milk on glycemic control and insulin requirement in patients with type 1 diabetes：2-years randomized controlled trial［J］. European Journal of Clinical Nutrition，65（9）：1048-1052.
Agrawal R P，Jain S，Shah S，2011. Effect of camel milk on glycemic control and insulin requirement in patients with type 1 diabetes：2-years randomized controlled trial［J］. Eur J Clin Nutr，65：1048-1052.

Agrawal R P, Beniwal R, Kochar D K, et al., 2005. Camel milk as an adjunct to insulin therapy improves long-term glycemic control and reduction in doses of insulin in patients with type-1 diabetes: a 1 year randomized controlled trial [J]. Diabetes Res Clin Pract, 68: 176.

Akcan A, Kucuk C, Sozuer E, et al., 2008. Melatonin reduces bacterial translocation and apoptosis in trinitrobenzene sulphonic acid-induced colitis of rats [J]. World J. Gastroenterol, 14: 918-924.

Al Mohizea I S, 1994. Microbial quality of camel' s milk in Riyadh markets [J]. Egypt J Dairy Sci. 14: 469-487.

Alhaider A, Abdelgader A G, Turjoman A A, et al., 2013. Through the eye of an electrospray needle: mass spectrometric identification ofthe major peptides and proteins in the milk of the one-humpedcamel (Camelus dromedarius) [J]. Journal of Mass Spectrom, 48: 779-794.

Alhaj O A, Metwalli A A, Ismail E A, et al., 2018. Angiotensin converting enzyme-inhibitory activity and antimicrobial effect of fermented camel milk (*Camelus dromedarius*) [J]. International Journal of Dairy Technology, 71.

Alhashem F, 2009. Camel milk protects against aluminum chloride-induced toxicity in the liver and kidney of white albino rats [J]. American Journal of Biochemistry and Biotechnology, 5 (3): 3101-3104.

Ali A A, Alyan A A, Bahobail A S, 2013. Effect of fermented camel milk and cow milk containing enriched diet in rats fed on cholesterol level [J]. Resjournals Com, 3: 342-346.

Ali A O E, ElZubeir I E M, 2010. Study on the compositional quality of pasteurized milk in Khartoum State (Sudan) [J]. International Journal of Dairy Science, 1 (2): 12-20.

Ali M S Gorban, O M Izzeldin, 2001. Fatty acids and lipids of camel milk and colostrum [J]. International Journal of Food Sciences and Nutrition, 3: 283-287.

Al-Numair K, Chandramohan S G, Alsaif M A, 2011. Effect of camel milk on collagen abnormalities in streptozotocin diabetic rats [J]. African Journal of Pharmacy and Pharmacology, 5 (2): 238-243.

Al-Saiady M Y, Mogawer H H, Faye B, et al., 2012. Some factors affecting dairy she-camel performance [J]. Emirates Journal of Food & Agriculture, 24 (1): 85-91.

Al-Wabel N A, 2008. Mineral Contents of Milk of Cattle, Camels, Goats and Sheep in the Central Region of Saudi Arabia [J]. Asian Journal of Biochemistry, 3 (6): 373-375.

Andallu B, Varadacharyulu N C, 2003. Antioxidant role of mulberry (Morus indica L. cv. Anantha) leaves in streptozotocin-diabetic rats [J]. Clinica Chimica Acta, 338: 3-10.

Andersen M H, Berglund L, Rasmussen J T, Petersen T E, 1997. Bovine PAS-6/7 binds avPs integrin and anionic phospholipids through two domains [J]. Biochemistry, 36, 5441-5446.

Angmo K, Kumari A, Savitri, Bhalla T C, 2016. Probiotic characterization of lactic acid bacteria isolated from fermented foods and beverage of Ladakh [J]. LWT-Food Science and Technology, 66: 428-435.

Arab H H, Salama S A, Eid A H, et al., 2014. Camel's milk ameliorates TNBS-induced colitis in rats via downregulation of inflammatory cytokines and oxidative stress [J]. Food & Chemical Toxicology, 69: 294-302.

Arab H H, Salama S A, Maghrabi I A, 2018. Camel Milk Ameliorates 5-Fluorouracil-Induced Renal Injury in Rats: Targeting MAPKs, NF-κB and PI3K/Akt/eNOS Pathways [J]. Cellular Physiology

& Biochemistry International Journal of Experimental Cellular Physiology Biochemistry & Pharmacology, 46 (4): 1628.

Ashmaig A, Hasan A, El Gaali E, 2009. Identification of lactic acid bacteria isolated from traditional Sudanese fermented camel's milk (Gariss) [J]. African J Microbiol Res, 38: 451-457.

Aswad D W, Paranandi M V, Schurter B T, 2000. Isoaspartate in peptides and proteins: Formation, significance, and analysis [J]. Journal of Pharmaceutical and Biomedical Analysis, 21: 1129-1136.

Attia H, Kherouatou N, Dhouib A. 2001. Dromedary milk lactic acid fermentation: microbiological and rheological characteristics [J]. Journal of Industrial Microbiology and Biotechnology, 26: 263-270.

Attia H, Kherouatou N, Nasri M, et al., 2000. Characterization of the dromedary milk casein micelle and study of its changes during acidification [J]. Dairy Science & Technology, 80: 503-515.

Ayadi M, et al., 2009. Effects of milking interval and cisternal udder evaluation in Tunisian Maghrebi dairy dromedaries (Camelus dromedarius L.) [J]. Journal of Dairy Science, 4: 1452-1459.

Babiker W I A, El-Zubeir I E M, 2014. Impact of husbandry, stages of lactation and parity number on milk yield and chemical composition of dromedary camel milk [J]. Emirates Journal of Food and Agriculture: 333-341.

Badr G, 2013. Camel whey protein enhances diabetic wound healing in a streptozotocin-induced diabetic mouse model: the critical role of b-defensin-1, -2 and-3 [J]. Lipids in Health and Disease, 12: 46.

Baer A, Ryba I, Farah Z, 1994. Plasmin Activity in Camel Milk [J]. Lebensmittel Wissenschaft und Technologie, 27: 595-598.

Bai Y H, Zhao D B, Zhang H P, 2009. Physiochemical properties and amino acid composition of Alxa bactrian camel milk and shubat [J]. J Camel Pract Res, 16 (2): 249-255.

Bai Y, D Zhao, H Zhang, 2009. Physiochemical propertise and amino-acid composition of Alxa bactrian camel milk and shubat [J]. Journal of camel practice and research, 2: 245-251.

Balakrishnan G, Agrawal R, 2014. Antioxidant activity and fatty acid profile of fermented milk prepared by Pediococcus pentosaceus [J]. Journal of Food Science and Technology, 51: 4138-4142.

Barbour E K, Nabbut N H, Frerichs W M, 1984. Inhibition of pathogenic bacteria by camel's milk: relation to whey lysozyme and stage of lactation [J]. Journal ofFood Protection, 47: 838-840.

Barrett N E, Grandison A S, Lewis M J, 1999. Contribution of the lactoperoxidase system to the keeping quality of pasteurised milk [J] . Journal of Dairy Research, 66: 73-80.

Baynes J W, Thorpe S R, 1997. The role of oxidative stress in diabetic complications [J]. Current Opinion in Endocrinology, 3: 277-284.

Bayoumi S, 1990. Studies on composition and rennet coagulation of camel milk [J]. Kieler milchwirtschaftliche Forschungsberichte, 42: 3-8.

Benkerroum N, Boughdadi A, Bennani N, et al., 2003. Microbiological quality assessment of Moroccan camel' s milk and identification of predominating lactic acid bacteria [J]. World Journal of Microbiology and Biotechnology, 19: 645-648.

Benkerroum N, Makkaoui B, Bennani N, 2004. Antimicrobial activity of camel's milk against pathogenic strains of Escherichia coli and Listeria monocytogenes [J]. International Journal of Dairy Technology, 57: 39-43.

Bernos E, Girardet J M, Humbert G, 1997. Role of the O phosphoserine clusters in the interaction of the bovine milk a S1-b，k-caseins and the PP3 component with immobilized iron (III) ions [J]. Biochimica et Biophysica Acta (Protein Structure and Molecular Enzymology)，1337：149-159.

Bjorck L，1992. Indigenous Enzyme in Milk lactoperoxidase [M]. London：Advanced Dairy Chemistry.

Boots J W，Floris R，2006. Lactoperoxidase：From catalytic mechanism to practical applications [J]. International Dairy Journal，16：1272-1276.

Bornaz S，Sahli A，Attalah A，2009. Physicochemical characteristics and renneting properties of camels' milk：A comparison with goats'，ewes' and cows' milks [J]. International Journal of Dairy Technology，62：505-513.

Botes M，Loos B，van Reenen，et al.，2008. Adhesion of the probiotic strains Enterococcus mundtii ST4SA and Lactobacillus plantarum 423 to Caco-2 cells under conditions simulating the intestinal tract，and in the presence of antibiotics and anti- 394 inflammatory medicaments [J]. Archives of Microbiology，190 (5)：573-584.

Brew K，2013. Proteins：Basic aspects [J]. Advanced dairy chemistry，1A：261-273.

Bruni N，Capucchio M T，Biasibetti E，et al.，2016. Antimicrobial Activity of Lactoferrin- Related Peptides and Applications in Human and Veterinary Medicine [J]. Molecules，21 (6) .

Cardoso R R，Ponte M，Leite V，2013. Protective action of camel milk in mice inoculated with Salmonella enterica [J]. Israel Medical Association Journal，15 (1)：5-8.

Carter D C，Ho J X，1994. Structure of serum albumin [J]. Advances in Protein Chemistry，45：153-203.

Cesena C，Morelli L，Alander M，et al.，2001. Lactobacillus crispatus and its nonaggregating mutant in human colonization trials [J]. Journal of Dairy Science，84 (5)：1001-1010.

Chowanadisaia W，Kelleher S L，Nemeth J F，et al.，2005. Detection of a single nucleotide polymorphism in the human a-lactalbumin gene：Implications for human milk proteins [J]. Journal of Nutritional Biochemistry，16：272-278.

Christina M C，Bramley A J，1983. The Microbiology of raw milk [J]. Dairy Microbilogy，1：119-164.

Claeys W L，Verraes C，Cardoen S，et al.，2014. Consumption of raw or heated milk from different species：An evaluation of the nutritional and potential health benefits [J]. Food Control，42：188-201.

Conesa C，Sanchez L，Rota C，et al.，2008. Isolation of lactoferrin from milk of different species：Calorimetric and antimicrobial studies [J]. Comparative Biochemistry and Physiology，Part B，150：131-139.

Conti A，Godovac-Zimmerman J，Napolitano L，et al.，1985. Identification and characterization of two a-Lactalbumin from Somali camel milk (*Camelus dromedarius*) [J]. Milchwissenschaft，40：673-675. Dairy Science & Technology，80：503-515.

Darwish H A，Abd Raboh N R，Mahdy A，2012. Camel's milk alleviates alcohol-induced liver injury in rats [J]. Food & Chemical Toxicology，50 (5)：1377-1383.

Desouky M M，Shalaby S M，Soryal K A，2013. Compositional，rheological and organoleptic qualities of camel milk Labneh as affected by some milk heat treatments [J]. World Journal of Dairy and Food

Sciences.

Dorcau M, Martin-Rosset W, 2002. Dairy animals: horse [M]. London: Encyclopedia of Dairy Sciences.

Drici H, Gilbert C, Kihal M, et al., 2010. Atypical citrate-fermenting Lactococcus lactis strains isolated from dromedary's milk [J]. Appl. Microbiol, 108: 647-657.

Duhaiman A S, 1988. Purification of camel milk lysozyme and its lytic effect on Escherichia coli and Micrococcus lysodeikticus [J]. Comparative Biochemistry and Physiology, Part B, 91: 793-796.

Dziarski R, Tapping R I, Tobias P S, 1998. Binding of bacterial peptidoglycan to CD14 [J]. Journal ofBiological Chemistry: 273: 8680-8690.

E Dickinson, 2001. Milk protein interfacial layers and the relationship to emulsion stability and rheology [J]. Colloids Surfaces B Biointerfaces (20): 197-210.

E Dickinson, 2003. Hydrocolloids at interfaces and the influence on the properties of dispersed systems [J]. Food Hydrocoll (17): 25-39.

E Fernandez C, Schebor J Chirife, 2003. Glass transition temperature of regular and lactose hydrolyzed milk powder [J] . Food Sci. Technol., 36: 547-551.

Ebaid H, Abdelsalam B, Hassan I, et al., 2015. Camel milk peptide improves wound healing in diabetic rats by orchestrating the redox status and immune response [J]. Lipids in Health & Disease, 14 (1): 132.

Ebd-El-Hamid L B, Khader A E, 1982. Size distribution of fat globules in buffalo, cow, goat and sheep milk [J]. J. Dairy Sci., 10: 43-46.

El Hatmi H, Girardet J M, Gaillard J L, et al., 2007. Characterisation of whey proteins of camel (Camelus dromedarius) milk and colostrum [J]. Small Ruminant Research, 70 (2-3): 267-271.

El Zubeir I E M, Gabriechise V, Johnson Q, 2008. Comparison of chemical composition and microbial profile of raw and pasteurized milk of the Western Cape, South Africa [J]. International Journal of Dairy Sciences, 3 (3): 137-143.

Elagamy E I, 2000. Effect of Heat Treatment on camel milk proteins with respect to antimicrobial factors: a comparison with cows' and buffalo milk protein [J]. Food Chemistry, 68: 227-232.

Elayan A A, Sulieman A M E, Saleh F A, 2008. The hypocholesterolemic effect of gariss and gariss containing bifidobacteria in rats fed on a cholesterol-enriched diet [J]. Asian Journal of Biochemistry, 3 (1): 43-47.

Elhaj A E, Freigoun A B, Mohamed T T, 2014. Aerobic bacteria and fungi associ-ated with raw camel' s milk [J] . Online J Anim Feed Res, 4 (1): 15-17.

Elhatmi H, Jrad Z, Khorchani T, et al., 2014. Fast protein liquid chromatography of camel α-lactalbumin fraction with radical scavenging activity [J]. Emirates Journal of Food & Agriculture, 26 (4): 309-316.

Elsaid E, El-Sayed G, Tantawy E, 2010. Effect of camel milk on oxidative stresses in experimentally induced diabetic rabbits [J]. Veterinary Research Forum, 1 (1): 30-43.

El-Agamy E I, Nawar M, Shamsia S M, 2009. Are camel milk proteins convenient to the nutrition of cow milk allergic children [J]. Small Ruminant Research, 82: 1-6.

El-Agamy E I, Ruppanner R, Ismail A, et al., 1996. Purification and characterization of lactoferrin, lactoperoxidase, lysozyme and immunoglobulins from camel's milk [J]. International Dairy Journal, 6: 129-145.

El-Hatmi H, Girardet J M, Gaillard J L, et al., 2007. Characterization of whey proteins of camel (*Camelus dromedarius*) milk and colostrums [J]. Small Ruminant Research, 70: 267-271.

El-Hatmi H, Jrad Z, Khorchani T, et al., 2016. Identification of bioactive peptides derived from caseins, glycosylation dependent cell adhesion molecule-1 (GlyCAM-1), and peptidoglycan recognition protein-1 (PGRP-1) in fermented camel milk [J]. International Dairy Journal, 56: 159-168.

El-Rm R, Tabll A, 2007. Camel lactoferrin markedly inhibits hepatitis C virus genotype 4 infection of human peripheral blood leukocytes [J]. Journal of Immunoassay & Immunochemistry, 28 (3): 267-277.

El-Salam M H A, El-Shibiny S, 2013. Bioactive peptides of buffalo, camel, goat, sheep, mare, and yak milks and milk products [J]. Food Reviews International, 29: 1-23.

El-Sayed M K, Al-Shoeibi Z Y, El-Ghany A A, et al., 2011. Effects of camel's milk as a vehicle for insulin on glycaemic control and lipid profile in type 1 diabetics [J]. American Journal of Biochemistry and Biotechnology, 7 (4): 179-189.

El-Zine M G, Al-Turki A I, 2007. Microbiological quality and safety assessment of camel milk (camelus dromedaries) in Saudi Arabia (Qassim region) [J]. Appl Ecol Environ Res, 5 (2): 115-122.

Ereifej K I, Alu' Datt M H, Alkhalidy H A, et al., 2011. Comparison and characterisation of fat and protein composition for camel milk from eight Jordanian locations [J]. Food Chemistry, 128 (1): 222.

Erhardt G, Shuiep E S, Lisson M, et al., 2016. A S1-Casein polymorphisms in camel (*Camelus dromedarius*) and descriptions of biological active peptides and allergenic epitopes [J]. Tropical Animal Health and Production, 48: 879-887.

Farah K O, Nyariki D M, Ngugi R K, et al., 2004. The somali and the camel: Ecology, Management and Economics [J]. Anthropologist, 6 (1): 45-55.

Farah Z, Bachmann M R, 1989. Manufacture and characterization of camel milk butter [J]. Milchwissenschaft, 44 (7): 412-414.

Farah Z, Ruegg M W, 1989. The size distribution of casein micelles in camel milk [J]. Food Microstructure, 8 (8): 211-216.

Farah Z, Streiff T, Bachmann M R, 1990. Preparation and consumer acceptability tests of fermented camel milk in Kenya [J]. Journal of Dairy Research, 57: 281-283.

Farah Z, 1986. Effect of heat treatment on whey proteins of camel milk [J]. Milchwissenschaft, 41 (12): 763-765.

Farah Z, 1993. Composition and characteristics of camel milk [J]. J. Dairy Res. 60 (4): 603-626.

Farah Z, 1996. Camel milk properties and products. SKAT Swiss filling on the shelf-life of milk [J]. Alim. Nutr. Araraquara, 22 (4): 531-538.

Farah Z, Rettenmaier R, Atkins D, 1992. Vitamin content of camel milk [J]. International Journal for Vitamin and Nutrition Research, 62: 30-33.

Folkman J, Shing Y. 1992. Control of angiogenesis by heparin and other sulfated polysaccharides [J]. In Heparin and Related Polysaccharides: 355-364.

Fornhem C, Peterson C G, Alving K, 1996. Isolation and characterization of porcine cationic eosinophil granule proteins [J]. International Archives of Allergy and Immunology, 110: 132-142.

G Konuspayeva, B Faye, G. Loiseau, et al., 2010. Physiological change in camel milk composition (*Camelus dromedarius*) 2: physico- chemical composition of colostrum [J]. Trop Anim Health Prod, 42: 501-505.

Gaglio R, Francesca N, Di Gerlando R, et al., 2014. Identification typing and investigation of the dairy characteristics of lactic acid bacteria isolated from "Vastedda della valle del Belìce" cheeses [J]. Dairy Sci. Technol., 94, 2: 157-180.

Galia W, Perrin C, Genay M, et al., 2009. Variability and molecular typing of *Streptococcus thermophilus* strains displaying different proteolytic and acidifying properties [J]. International Dairy Journal, 19: 89-95.

Gaukhar Konuspayeva., 2010. Physiological change in camel milk composition (*Camelus dromedarius*) [J]. Effect of lactation stage.

Geerts A, 2001. History, heterogeneity, developmental biology, and functions of quiescent hepatic stellate cells [J]. Seminars in Liver Disease, 21 (3): 311-336.

Girardet J M, Linden G, 1996. PP3 component of bovine milk: a phosphorylated whey glycoprotein [J]. Journal of Dairy Research, 63: 333-350.

Girardet J M, Saulnier F, Driou A, et al., 1994. High performance electrophoresis chromatography of bovine milk componenGt 3 glycoproteins [J]. Journal of Dairy Science, 77: 1205-1215.

Girardet J-M, N'Negue M A, Egito A S, et al., 2004. Multiple forms for equine a-lactalbumin: Evidence of N-glycosylated and deamidated forms [J]. International Dairy Journal, 14: 207-217.

Gnan S O, A M Sheriha., 1986. Composition of Libyan camel' s milk [J]. Aust. J. Dairy Technol, 41: 33-35.

Gorban A M, Izzeldin O M, 1997. Mineral content of camel milk and colostrum [J]. Journal of Dairy Research, 64 (3): 471-474.

Gorban A M, Izzeldin O M, 2001. Fatty acids and lipids of camel milk and colostrum [J]. International Journal of Food Sciences & Nutrition, 52 (3): 283.

Griffiths M, 1986. Use of milk enzymes as indices of heat treatment [J]. Journal of Food Protection, 49: 696-705.

Groenen M A M, Dijkhof R J M, Van der Poel J J, 1995. Characterization of a GlyCAM1-like gene (glycosylation dependent cell adhesion molecule 1) which is highly and specifically expressed in the lactating bovine mammary gland [J]. Gene, 158: 189-195.

Guliye AY, Van C, Yagil R, 2002. Detection of subclinical mastitis in Dromedary camels (Camelusdromedarius) using somatic cell counts and the N-Acetyl-β-D-glucosaminidase Test [J]. Trop. Anim. Prod, 34 (2): 95-104.

Gustchina E A, Majer P, Rumsh L D, et al., 1998. Post X-ray crystallographic studies of chymosin specificity [J]. Advances in Experimental Medicine and Biology, 436: 179-184.

Gutierrez-Adan A, Maga EA, Meade H, et al., 1996. Alterations of the physical characteristics of milk from transgenic mice producing bovine K-casein [J]. Journal of Dairy Science, 79: 791-799.

Guzel Seydim Z B, Kok Tas T, Greene A K, et al., 2011. Review: Functional properties of kefir [J]. Critical Reviews in Food Science and Nutrition, 51: 261-268.

Habib H M, Ibrahim W H, Schneider-Stock, et al., 2013. Camel milk lactoferrin reduces the proliferation of colorectal cancer cells and exerts antioxidant and DNA damage inhibitory activities [J]. Food Chemistry, 141: 148-152.

Haddadin M, Gam moh S, Robinson R, 2008. Seasonal variations in the chemical composition of camel milk in Jordan [J]. J Dairy Res, 75: 8-12.

Haj O A A, Kanhal H A A C, 2010. Ompositional, technological and nutritional aspects of dromedary camel milk [J]. International Dairy Journal, 20 (12): 811-821.

Halle S, Bumann D, Herbrand H, et al., 2007. Solitary intestinal lymphoid tissue provides a productive port of entry for Salmonella enterica serovar Typhimurium [J]. Infection and immunity, 75 (4): 1577-1585.

Hamad E, Abdel-Rahim E, Romeih E, 2011. Beneficial effect of camel milk on liver and kidneys function in diabetic Sprague-Dawley rats [J]. Int J. Dairy Sci., 6: 190-197.

Hammed Hassan R, 2010. The effect of heat treatment on fat [J]. Protein and Lactose Contents of Camel Milk.

Hansen J E, Lund O, Engelbrecht J, 1995. Prediction of O-glycosylation of mammalian proteins: Specificity patterns of UDP-GalNAc: -polypeptide Nacety lgala ctosami nyltransf-erase [J]. Biochemical Journal, 308: 801-813.

Hany H, Arab, 2017. Camel Milk Attenuates Rheumatoid Arthritis Via Inhibition of Mitogen Activated Protein Kinase Pathway [J]. Cell Physiol Biochem, 43: 540-552.

Harding F, 1999. Milk quality. First edition, Champan and Hall Food [J]. Science Book. Aspen Publishers, Ine. Gaither burg, Mary Land.

Hassan M, Soliman M M, Abd-Elhafez S, et al., 2015. Antimicrobial effects of camel milk against some bacterial pathogens [J]. Journal of Food & Nutrition Research, 3 (33): 162-168.

Hassan R A, EL-Zubeir, I M E Babiker, et al., 2008. Chemical and microbial measurements of fermented camel milk 'Garris' from transhumance and nomadic herds in Sudan. Aust [J]. J. Basic A ppl. Sci., 2 (4): 800-804.

Hatmi H E, Jrad Z, Khorchani T, et al., 2016. Identification of bioactive peptides derived from caseins, glycosylation-dependent cell adhesion molecule-1 (GlyCAM-1), and peptidoglycan recognition protein-1 (PGRP-1) in fermented camel milk [J]. International Dairy Journal, 56: 159-168.

Hattem H E, Manal A N, Hann S S, et al., 2011. Study on the effect of thremal treatment on composition and some of camel milk [J]. Journal of Animal Science, 44: 97-102.

Hayakawa S, Yamada S, Kaneko S, 2004. Effects of a lactoperoxidase-thiocyanate-hydrogen peroxide system on *Salmonella enteritidis* in animal or vegetable foods [J]. International Journal of Food Microbiology, 93 (2): 175-183.

Hendrix T, Griko Y V, Privalov P L, 2000. A calorimetric study of the influence of calcium on the stability of bovine-lactalbumin [J]. Biophysical Chemistry, 84: 27-34.

Hinz K, O'Connor P M, Huppertz T, et al., 2012. Comparison of the principal proteins in bovine, caprine, buffalo, equine and camel milk [J]. Journal of Dairy Research, 79: 185-191.

Homayounitabrizi M, Asoodeh A, Soltani M, 2017. Cytotoxic and antioxidant capacity of camel milk peptides: Effects of isolated peptide on superoxide dismutase and catalase gene expression [J]. Journal of Food & Drug Analysis, 25 (3): 567.

Horne D S, D D Muir, 1990. Alcohol and Heat Stability of Milk Protein [J]. Journal of Dairy Science, 12: 3613-3626.

Horneal D S, T G Parkeral, 1983. Factors affecting the ethanol stability of bovine skim-milk [J]. Journal of Dairy Research, 4: 425-432.

Hosseini S M, Yousefi M, Zibaee S, et al., 2015. A brief review on protective effect of camel milk in cancer [J]. Journal of Cellular Immunotherapy, 1 (1-2): 7-8.

Huang X H, Chen L, Gao W, Zhang W, et al., 2008. Specific IgG activity of bovine immune milk against diarrhea bacteria and its protective effects on pathogen-infected intestinal damages [J]. Vaccine, 26: 5973-5980.

Khaskheli M, Arain M A, Chaudhry S, et al., 2005. Physicochemical quality of camel milk [J]. Journal of Agriculture and Social Sciences, 2: 164-166.

Lajnaf R, Picart-Palmade L, Attia H, et al., 2017. Foaming and adsorption behavior of bovine and camel proteins mixed layers at the air/water interface [J]. Colloids and Surfaces B: Biointerfaces, 151: 287-294.

Lajnaf R, Picart-Palmade L, Cases E, et al., 2018. The foaming properties of camel and bovine whey: the impact of pH and heat treatment [J]. Food Chemistry, 240: 295-303.

Lam R S H, Nickerson M T, 2015. The effect of pH and temperature pre-treatments on the structure, surface characteristics and emulsifying properties of alpha-lactalbumin [J]. Food Chemistry, 173: 163-170.

Meiloud G M, Bouraya I N O, Samb A, et al., 2011. Composition of mauritanian camel milk: results of first study [J]. International Journal of Agriculture & Biology, 13 (1): 360-367.

Merin U, Bernstein S, Bloch-Damti A, et al., 2001. A comparative study of milk serum proteins in camel (Camelus drom-edarius) and bovine colostrums [J]. Livestock Production Science, 67 (3): 297-301.

Mirghani A A, 1994. Microbiological and biochemical properties of the fermented camel milk Gariss [D]. Sudan: University of Khartoum.

Mohamed H E, Mousa H M, Beynen A C, 2005. Ascorbic acid concentra-tions in milk from Sudanese camels [J]. Journal of Animal Physiology and Animal Nutrition, 89 (1-2): 35-37.

Mohamed H, Abd El-Salam, Safinaz El-Shibiny, 2011. A comprehensive review on the composition and properties of buffalo milk [J]. Dairy Science & Technology, 91: 663-699.

Moslehishad M, Ehsani M R, Salami M, et al., 2013. The comparative assessment of ACE-inhibitory and antioxidant activities of peptide fractions obtained from fermented camel and bovine milk by Lactobacillus rhamnosus PTCC 1637 [J]. International Dairy Journal, 29 (2): 82-87.

Moslehishad M, Mirdamadi S, Ehsani M R, et al., 2013. The proteolytic activity of selected lactic acid bacteria in fermenting cow's and camel's milk and the resultant sensory characteristics of the products [J]. International Journal of Dairy Technology, 66 (2): 279-285.

Mudgil P, Kamal H, Yuen G C, et al., 2018. Characterization and identification of novel antidiabetic and anti-obesity peptides from camel milk protein hydrolysates [J]. Food Chemistry, 259 (SEP. 1): 46-54.

Nakamura T, Hirota T, Mizushima K, et al., 2013. Milk-derived peptides, Val-Pro-Pro and Ile-Pro-Pro, attenuate athero-sclerosis development in apolipoprotein E-deficient mice: A preliminary study [J]. Journal of Medicinal Food, 16 (5): 396-403.

Njage P M K, Dolci S, Jans C, et al., 2011. Characterization of yeasts associated with camel milk using phenotypic and molecular identification techniques [J]. Research Journal of Microbiology, 6 (9): 678-692.

Nongonierma A B, Paolella S, Mudgil P, et al., 2018. Identification of novel dipeptidyl peptidase IV (DPP-IV) inhibitory peptides in camel milk protein hydrolysates [J]. Food Chemistry, 244: 340-348.

Noreddine B, Majda M, Nargisse B, et al., 2004. Antimicrobial activity of camel′s milk against pathogenic strains of *Escherichia coli* and *Listeria monocytogenes* [J]. International Journal of Dairy Technology, 57 (1): 39-43.

Ochirkhuyag B, Chober J M, Dalgalarrondo M, et al., 1997. Characterization of caseins from Mongolian yak, khainak and bactrian camel [J]. Lait, 77 (5): 601-613.

Ochirkhuyag B, Chobert J M, Dalgalarrondo M, et al., 1998. Characterization of whey proteins from Mongolian yak, khainak and Bactrian camel [J]. Journal of Food Biochemistry, 22 (2): 105-124.

Omar A, Harbourne N, Oruna-Concha M J, 2016. Quantification of major camel milk proteins by capillary electrophoresis [J]. International Dairy Journal, 58: 31-35.

Paquet D, Nejjar Y, Linden G, 1988. Study of a hydrophobic protein fraction isolated from milk proteose-peptone [J]. Journal of Dairy Science, 71 (6): 1464-1471.

Park Y W, Haenlein G F W. 2006. Handbook of Milk of Non-Bovine Mammals [M]. Australia: Blackwell Publishing Ltd.

Pauciullo A, Giambra I J, Iannuzzi L, et al., 2014. The b-casein in camels: Molecular characterization of the CSN2 gene, promoter analysis and genetic variability [J]. Gene, 547: 159-168.

Pauciullo A, Shuiep E S, Cosenza G, et al., 2013. Molecular characterization and genetic variability at k-casein gene (CSN3) in camels [J]. Gene, 513 (1): 22-30.

Pedersen L R L, Nielsen S B, Hansted J G, 2012. PP3 forms stable tetrameric structures through hydro-phobic interactions via the C-terminal amphipathic helix and undergoesreversible thermal dissociation and denaturation [J]. Febs Journal, 279 (2): 336-347.

Permyakov E A, Berliner L J, 2000. α-Lactalbumin: structure and function [J]. Febs Letters, 473 (3): 269-274.

Pitt J I, Hocking A D, 1997. Fungi and Food Spoilage [M]. London: Blackie Academic and Professional.

Plowman J E, Creamer L K, 1995. Restrained molecular dynamics study of the interaction between bovine K-casein peptide 98-111 and bovine chymosin and porcine pepsin [J]. Journal ofDairy

Research, 62 (3): 451-467.

Rahman N, Chen X-h, Dong M S, 2010. PCR-DGGE Analysis of microbial community in shubat from Xinjiang [J]. Food Sci., 31 (11): 136-140.

Rahman N, Xiaohong C, Meiqin F, et al., 2009. Characterization of the dominant microflora in naturally fermented camel milk shubat [J]. World J. Microbiol. Biotechnol, 25 (11): 1941-1946.

Ramet J P, 1987. Production de fromages à partir de lait de chamelle en Tunisie [J]. FAO, Rome.

Ramet J P, 2001. The technology of making cheese from camel milk (*Camelus dromedarius*) [M]. Rome: Food and Agriculture Organization of the United Nations.

Raziq A, Younas M, Khan M S, et al., 2010. Milk production potential as affected by parity and age in the Kohi dromedary camel [J]. Journal of Camel Practice and Research, 17 (2): 195-198.

Rossi P, Giansanti F, Boffi A, et al., 2002. Ca^{2+} binding to bovine lactoferrin enhances protein stability and influences the release of bacterial lipopolysaccharide [J]. Biochemistry and Cell Biology, 80 (1): 41-48.

Rouimi S, Schorsch C, Céline Valentini, et al., 2005. Foam stability and interfacial properties of milk protein-surfactant systems [J]. Food Hydrocolloids, 19 (3): 467-478.

Saadaoui B, Henry C, Khorchani T, et al., 2013. Proteomics of the milk fat globule membrane from Camelus dromedarius [J]. Proteomics, 13 (7): 1180-1184.

Sablani S S, Rahman M S, Al-Busaidi S, et al., 2007. Thermal transitions of king fish whole muscle, fat and fat-free muscle by differential scanning calorimetry [J]. Thermochimery, 462 (1-2): 56-63.

Salami M, Moosavimovahedi A A, Ehsani M R, et al., 2010. Improvement of the antimicrobial and antioxidant activities of camel and bovine whey proteins by limited proteolysis [J]. Journal of Agricultural and Food Chemistry, 58 (6): 3297-3302.

Salami M, Moosavi-Movahedi A A, Moosavi-Movahedi F, et al., 2011. Biological activity of camel milk casein following enzymatic digestion [J]. Journal of Dairy Research, 78 (4): 471-478.

Salami M, Yousefi R, Ehsani M R, et al., 2008. Kinetic characterization of hydrolysis of camel and bovine milk proteins by pancreatic enzymes [J]. International Dairy Journal, 18 (12): 1097-1102.

Saleh S K, Faye B, 2011. Detection of subclinical mastitis in dromedary camels (*Camelus dromedarius*) using somatic cell counts, california mastitis test and udder pathogen [J]. Emirates Journal of Food and Agriculture (EJFA), 23 (1): 48-58.

Saltanat H, Li H, Xu Y, et al., 2009. The influences of camel milk on the immune response of chronic hepatitis B patients [J]. Chinese Journal of Cellular and Molecular Immunology, 25 (5): 431-433.

Salwa M Q, Lina A F K, 2010. Antigenotoxic and anticytotoxic effect of camel milk in mice treated with cisplatin [J]. Saudi Journal of Biological Sciences, 17 (2): 159-166.

Sanayei S, Jahadi M, Fazel M, et al., 2015. Physico-chemical characteristics of raw milk of one-humped camel from Khur and Biabanak in Isfahan Province of Iran [J]. Journal of Jilin University (Natural Science Edition), 30 (5): 155-159.

Sawaya W N, Khalil J K, Al-shalhat A, et al., 1984. Chemical composition and nutritional quality of camel milk [J]. Journal of Food Science, 49: 744-747.

Sboui A, Djegham M, Khorchani T, et al., 2010. Effect of camel milk on blood glucose, cholesterol and total proteins variations in alloxan-induced diabetic dogs [J]. International Journal of Diabetes Metabolism, 18 (1): 5-11.

Sboui A, Khorchani T, Djegham M, et al., 2010. Anti-diabetic effect of camel milk in alloxan-induced diabetic dogs: a dose-response experiment [J]. Journal of animal physiology and animal nutrition, 94 (4): 540-546.

Schroeder H W, Cavacini L, 2010. Structure and function of immunoglobulins [J]. Journal allergy clinical immunological, 125 (202): 41-52.

Schwartz H J, Dioli M, 1992. The one-humped camel (*C. dromedarius*) in Eastern Africa: a pictorial guide to diseases, health care, and management [M]. Weikersheim: Verlag Josef Margraf.

Seki E, Schwabe R F, 2015. Hepatic inflammation and fibrosis: Functional links and key pathways [J]. Hepatology, 61 (3): 1066-1079.

Semereab T, Molla B, 2001. Bacteriological quality of raw milk of camel (Camelusdromedarius) in Afar region (Ethiopia) [J]. Journal of Camel Practice and Research, 8 (1): 51-54.

Shabo Y, Barzel R, Margoulis M, et al., 2005. Camel milk for food allergies in children [J]. Israel Medical Association Journal, 7 (12): 796-798.

Shamsia S M, 2009. Nutritional and therapeutic properties of camel and human milks [J]. International Journal of Genetics and Molecular Biology, 1 (2): 52-58.

Sharma P, Dube D, Singh A, et al., 2011. Structural basis of recognition of pathogen-associated molecular patterns and inhibition of proinflammatory cytokines by camel peptidoglycan recognition protein [J]. Journal of Biological Chemistry, 286 (18): 208-217.

Shaw J E, Sicree R A, Zimmet P Z, 2010. Global estimates of the prevalence of diabetes for 2010 and 2030 [J]. Diabetes Research and Clinical Practice, 87 (1): 4-14.

Shuiep E S, I E M El Zubeir, O A O El Owni, et al., 2007. Assessment of hygienic quality of camel (*Camelus dormedarius*) milk in Khartoum State, Sudan [J]. Bulletin of Animal Health and Production in Africa, 55 (2): 112-117.

Shuiep E T S, Giambra I J, El Zubeir I E Y M, et al., 2013. Biochemical and molecular characterization of polymorphisms of α_{s1}-casein in Sudanese camel (*Camelus dromedarius*) milk [J]. International Dairy Journal, 28 (2): 88-93.

Siboukeur O, 2007. Study of camel milk locally collected: physicochemical and microbiological characteristics; Abilities for coagulation [D]. El-Harrach: National Institute of Agronomy.

Singer M S, Rosen S D, 1996. Purification and quantification of Lselectin- reactive GlyCAM-1 from mouse serum [J]. Journal of Immunological Methods, 196: 153-161.

Singh R, Ghorui S K, Sahani M S, 2006. Camel milk: Properties and processing potential [J]. Sahani, MS The Indian camel. NRCC, Bikaner, 59-73.

Singh R, Mal G, Kumar D, et al., 2017. Camel milk: An important natural adjuvant [J]. Agricultural Research, 6 (4): 327-340.

Slotkin R K, Martienssen R, 2007. Transposable elements and the epigenetic regulation of the genome [J]. Nature Reviews Genetics, 8 (4): 272-285.

Soliman M M, Hassan M Y, Mostafa S A, et al., 2015. Protective effects of camel milk against pathogenicity induced by Escherichia coli and Staphylococcus aureus in Wistar rats [J]. Molecular

Medicine Reports, 12 (6): 8306-8312.

Stahl T, Sallmann H P, Duehlmeier R, et al., 2006. Selected vitamins and fatty acid patterns in dromedary milk and colostrum [J]. Journal of Camel Practice & Research, 13 (1): 53-57.

Steele J, Sponseller J, Schmidt D, et al., 2013. Hyperimmune bovine colostrum for treatment of CI infectious: a review and updata on Clostridium difficile [J]. Human Vaccines & Immunotherapeutics, 9 (7): 1565-1568.

Suciu M, Ardelean A, 2012. Review: hepatoprotective and microbiological studies of three genera: Equisetum, Lycopodium, and Gentiana [J]. Analele Universitatii Din Oradea Fascicula Biologie.

Suguri T, Kikuta A, Iwagaki H, et al., 1996. Increased plasma GlyCAM-1, a mouse L-selectin ligand, in response to an inflammatory stimulus [J]. Journal of Leukocyte Biology, 60 (5): 593-597.

Swaisgood H E, 1992. Chemistry of the Caseins [M]. London: Advanced Dairy Chemistry-1 Proteins: 63-110.

Tagliazucchi D, Shamsia S, Conte A, 2016. Release of angiotensin converting enzyme-inhibitory peptides during invitro gastro-intestinal digestion of camel milk [J]. International Dairy Journal, 56: 119-128.

Tanhaeian A, Ahmadi F S, Sekhavati M H, et al., 2018. Expression and purification of the main component contained in camel milk and its antimicrobial activities against bacterial plant pathogens [J]. Probiotics & Antimicrobial Proteins, 10 (4): 787-793.

Thomas M E C, Scher J, Desobry S, 2004. Lactose/β-lactoglobulin interaction during storage of model whey powders [J]. Journal of Dairy Science, 87 (5): 1158-1166.

Tibary A, Anouassi A, 1997. Theriogenology in camelidae, anatomy, physiology [J]. Pathology and Artificial Breeding: 447-452.

Tizard I, 2001. The protective properties of milk and colostrum in non-human species [J]. Advances in Nutritional Research, 10: 139-166.

Trujillo A J, Pozo P I, Guamis B, 2007. Effect of heat treatment on lactoperoxidase activity in caprine milk. Small Ruminant Research, 67: 243-246.

Ueda T, Sakamaki K, Kuroki T, et al., 1997. Molecular cloning and characterization of the chromosomal gene for human lactoperoxidase [J]. European Journal ofBiochemistry, 243: 32-41.

Visser S, Slangen C J, Van Rooijen P J, 1987. Peptide substrates for chymosin (rennin) [J]. Biochemical Journal, 244: 553-558.

Vlodavsky I, Ishai-Michaeli R, Mohsen M, et al., 1992. Modulation of neovascularization and metastasis by species of heparin [M]. New York: Plenum Press.

Vuataz G, 2002. The phase diagram of milk: a new tool for optimizing the drying process [J]. Le lait, 82 (4): 485-500.

Wal J M, 1998. Cow's milk allergens [J]. Allergy, 53 (11): 1013-1022.

Wang J Y, Liu P, 2003. Abnormal immunity and gene mutation in patients with severe hepatitis-B [J]. World Journal of Gastroenterology, 9 (9): 2009-2011.

Wangoh J, Farah Z, Puhan Z, 1998. Composition of milk from three camel (*Camelus dromedarius*) breeds in Kenya during lactation [J]. Milchwissenschaft, 53 (3): 136-139.

Wangoh J，1997. Chemical and technological properties of camel (*Camelus dromedarius*) milk [J]. Master of Science in Food Science & Technology.

Wernery U，Johnson B，Abrahm A，2005. The effect of short-term heat treatment on vitamin C concentrations in camel milk [J]. Milchwissenschaft，60 (3)：266-267.

Wernery U，Nagy P，Bhai I，et al.，2006. The effect of heat treatment，pasteurization and different storage temperatures on insulin concentrations in camel milk [J]. Milchwissenschaft，61：25-28.

Wit J N D，1998. Nutritional and Functional Characteristics of Whey Proteins in Food Products [J]. Journal of Dairy Science，81 (3)：597-608.

Wolfgang B，Gunter A，1988. Colour Atlas for the diagnosis of bacterial pathogens in animals [M]. Berlin and Hamburg：Paul Parey scientific publishers：146-153.

Wu H，Guang X，Alfageeh M B，et al.，2014. Camelid genomes reveal evolution and adaptation to desert environments [J]. Nature Communications，5 (5)：5188.

Wu J，Kuncio G S，Zern M A，1998. Human liver growth in fibrosis and cirrhosis [M]. Liver Growth and Repair：from Basic Science to Clinical Practice：558-576.

Xie Y，Hao H，Kang A，et al.，2010. Integral pharmacokinetics of multiple lignan components in normal，CCl4-induced hepatic injury and hepatoprotective agents pretreated rats and correlations with hepatic injury biomarkers [J]. Journal of Ethnopharmacology，131 (2)：290-299.

Xu H，Liu W，Gesudu Q，et al.，2015. Assessment of the bacterial and fungal diversity in home-made yoghurts of Xinjiang，China by pyrosequencing [J]. Journal of the Science of Food and Agriculture，95 (10)：2007-2015.

Yagil R，Etzion Z，1980. Effect of drought condition on the quality of camel milk [J]. Journal of Dairy Research，47 (2)：159-166.

Yagil R，1982. camels and camel milk [J]. Rome：Food and Agriculture Organization of the United Nations.

Yagl R，Saran A，Etzion Z，1984. Camels' milk：For drinking only? [J]. Comparative Biochemistry and Physiology A Comparative Physiology，78 (2)：263-266.

Yoganandi J，Mehta B M，Wadhwani K N，et al.，2014. Comparison of physico-chemical properties of camel milk with cow milk and buffalo milk [J]. Journal of Camel Practice and Research，21 (2)：253-258.

Yoshida H，Kinoshita K，Ashida M，1996. Purification of a peptidoglycan recognition protein from hemolymph of the silkworm，Bombyx mori [J]. Journal of Biological Chemistry，271 (23)：54-60.

Younan M，Ali Z，Bornstein S，et al.，2001. Application of the Califomia mastitis test in intramammary Streptococcus agalactiae and Staphylococcus aureus infections of camels (*Camelus dromedarius*) in Kenya [J]. Preventive Veterinary Medicine，51 (3-4)：307-316.

Yousef M I，2004. Aluminum-induced changes in hematobiochemical parameters，lipid peroxidation and enzyme activities of male rabbits：protective role of ascorbic acid [J]. Toxicology，199 (1)：47-57.

Zdybicka-Barabas A，Staczek S，Mak P，et al.，2013. Synergistic action of Galleria mellonella apolipophorin III and lysozyme against Gram-negative bacteria [J]. Biochim Biophys Acta，1828 (6)：1449-1456.

Zeleke Z M，2007. Non-genetic factors affecting milk yield and milk composition of traditionally managed camels (*Camelus dromedarius*) in Eastern Ethiopia [J]. Parity, 1: 97.

Zelent B, Sharp K A, Vanderkooi J M, 2010. Differential scanning calorimetry and fluorescence study of lactoperoxidase as a function of guanidinium-HCl, urea, and pH [J]. Biochimica et Biophysica Acta-bioenergetics, 1804 (7): 1508-1515.

Zhang H, Yao J, Zhao D, et al., 2005. Changes in chemical composition of Alxa bactrian camel milk during lactation [J]. Journal of Dairy Science, 88 (10): 3402-3410.

Zhao D, Bai Y, Niu Y., 2015. Composition and characteristics of Chinese Bactrian camel milk [J]. Small Ruminant Research, 127: 58-67.

Zhao Q, Guan J, Qin Y, et al., 2018. Beneficial effects of fermented camel milk by on cardiotoxicity induced by carbon tetrachloride in mice [J]. Ritorno Al Numero.

Zinger-Yosovich K D, Iluz D, Sudakevitz D, et al., 2010. Blocking of Pseudomonas aeruginosa and Chromobacterium violaceum lectins by diverse mammalian milks [J]. Journal of Dairy Science, 93 (2): 473-482.

图书在版编目（CIP）数据

骆驼乳品学/吉日木图，伊丽主编．—北京：中国农业出版社，2021.12
国家出版基金项目　骆驼精品图书出版工程
ISBN 978-7-109-28908-6

Ⅰ．①骆…　Ⅱ．①吉…②伊…　Ⅲ．①骆驼—乳制品　Ⅳ．①TS252.59

中国版本图书馆 CIP 数据核字（2021）第 221128 号

中国农业出版社出版
地址：北京市朝阳区麦子店街 18 号楼
邮编：100125
丛书策划：周晓艳　王森鹤　郭永立
责任编辑：周晓艳　王丽萍　　文字编辑：耿韶磊
版式设计：杜　然　　责任校对：沙凯霖
印刷：北京通州皇家印刷厂
版次：2021 年 10 月第 1 版
印次：2021 年 10 月北京第 1 次印刷
发行：新华书店北京发行所
开本：787mm×1092mm　1/16
印张：13.5　　插页：1
字数：335 千字
定价：152.00 元